THE
BIG PICTURE
大图景

On the Origins of Life, Meaning, and the Universe Itself
论生命的起源、意义和宇宙本身

Sean Carroll
[美] 肖恩·卡罗尔 著
方弦 译
Ent 审校

湖南科学技术出版社

图书在版编目（CIP）数据

大图景：论生命的起源、意义和宇宙本身 /（美）肖恩·卡罗尔 (Sean Carroll) 著；方弦译. — 长沙：湖南科学技术出版社，2019.10（2024.7 重印）
ISBN 978-7-5710-0288-6

Ⅰ.①大… Ⅱ.①肖… ②方… Ⅲ.①宇宙学－普及读物 Ⅳ.① P159-49

中国版本图书馆 CIP 数据核字（2019）第 185261 号

DATUJING：LUN SHENGMING DE QIYUAN、YIYI HE YUZHOU BENSHEN
大图景：论生命的起源、意义和宇宙本身

著者
[美] 肖恩·卡罗尔
译者
方弦
审校
Ent
责任编辑
杨波 李蓓 吴炜 孙桂均
装帧设计
邵年 李星霖
出版发行
湖南科学技术出版社
社址
长沙市芙蓉中路一段416号泊富国际金融中心
http://www.hnstp.com
湖南科学技术出版社
天猫旗舰店网址
http://hnkjcbs.tmall.com
邮购联系
本社直销科 0731-84375808

印刷
长沙市宏发印刷有限公司
厂址
长沙市开福区捞刀河大星村343号
邮编
410153
版次
2019 年 10 月第 1 版
印次
2024 年 7 月第 4 次印刷
开本
880mm × 1230mm 1/32
印张
18.25
字数
320000
书号
ISBN 978-7-5710-0288-6
定价
89.00 元

致我的老师：

Mrs. Eberhardt, Edwin Kelly, Edward Guinan, Jack Doody,

Colleen Sheehan, Peter Knapp, George Field, Sidney Coleman,

Nick Warner, Eddie Farhi, Alan Guth，还有其他许多人。

感谢你们对我的考验。

前言

我在人生中仅有一次与死亡擦肩而过。

我的判断有些失误。当时天色已暗，交通繁忙。在洛杉矶405号高速公路上，一位走神的司机为了避开高速公路出口匝道，在我前方突然转线，而我为了避让也急忙转向。在我左后方车道的大型集装箱货车离我没有想象中那么远。我后保险杠边上一寸不到的地方碰到了大货车拖车头的一角。这就出事了。我的车失控了，缓慢但无法控制地向左旋转，最后我的这一侧甩着撞上了大货车头，而这时大货车还在高速公路上飞奔。至少我觉得这个过程很缓慢。我觉得好像被困在了琥珀里，无助地看着我的车子自己移动着，最后与大货车的水箱格栅亲密接触，横在车流中间，刺眼的头灯照在我脸上。

我被吓到了，但没有受伤。车子有点被撞瘪了，需要在车身修理厂好好修理一番，但在警察填好报告之后，我还是能开着它回家。如果多撞上几寸，如果不是这个速度，如果货柜车司机更加惊慌失措，那可能就是另一回事了。

我们中的许多人，远在真正到达生命尽头之前就曾接近过死亡。

我们直面的是生命的有限。

作为职业物理学家，我将宇宙作为一个整体来研究。宇宙很大，在宇宙大爆炸大约138亿年后，有千亿的星系居于我们目视可及的夜空。相比之下，我们人类实在渺小，只是最近才出现在一颗不起眼的行星上，它绕着一颗平平无奇的恒星公转。无论我在高速公路上遭遇的事故最后结局如何，我的一生只能用数十年来衡量，而不是数十亿年。

个体的人是渺小而短暂的存在，人与宇宙相比，还不如与地球相比的一颗原子。又有哪个个体的存在能拥有意义？

在某种意味下，个体的存在显然有意义。我过着幸运的人生，有关心我的家庭和朋友，他们会因我的死亡而悲痛。如果我提前知道我的人生将走到尽头，我个人会相当悲伤。但从似乎无知无觉的宏大宇宙看来，人生真的有那么大的意义吗？

我仍然倾向于认为我们的一生是有意义的，即使宇宙没有我们也会照常运转。但我们需要正视这个问题，通过艰苦的思考去理解一点，就是我们对意义的追求应该如何符合现实最深层面的本性。

我有一个朋友是神经科学家和生物学家，她能使单个细胞返老还童。科学家发展了很多技术来从成人体内提取干细胞，这些干细胞已经开始衰老，带有成熟细胞的标志，然后科学家们能逆转它们的衰老过程，直到它们重获新生。

从细胞到整个有机体，之间隔着漫漫长路。于是我半开玩笑地问她：我们有朝一日能不能逆转人类的衰老过程，让人们永葆青春？

“你和我总有一天要死掉的，”她若有所思，“但如果我们有孙子孙女的话，我就不那么确定了。”

这就是生物学家的想法。作为一个物理学家，我知道想象中的那些能活上几万甚至上亿年的生物并不违反任何自然定律，所以我并没有什么异议。但在最后，所有恒星将会耗尽它们的核燃料，它们冰冷的遗迹将会坍缩为黑洞，而那些黑洞也将会缓慢地蒸发，变成幽暗寂寥的宇宙中一团稀薄的基本粒子。无论生物学家有多么聪明，我们实际上不能永远活下去。

每个人都要死。生命不是一种像水或者岩石那样的物质；它就像火焰摇曳和惊涛拍岸那样，是一个过程。这个过程有个起点，持续一段时间，最终会完结。属于我们的时间，无论它是长是短，与无垠的永恒相比只有一瞬。

我们面前有两个目标。其中之一是说明我们宇宙的历史，还有我们认为这段历史属实的理由，也就是我们当前理解的整体图景。这是个美妙的概念。我们人类就是一团团有结构的泥巴，在自然规律无意识的作用下，变得能够深思、珍视和参与我们周遭世界的那种令人望而却步的复杂性。要理解自身，我们必须理解那些构成我们的物质，也就是说我们需要深入粒子、力和量子现象的领域。当然，还有那些能感知和思考的系统，它们到底是如何由这些微观部件以各种令人眼花缭乱的形式组合而成。

另外一个目标是提供一些存在主义疗法。我希望证明的是，尽管我们从属于一个依照冰冷定律运转着的宇宙，但我们*有意义*。这不是一个科学问题——我们不能通过进行实验收集数据来测量人生有多少意义。它本质上是一个哲学问题，需要我们摒弃数千年以来对人生及其意义的思考方法。按照传统的想法，如果我们“仅仅是”一大堆依据物理定律移动着的原子的话，人生根本不可能有意义。我们的确如此，然而这不是思考“我们是什么”的*唯*一方式。我们是一堆堆原子，独立于任何无形的精神或者作用而运转着，同时我们*也是*会思考有感受的人，通过生活的方式给存在带来意义。

我们是渺小的，而宇宙是宏大的。这个宇宙并没有操作指南，然而我们仍然推敲出了许多关于事物如何运作的知识。但要接受这个世界的本来面目，微笑着面对现实，然后活出有价值的人生，这是另一种完全不同的挑战。

本书的第一部分“宇宙”，考察的是我们偏居一隅的这个广阔宇宙的一些重要性质。要探讨世界有很多方法，这将我们引向了所谓*诗性自然主义*的框架。“自然主义”宣称只有一个世界，那就是自然世界；我们会探索其中一些提示，包括宇宙运转和演化的方式，它们将我们指引到了这个方向。“诗性”提醒我们，探讨世界的方法并非唯一。我们觉得“原因”和“理由”之类的词语用起来非常自然，但这些概念并不是自然最深层次运作方式的一部分。更合适的说法是，它们是一种涌现现象，是我们日常世界的一部分。在世界的日常描述和深层描述之间的差异来自时间箭头，也就是过去与未来的差异，它可以追溯到我们宇宙在大爆炸不久之后所处的特殊状态。

在第二部分“理解”中，我们考虑的是应该如何尝试去理解这个世界，或者至少是如何逐渐逼近真相。我们要学着去接受不确定和不完整的知识，并且随时准备好在新证据浮现之后更新我们的信念。我们将会看到，我们描述宇宙的最佳方式并不是一个统一的叙事，而是一系列相互勾连的模型，它们分别适用于不同的层次。每个模型都有它的适用范围，而每个模型中至关重要的概念，都完全可以当成“实在”。我们的任务，就是将这些基于某些基础概念而密切相关的描述组合起来，形成一个稳定的信念体系。

然后我们转到“本质”部分，思考这个世界的本来面貌，也就是自然的基本规律。我们会讨论量子场论，它是书写现代物理学的基本语言。我们将欣赏到“核心理论”的成就，这个宏大而成功的理论描述的是基本粒子和相互作用，它们组成了你我，组成了日月，组成了你一生中看过、触摸过、品尝过的所有东西。关于世界的运作方式，还有很多地方我们仍不了解，但我们有着绝佳的理由去认为核心理论在它的适用范围中就是自然的正确描述。这个适用范围足够广阔，可以马上排除不少引发争议的现象，从隔空移物和占星术到死后灵魂的存在。

从手头上的一些物理定律出发，要将这些深层次的准则与我们身处世界的丰富多姿联系在一起，还需要不少的工作。在第四部分“复杂”中，我们会逐渐看到这些联系来自何处。复杂结构的涌现并不是一种与宇宙整体愈发无序的趋势背道而驰的奇怪现象，它是这种趋势的自然结果。在适当的条件下，物质自然会自发组织成精巧的结构，这些结构能捕获和利用来自环境的信息。这个过程的极致就是生命本身。我们越了解生命的基本运作，就越能欣赏它们如何与支配宇宙的物理定律和谐共处。生命是一个过程，不是一种物质，它也必定如昙花一现。我们不是宇宙存在的理由，但自我意识和思考能力使我们在宇宙中占据着特殊的地位。

这将我们带到了自然主义面对的最棘手的问题之一：意识之谜。我们会在“思考”这一部分直面这个问题，到时候我们会从“自然主义”迈进“物理主义”。在理解思维在大脑中的运作方式上，现代神经科学已经取得了长足的进步，而毫无疑问的是，我们个人的体验与大脑中的物理过程有着确实的关联。我们甚至开始明白这项非凡的能力如何随时间演化而来，还有哪些能力是意识所必需的。最困难的问题来自哲学：内在的体验，也就是寄宿在我们脑袋里那独一无二的经验意向性，为什么竟能归结到单纯的物质运动上呢？诗性自然主义提示我们，应该将“内在体验”看成对于我们大脑中事件的一种表达方式的一部分。但这些表达方式本身也完全可以是真实的，甚至在探讨我们作为拥有理性的生命进行自由选择的能力时也是如此。

最后，在“关怀”部分，我们将会遇到最困难的问题，也就是在一个没有超越现实的意义的宇宙中，到底应该如何构建意义和价值。针对自然主义的普遍指控之一，就是这样的任务不可能完成：没有超越物理世界的事物指引我们的话，人根本没有生活的意义，更不要说选择某种生活方式的意义。一些自然主义者赞同这一点，然后继续自己的生活；另一些作出了强烈反应，他们主张价值观可以像宇宙年龄那样，用科学方法来确定。诗性自然主义处于两者之间，它接受价值观由人类建构的观点，但否认价值观会因此成为一种幻觉或者失去意义。我们所有人都有关心和渴望的事物，无论它们来自演化、家庭教育还是环境。我们眼前的任务，是在我们心中以及人与人之间调解这些关心和渴望。我们在人生中追寻到的意义并没有超越现实，但它并不因此而逊色。

目录

1

宇宙

第1章
现实世界的本性

在老动画片《大野狼与哔哔鸟》（*Wile E. Coyote and the Road Runner*）里，大野狼经常发现自己跑出了悬崖的边沿。但不同于我们出于经验的推测，它不会就此坠落地面，至少当时如此，反而会悬浮在空中一动不动，眼中充满困惑；只有当它发觉不再脚踏实地，才会突然往下掉。

我们都像那头大野狼。自从人类开始思考各种事物，我们就在推敲自己在宇宙中的地位，还有我们在此存在的理由。人们提出了许多可能的答案，而不同观点的支持者偶尔会有些分歧。但长时间以来人们共有的观点，就是在某处必定有某种存在的意义，等着我们去发现确认。万物皆有存在的理由，万事皆有发生的原因。这个信念就像我们脚下的实地，作为地基让我们能构建我们生活所依靠的那些原则。

但我们对这个观点的信心已经逐渐动摇。每当我们更进一步理解世界，“世界背后有某种超脱尘世的目的”这种想法似乎越来越站不住脚。陈旧的图景已经被一幅奇异的新图景取代，它在许多方面令人叹为观止，在别的方面却令人苦恼不已。在这个图景里，世界似乎顽固拒绝直接解答我们有关目的和意义的宏大问题。

问题在于，我们自己还没有完全承认这个转变的发生，也没有全盘接受它深远的影响。当然，这些问题广为人知。最近两个世纪见证了达尔文如何颠覆我们对生命的认知，见证了尼采笔下的疯子在哀叹上帝之死，见证了存在主义者如何直面荒谬寻找真实，还见证了现代无神论者如何高声呼喊，在社会中被授予一席之地。然而大多数人继续生活，似乎改变并未发生；其他人热情拥抱新秩序，但却不以为然地相信我们视点的变化不过是将一些老旧教诲用新事物取代。

但真相是，我们原来脚下的地面已经消失，而我们正刚刚开始积蓄勇气向下望。幸运的是，不是所有半空中的东西都会立即一头掉向死亡。如果大野狼装备了ACME牌[1]的飞行背包，能在空中随意飞来飞去的话，那就没什么问题了。现在是时候开始建造我们观念的“飞行背包”了。

现实最基础的本性是什么？哲学家称之为*本体论*（ontology）问题，本体论这门学科研究的是世界的基本结构，以及从根源上构筑宇宙的材料和关系。我们可以将它跟*认识论*（epistemology）对比，认识论研究的是我们在世界中获取知识的方式。本体论是哲学的一个分支，主要研究现实的本性；我们也可以提及“一种”本体论，意思是某种关于自然本质是什么的特定理念。

当今仍然活跃的本体论观点可谓数不胜数。最基础的问题就是到底现实是否存在。*实在主义者*（realist）会说“当然存在”；但还有

1. 译者注：ACME是《大野狼与哔哔鸟》中的一家虚构公司。

那些*唯心主义者*（idealist），他们认为只有心灵真正存在，而所谓的“现实世界”不过是心灵中一系列的想法。在实在主义阵营里，还分为*一元论者*（monist），他们认为世界由同一种东西构成；还有*二元论者*（dualist），他们认为存在两个不同的领域（比如说“物质”和“精神”）。即使那些同意世界仅由一种东西构成的人，他们可能也会对于这些东西能否拥有多种本质上不同的属性（比如精神属性和物质属性）产生分歧。而即使那些同意世界是一元的并且只有物质属性的人，被问到世界的哪些方面是“真实”的，哪些方面又是“虚幻”的话，他们之间也会产生分歧。（颜色是真实的吗？意识呢？道德又如何？）

你是否相信神，也就是你到底是*有神论者*（theist）还是*无神论者*（atheist），这属于你本体论的一部分，但远非全部。“宗教”与此完全不同，它与某些信念有联系，其中通常包括对神的信仰，尽管在宗教的广阔范畴中，这个“神”的定义可以千差万别。宗教也可以是一种文化力量，一组机构集合，一种生活方式，一件历史遗产，或者一堆习俗和原则。比起一张信念的清单，宗教要丰富得多也混乱得多。宗教的对立面是*人文主义*（humanism），这是一组信念和实践，其繁复多变堪比宗教。

通常无神论联系着一种更完整的本体论，叫作*自然主义*（naturalism）——只有一个世界，那就是自然世界，它展现着被称为“自然规律”的模式，这些模式可以通过科学方法与实证研究来发现。不存在单独属于超自然、灵性或者神性的领域；宇宙的本性中没有什么固有的目的，人类的生活中也不存在超脱尘世的意义。“生命”和“意识”并没有指代某种物质以外的本质属性，它们只是一种说法，用来谈论极端复杂的系统之间的相互作用中涌现出来的现象。生命的目的和意义来自创造，它们本质上是人类的行为，而不是我们之外任何事物的附庸。自然主义是一种关于统一与模式的哲学，它将现实全体描述成一张无缝的巨网。

自然主义源远流长。在佛教、古希腊古罗马的原子主义者[1]和儒家学说中，都能找到它的踪迹。孔子身后数百年出现的思想家王充就是一名勇于呐喊的自然主义者，他与当时盛行的鬼神信仰进行了斗争。但只有在最近几个世纪，有利于自然主义的证据才变得难以否定。

这么多的主义可能会令你头昏脑涨。幸运的是，我们不需要巨细靡遗地列出所有可能性。但我们应当仔细考虑本体论的问题，它处于我们如何摆脱“大野狼困境”这个问题的核心。

近五百多年来，人类智慧的进步已经在最基本的层面上完全颠覆了我们对世界的思考。我们的日常体验似乎表明世界上存在非常多种本质上不同的东西。人、蜘蛛、石头、海洋、桌子、火、空气、星辰——这些东西似乎彼此迥然相异，都有资格作为现实的组成部分之一。我们的“常识本体论”毋庸置疑属于多元论，充满了多种多样的本原类别。我们还没有算上那些更抽象却又可以说是同样“真实”的概念，比如说数字、目标与梦想，还有关于对错的原则。

随着对事物的理解越来越深入，我们逐步迈向一个更简单更统一

---

1. 译者注：原子主义是一种古代的自然哲学，认为世界由不可分割的原子与虚空组成，这里的“原子”不同于现代物理中的原子，是一种哲学概念。

的本体论，这种追求的动力古已有之。在公元前6世纪，古希腊哲学家米利都的泰勒斯（Thales of Miletus）就已提出水是世界的第一要素，而万物源自于水。在地球另一端的印度哲学家则以梵（Brahman）为唯一的终极实在。科学的进步加速并概括了这一潮流。

伽利略观察到木星也有卫星，这说明它跟地球一样能产生引力。艾萨克·牛顿（Isaac Newton）证明了引力是万有的，是行星运动和苹果坠落的根本。约翰·道尔顿（John Dalton）展示了不同的化学物质是如何从“原子”这一基本结构组合而来的。查尔斯·达尔文（Charles Darwin）通过共同先祖确立了生命的统一性。詹姆斯·克拉克·麦克斯韦（James Clerk Maxwell）和其他物理学家将诸如闪电、光照和磁铁这些看似风马牛不相及的现象统一到了“电磁力”这个主题下。对星光的仔细分析揭示了组成恒星的原子正是我们在地球上发现的那些，而塞西莉亚·佩恩-加波施金（Cecilia Payne-Gaposchkin）最终证明了恒星主要由氢原子和氦原子组成。阿尔伯特·爱因斯坦（Albert Einstein）统一了时间和空间，同时联系了物质与能量。粒子物理学家告诉我们，元素周期表中元素的原子不过是三种基本粒子的排列组合，它们是质子、中子和电子。你在生活中看到和碰到的东西，都由这区区三种粒子组成。

所有这些带给了我们一个跟一开始大不相同的现实图景。在最基础的层面上，在“生物”与“非生物”、“凡尘之物”和“天上之物”、“物质”和“精神”之间，不存在任何区分。存在的只有组成现实的唯一基本要素，以多种形态幻化在我们面前。

这个统一与简化的过程能走多远？现在还不能确定，但根据我们的进步，可以作出一个合理的估计：这个过程将会穷尽一切。我们最终对宇宙作为现实的理解将会是个统一的整体，宇宙之外没有额外的起因、支撑或者影响。这一点非常重要。

——

自然主义的宣言铺张大胆，我们有权保持怀疑。当我们注视另一个人的眼睛时，我们看到的似乎不仅仅是一堆原子的组合以及某些错综复杂的化学反应。我们常常感觉自己与宇宙有着某种超越物质的联系，无论是凝视大海或天空产生的敬畏感，还是靠近我们在乎的人所带来的亲昵感。活泼的生命与不动的死物之间的鸿沟似乎远不止于分子的排列构成方式。看看周围就会觉得，“所有我们看到和感受到的东西都能用掌管物质和能量的无情规律来解释”这种想法似乎相当可笑。

面对所有来自常识的经验，仍然认为生命可以来自非生命，或者要得到意识体验只需要一些遵循物理定律的原子，这算是一个飞跃。同样重要的是，借助超脱尘世的目的或者更高的力量，似乎也可以回答某些我们人类经常问到的“为什么”：为什么宇宙会存在？为什么我会在这里？为什么万物会存在？相比之下，自然主义的回答很简洁：这些都不是我们真正要问的问题。自然主义里有很多东西需要慢慢消化，它也不是人人都应该毫无疑问地接受的观点。

作为思考世界的方式，自然主义远非浅显或者理所当然。对它有利的证据逐年堆积，这是我们不懈地探求理解事物深层次运作方式的结果，但探索远未完成。我们仍不知道宇宙如何开端，也不知道是否只有一个宇宙。我们仍不知道完整的终极物理定律。我们仍不知道生命如何诞生，意识又如何形成。最后，在这个世界作为一个好人生活下去最好的方法是什么，也还没有一致赞同的答案。

自然主义者需要证明，即使手头上还没有答案，他们的世界观目前仍然是最有可能找到答案的框架。这就是我们接下来要做的事。

——

我们生活中的那些有关人性的不容忽视的问题，在更深的层次上直接取决于我们对待宇宙的态度。对于很多人来说，这些态度随意采纳自周围的文化，而并非来自个人严谨的思考。每一代人都不会从零开始发明生活的准则；我们会继承那些历经漫长演化而来的观念和价值。此时此刻，在关于世界的主流印象中，人类的生活在宇宙中占有特殊而重要的地位，超越了那些仅仅是在运动着的物质。我们需要更好地调和我们谈论人生意义的方式以及通过科学所得到的关于宇宙的知识。

那些承认可以通过科学来认识现实的人，通常会有一种隐而不发的坚定信念，那就是诸如自由、道德和意义等的哲学性问题，最后都应该不难解决。我们就是一堆原子的集合体，所以我们应该友善待人。这有何难？

难度很大。友善待人是个好开始，但仅仅这样走不了多远。如果不同的人之间“友善”的概念不兼容的话怎么办？“给和平一个机会”听起来不错，但在真实世界中有着许多不同的参与者，怀着各种各样的目的，而冲突无可避免。能指引我们的超自然力量并不存在，这并不意味着我们不能有意义地谈论对与错，但也并不意味着我们就能立即分辨两者。

生命的意义不能归结于简单的格言。苟以时日，我将逝去；一些关于我的记忆仍会存留，但我无法再去体会。知道了这些之后，什么样的生活值得追求？我们应该如何平衡家庭与事业，财富与享乐，行动与深思？宇宙很大，而我只是其中渺小的一部分，组成我的粒子和力与组成其他物质的并无二致，但这样的视点对于回答这些问题毫无补益。我们需要智慧和勇气去思考如何走上人生的正轨。

第 2 章
诗性自然主义

《星际迷航》(*Star Trek*)里有件事一直没交代清楚，就是传送器到底是怎么运作的。它们是先将你分解成一个个原子，将它们打包传送出去，然后再重新组装吗？还是只发送一幅包含你原子排列信息的蓝图，然后在目的地利用周围已有的物质重新把你构建出来？船员通常的说法就好像组成你的原子确实穿行了空间，但这样的话又应该怎么解释“心中之敌”(The Enemy Within)这一集？你也许记得在这集里传送器出了故障，柯克船长传送到进取号时变成了两个复制品。很难想象两份同一个人的复制品怎么可能由一人份的原子组成。

对于观众来说，幸运的是柯克的两个复制品并不完全一致。其中一个是正常的(好人)柯克，而另外一个是坏人。更妙的是，邪恶的柯克很快就被兰德军士抓伤了脸，所以要分辨两人并不困难。

但如果他们真的完全一致，又会怎么样？那我们就要面对一个关于个人身份本质的谜团，它由于哲学家德里克・帕菲特(Derek Parfit)而广为人知。想象一台传送器，它能将一个单独的个体分解，然后用不同的原子重新构建出多个一模一样的复制品。这些复制品中哪个才算是“真正的”那个人呢？如果只有一个复制品的话，绝大多数人都会毫不犹豫地认为他就是原来的人（使用不同的原子重构不是问题；人体无时无刻不在丢失并替换结构中的原子）。如果你的复制品是用新原子构成的，而原来的你保持不变，但在复制完成后数秒，原来的你会悲惨地死去，那又会怎么样？那个复制品能算是原来的人吗？

这确实是好玩的哲学游戏，但至少对于我们当前的技术水平来说，这好像也跟现实世界没什么联系。但话不能说太满。有一个叫作忒修斯之船（Ship of Theseus）的古老思想实验，它提出的正是同一个问题。忒修斯是雅典的传奇建立者，他拥有一艘令人赞叹的船，陪着他立下赫赫战功。为了纪念他，雅典市民在港口将他的船保留了下来。船上偶尔会有木板或者部分桅杆年久失修，为了让船保持良好状态，这些部件坏到一定程度就会被换掉。我们又一次遇到了身份的问题：在替换掉其中一块木板之后，船是否还是原来的船？如果是的话，那么如果我们一块接一块地替换掉所有木板的话，又怎么样？还有（也就是汤玛斯·霍布斯[1]接着提出的问题），如果我们用所有换下来的旧木板重新建造一艘船，又怎么样？重新建造的这艘船会突然成为忒修斯之船吗？

狭义地说，这些都是有关同一性的问题。一件东西与另一件东西在什么情况下是“相同”的？但广义地说，这些问题关系到本体论，也就是我们对世界上存在什么事物的基本认知。到底有什么种类的东西是存在的？

---

1. 译者注：汤玛斯·霍布斯（Thomas Hobbes）是17世纪英国的政治哲学家，主要著作有《利维坦》（*Leviathan*）。

当我们考虑“真正的”柯克船长和忒修斯之船的身份时，这实际上伴随着一大堆隐含的假定。我们假定了存在一些叫作“个人”的东西，还有一些叫作“船”的东西，而这些东西有某种时间上的延续性。这些概念我们用得如鱼得水，直到碰到像这些复制品情景造成的难题，才迫使我们考虑这些对象的定义。

这些问题很重要，不是因为我们很快就要造出来一台实用的传送器，而是因为我们对理解世界全景的尝试不可避免会涉及各种各样互相重叠的描述世界的方式。我们有原子，有生物细胞，还有人类的概念。“这个特定的人类”这个概念在我们思考关于世界的问题时是否重要？像“个人”和“船”这样的分类是否应该作为我们最基础的本体论的一部分？如果我们不知道我们所说的“人类”到底是什么，我们就不能决定某个个体的人生是否真的有意义。

——

数千年来，我们的知识，特别是在科学方面，可谓与日俱增，因此我们对应的本体论也从丰富本体论慢慢转变为稀疏本体论。对于古人来说，他们自然相信世界上有各种各样本质上不同的物体；但在现代，我们尝试用更少的种类进行更多的思考。

我们现在会说忒修斯之船是由原子构成的，而所有这些原子都由质子、中子和电子构成——跟组成其他任何船只，甚至你我的粒子完全相同。不存在什么原生的“船属性”，而忒修斯之船只是它的特例之一；只存在一些原子的排列组合，它们随着时间而逐渐变化。

仅仅因为我们明白船只是一堆原子组成的集合，不代表我们不能谈及每一艘船。如果每次有人问起世界上发生的某件事情，我们的回答都只能是一张写出海量原子及其排列方式的列表的话，那实在麻烦透顶。如果你每秒列出一个原子，这就需要超过宇宙年龄万亿倍的时间，才能描述像忒修斯的船那样的一艘船。这不太现实。

忒修斯之船由原子构成，这仅仅意味着，船的概念在我们的本体论中是一个派生类别，而不是基本类别。它是一种实用的*描述方法*，用于谈论宇宙基本组分构成的某些集合。我们发明船这个概念是因为它有用，而不是因为它位于现实最深的层次。在我们逐步替换每块木板之后，船还是不是那艘船？我不知道。这由我们决定。“船”这个概念正是我们为了便利而创造出来的。

这没有问题。最深层次的现实当然很重要，但各种描述这个层次的不同方式同样重要。

我们看到的其实是丰富本体论和稀疏本体论之间的差别。丰富的本体论包含大量不同的基本类别。这里“基本”的意思是“在我们最深刻最全面的现实图景中扮演着必要的角色”。

在稀疏的本体论中，用以描述世界的则只有少数几个（甚至只有一个）基本类别，但却会有许许多多描述世界的方法。“描述方法”这个概念并不只是装饰——在我们对现实的理解方式中，它占据的位置至关重要。

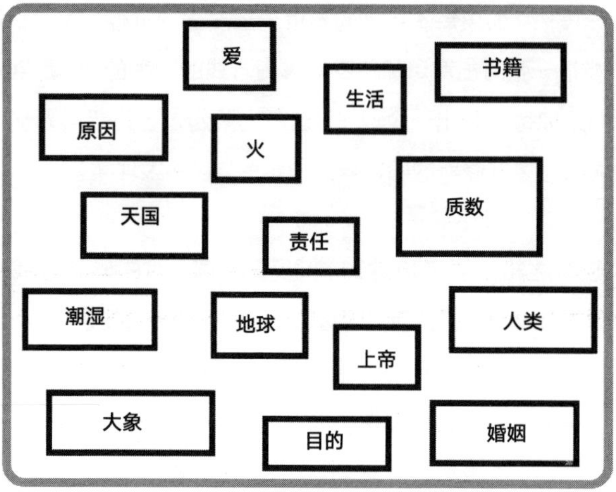

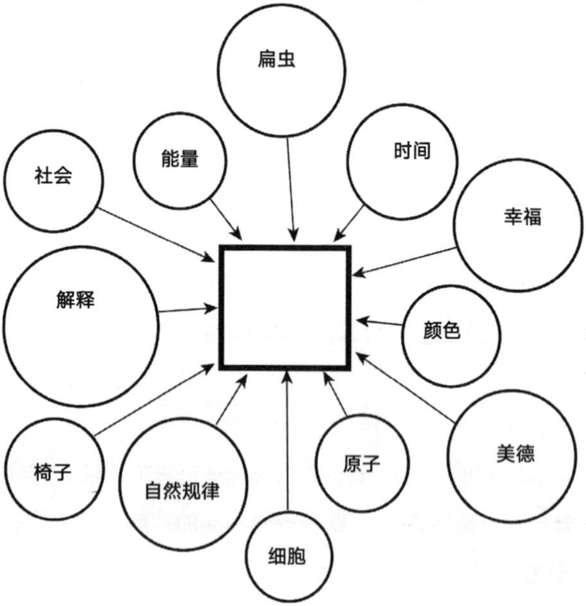

两类不同的本体论，分别是丰富和稀疏的。方框是基本概念，而圆圈是派生或者涌现的概念，也就是描述世界的方式

丰富本体论的好处之一，就是很容易就能说清楚什么是“真实”——所有类别都描述了某种真实的东西。在稀疏本体论中，这就不太明确了。我们是否应该只将构成世界的基本成分看成是真实的，而将我们用于分割和描述世界的所有这些不同的方法都当作区区幻象？这是我们面对现实能采取的最激进的态度，有时又被称为取消主义（eliminativism），因为它的拥护者热衷于在“我们认为是真实的事物”的清单里消去一个又一个概念。对于取消主义者来说，“哪个柯克船长是真的？”的答案就是“谁关心这个？人类个体只是幻象，只是关于唯一的真实世界的一些虚构故事而已”。

我要论证的是另一种观点：我们最本质的本体论，也就是在最深层次上描述世界的最好方法，是非常稀疏的。但有许多概念从属于我们描述世界的一些不太本质的方法，它们对于描述高层次和宏观的现实来说非常实用，所以值得被认为是“真实”的。

这里的关键词是“实用”。当然有些描述世界的方法用处不大。在科学的语境里，我们会说这些无用的方法“错误”或者“虚假”。描述方法不单是一串概念，一般也会包含一系列应用这些概念的规则，还有概念之间的关系。每个科学理论都是一套描述世界的方法，根据这些理论，我们可以说“有些东西叫作‘行星’，还有个东西叫作‘太阳’，它们都在某种叫‘空间’的东西里运行，行星还会做一件事，叫‘围绕太阳公转’，这些公转的轨道在空间中描绘了一种叫椭圆的特殊形状”。这基本上就是约翰内斯·开普勒（Johannes Kepler）关于行星运动的理论，在哥白尼论证了太阳是太阳系中心之后，这个理论才出现，后来牛顿用万有引力的术语给出了解释。今天，我们会说开普勒的理论在某些情况下颇为实用，但没有牛顿的理论那么实用，而牛顿理论的适用范围又没有爱因斯坦的广义相对论那么广泛。

——

我要在这里提倡的策略可以叫做*诗性自然主义*（poetic naturalism）。诗人缪丽尔·鲁凯泽（Muriel Rukeyser）曾经这样写道：“构成宇宙的是故事，而非原子。”世界就是所有的存在和事件的总和，但在不同的描述方法中，我们能领悟很多东西。

自然主义可以归结为三点：

一、只有一个世界，那就是自然世界。

二、世界依据颠扑不破的模式运转，那模式就是自然规律。

三、知晓世界的唯一可靠途径就是观察。

从本质上来说，自然主义就是这样一种概念：科学研究向我们揭示的就是世界的本来面目。当我们开始描述世界时，“诗性”的特质就走上了前台。它可以用三点概括：

一、有许多描述世界的不同方法。

二、所有好的描述方法都应该互相保持一致，也应该与世界本身一致。

三、我们的目的决定了此刻最好的描述方法。

诗性自然主义者会同意，无论是柯克船长还是忒修斯之船，都不过是描述在空间和时间中延伸的某些原子集合的方法。区别在于，消去主义者会说“所以它们只是幻象”，而诗性自然主义者会说“但它们并不会因此变得虚幻”。

哲学家威尔弗里德·塞拉斯（Wilfrid Sellars）提出了两个术语：*外显映象*（manifest image），描述的是源自日常生活体验的朴素本体论，还有*科学映象*（scientific image），描述的是科学所建立的关于世界的全新统一视点。外显映象和科学映象用到的概念和词汇都不一样，但它们作为描述世界的方式是相容的，最终应该能相互协调一致。诗性自然主义认为这两种描述世界的方式在适当的场合都是有用的，而我们的工作是证明它们的确能相互调和。

在诗性自然主义中，我们能区分三种不同的有关世界的叙事。首先，是我们能想象到的，对世界的最深层最本质的描述——包含整个宇宙在所有微观细节上的确切情况。现代科学现在还不知道这个描述到底是什么，但我们至少可以假定这样最根本的现实是*存在*的。其次是那些“涌现的”或者“有效的”描述，它们在某些有限的领域里是正确的。我们就是在这个层次谈论船和人之类的概念，它们是宏观的物质集合，但由我们归结为独立的个体，作为更高层次语汇的一部分。最后是我们的价值观：关于正确与错误、目的与责任、美丽与丑陋的概念。与高层次的科学描述不同，确定这些概念的并不像科学那样，以符合观察数据为目标。我们还有别的目标：做个好人，与其他人和谐共处，还有寻找生命的意义。找出描述世界的最好方式，就是向这些目标努力迈进的重要一环。

诗性自然主义是关于自由和责任的哲学。自然世界向我们赋予了生命这一原料，我们必须努力理解它，接受相应的结果。从描述转到原则，从谈论发生的事情转到对什么事情理应发生的价值判断，这是一种创造性的举动，从根本上充满人性。世界还是那个世界，依照自然的模式运转，没有任何价值判断的属性。世界就这样存在着，而美与善是我们带来的造物。

—

诗性自然主义看上去也许很有魅力，或者像是胡言乱语的堆砌，但可以肯定的是，它带来了一堆难题。最显而易见的问题就是，万物背后的那个统一的自然世界到底是什么？我们一直在念叨像“原子”和“粒子”这样的词语，但从关于量子力学的讨论中可以得知，真相更加难以捉摸。当然，我们不会宣称已经知晓掌管万物的终极理论——但是我们现在到底知道了多少？又是什么令我们认为这就足以支撑自然主义的梦想？

而如何将底层的物理世界与日常经历的现实联系起来，与此相关的问题数量更是有过之而无不及。有些问的是“为什么”：为什么宇宙会是现在这样，拥有这些特定的自然规律？为什么宇宙会存在？有些问的是“你确定吗”：我们是否确定一个统一的物理现实能自然地产生我们所知的生命？我们是否确定物理现实就足以描述意识现象？意识可能是我们的外显映象中最令人困惑的层面。还有些问的是“怎么样”：我们怎么才能决定描述世界最好的方式是什么？我们怎么才能在有关对错的评判问题上达成一致？我们怎么在一个全然物理的世界里寻找意义和目的？而最大的问题是，我们怎么才能知晓所有这些的答案？

我们的任务是描绘一张丰富而细腻的图景，展示我们日常经历中的方方面面如何调和一致。为了摆正我们的心态，在下面几个章节，我们会纵览一些曾经帮助人类走上自然主义道路的思想。

第3章 世界自会运转

在1971年，观看阿波罗15号登月直播的电视观众，看到了宇航员大卫·斯科特（David Scott）做的一个有趣的实验。在一次月面行走的尾声时刻，斯科特拿起了一把锤子和一根羽毛，然后同时放开它们自由下落。在月球引力的轻柔牵引下，两件物体向月面坠落，在完全相同的时间内掉到月面。

在地球上可不会发生这样的事情，除非你正在NASA的巨大真空室里进行宇航服演练。在一般情况下，空气阻力会极大减缓羽毛坠落的速度，而锤子则基本上不受影响。但在月面的真空中，它们的轨迹却难以分辨。

斯科特就此确认了伽利略·伽利莱（Galileo Galilei）早在16世纪提出的一个重要洞见：在重力影响下，所有物体的自然运动都以相同的轨迹坠落，而在我们日常生活中，使沉重的物体看上去比轻盈的物体坠落得更快的，实际上是空气造成的摩擦力。这也不坏，正如任务控制员乔·艾伦（Joe Allen）所说，这个实验结果“一如预测，符合久经考验的理论，但考虑到见证这个实验的观众人数，以及返回的航程极端依赖被测试理论的正确性这一点，这还算是一个令人安心的结果”。

传说伽利略曾经亲自进行过这个实验，让质量不同（但受到的空气阻力相似）的球从比萨斜塔顶端自由坠落。伽利略似乎并未宣称做

比萨斜塔（蒙 W. Lloyd MacKenzie 惠允）

过这个实验，断言这一点的是他的学生温琴佐 · 维维亚尼（Vincenzo Viviani），写在他导师的传记里。

据我们所知，伽利略确实做过一个更容易构建和控制的实验：让

不同质量的小球在斜面上滚下。他由此证明，这些小球以同样的方式加速，这个加速依赖于斜面的角度，但独立于小球的质量。然后他提出，如果相信这些结果可以一直外推到垂直于地面的斜面的话，那就相当于让物体垂直坠落，根本不需要斜面。所以他的结论就是：如果没有空气阻力的影响，不同质量的物体会在重力的作用下以相同的方式下落。

比这个特定的发现更重要的是它传达的潜台词：在探索物体的自然运动时，可以先在想象中除去各种干扰效应，比如摩擦力和空气阻力；然后要回到更符合现实的运动的话，只要重新考虑这些效应就可以了。

这是个伟大的洞察。可以说，这是物理史上最重要的想法。

物理显然是最简单的一门自然科学。表面上看并非如此，但那是因为我们在物理上所知甚多，而理解它需要的知识又晦涩繁复。然而物理拥有一个不可思议的特点：我们常常可以用不合常理的简化方法——比如完全光滑的平面或者完美的球形——来忽略各种各样的次要效应，最终仍能得到超出预期的好结果。在其他学科中，无论是生物学、心理学还是经济学，对于绝大部分有意思的问题，如果你对某个系统的因素之一建模时完全忽略其他因素的话，得到的只会是毫无意义的垃圾（但这并不能阻止人们前仆后继）。

这个翻天覆地的伟大想法——在忽略摩擦和耗散的理想状态下，物理学会变得简单——在另一个同样影响深远、甚至可以说震撼世界的概念的建立过程中也起到了重要的作用，这个概念就是*动量守恒*。虽然它的影响力看似没有那么夸张，但在我们有关世界观念的变迁，从有关目的和原因的古老视点转移到模式和定律的现代视点的这个过程中，动量这个概念占据了核心地位。

——

在伽利略等人在16～17世纪革新关于运动的研究之前，亚里士多德（Aristotle）长久作为思想家中的领军人物统治着这个主题。亚里士多德关于物理学的观点属于坚定的目的论：他认为事物拥有一种最自然的存在状态，而它们的变化则由某个目的指引着。众所周知，他提出"原因"可以区分成四种，虽然"四种解释"也许能更好地表达他本身的想法。这四种解释分别是：*质料因*，也就是组成事物的材料；*形式因*，也就是决定事物本质的必要性质；*动力因*，也就是构筑事物的力量（这与我们对于"原因"的日常定义最接近）；最后是*目的因*，也就是事物存在的理由。理解为何事物如此改变、移动和运转，就相当于讨论有关它们的这些原因。

对于亚里士多德来说，事物的本性决定了它如何运动。在经典的四元素（火、水、土、气）中，土和水倾向于下沉，而气和火倾向于上升。事物能处于某种自然状态，无论是静止或者运动。它倾向于维持这种状态，直到某种"剧烈运动"让它改变状态，但之后它又会回到自然状态。

想象一个在桌子上静止不动的咖啡杯。它正处于自然状态下，也就是静止（除非我们拉开它底下的桌子，这时它会自然坠落，不过这里就算了）。现在，想象我们对它施行某种剧烈运动，推着杯子在桌面移动。当我们推动时，杯子会移动；当我们停下来，它就回到静止的自然状态。要想令它继续移动，我们必须一直推着它。就像亚里士多德所说，“所有运动之物必被某物推动”。

这显然就是咖啡杯在真实世界中的行为。伽利略和亚里士多德之间的差异，并不在于他们一个说的是真理而另一个是谬误，而在于伽利略选择关注的东西可以作为一个有用的基础，用以构建更严谨而完全的理解，能解释超出原有例子的更多现象，而亚里士多德没有做到这一点。

在公元6世纪，居住在埃及的哲学家和神学家约翰·菲洛波努斯（John Philoponus）开启了从亚里士多德到现今对运动理解的旅程。他提出应该构想一种导致运动的力量，或者说“冲力”（impetus），它通

伊本·西那（Ibn Sina），又称阿维琴纳（Avicenna），波斯哲学家、博学家，1037年逝世

过一开始的推动而传递到物体上，然后令物体保持运动，直到所有冲力消耗殆尽。这是前进的一小步，但这一步开辟了对运动本性思考的

新气象。与其谈论原因，人们的关注点转移到了与物质本身相关的数量和性质上。

另一项至关重要的贡献来自波斯思想家伊本·西那（Ibn Sina，有时也被撰写为 Avicenna），他是公元1000年前后伊斯兰黄金时代的领军人物之一。伊本·西那发展了菲洛波努斯关于冲力的想法，将它称为“倾向”（mayl）。正是他提出“倾向”不会自行消散，只会因空气阻力或者其他外界的影响而耗损。他指出，在真空中不存在这些阻力，所以不受干扰的抛射物会一直以相同的速率移动，直到永远。

这个想法非常接近我们现代关于惯性的概念——物体会以相同的方式一直运动，除非出现了别的作用力。可能受到了伊本·西那的影响，14世纪的一位法国神职人员让·比里当（Jean Buridan）写下了一道量化的公式，将冲力等同于物体的重量与速率的乘积。然而在当时人们仍不理解质量和重量的差别。在比里当的影响下，伽利略发明了“动量”这个术语，并且声称物体如果不受任何力的作用，它的动量会维持恒定，但他没有明确区分动量和速率。将动量定义为质量乘以速度的是勒内·笛卡儿（René Descartes），但即使是这位解析几何的创始人，也没有领会到动量除了大小之外还有方向，这一点要留待17世纪的荷兰科学家克里斯蒂安·惠更斯（Christiaan Huygens）来发现。最后收尾的是艾萨克·牛顿，他将动量这个概念巧妙地运用到了他对运动研究的系统化重建中，而重建后的体系直到今天仍是高中和大学课程的一部分。

——

为什么动量守恒这么重要？这里不是学习牛顿力学的地方，尽管我们也许会从中获益良多。这里没有滑轮也没有斜面的习题。我们在这里是为了思考现实的本性。

对于亚里士多德来说，物理是关于性质和原因的叙事。每当任何类型的运动出现，背后必定有促成运动的事物，也就是导致这项运动的动力因。亚里士多德关于“运动”的定义要比现在的更为宽泛，他的定义实际上更接近“转换”。比如说，他的定义囊括了物体颜色的变化，还有某种可能性向现实的转变。但它们都适用相同的原则：亚里士多德坚信，所有这些转换都暗示了某种转换原因的存在。这个想法合情合理，在我们日常的体验中，事件不会“无缘无故”发生——背后一定有什么东西驱使它们发生，让它们能够实现。未曾获益于现代科学知识的亚里士多德，他尝试要做的正是将他所知的世界运转的方式整理到某种系统性的框架之中。

亚里士多德就这样在世界上观察到无数事物正在起变化，并推断每项变化都有其原因。A由于B的缘故被推动了，而B运动的原因又是C，如此类推。一个自然的问题就是：所有这些变化的起源是什么？这根运动与原因的链条，能追溯到什么地方？他很快否定了诸如自我推动的运动或者无穷延伸的因果链条这些可能性。这根链条必定会在什么地方终结，也就是某种能引发运动，但自身不会运动的物体：某个不动的推动者。

亚里士多德主要在他的著作《物理学》（*Physics*）中阐述他关于运动的理论，但有关“不动的推动者”的细节则挪到了后来的另一本著作《形而上学》（*Metaphysics*）里。尽管亚里士多德名义上没有宗教信仰，他在书中却说不动的推动者就是上帝：不是作为一种抽象的原则，而是现实中永恒仁爱的存在。对于上帝的存在性来说，这个论点并不坏，虽然否认背后的假设的话，很容易从中挑出漏洞来。也许某些运动的原因的确是它们自身，也许因果的无限回退完全没有问题。但这个“上帝的宇宙论论证”非常有影响力，后来还被托马斯·阿奎那（Thomas Aquinas，欧洲中世纪哲学家、神学家）等人发扬光大。

对我们来说最重要的是，亚里士多德关于“不动的推动者”的论述依赖于运动必须有原因的这个观点。一旦我们认识到动量守恒，这个观点就失去了吸引力。我们可以吹毛求疵——我确信亚里士多德也能找到巧妙的方法去阐述在光滑平面上以恒定速度运动的物体。但最重要的是，伽利略和他战友的新物理学蕴含了一套全新的本体论，使我们对自然本性的思考产生了深刻的变化。“原因”不再像以往那样扮演中心角色。宇宙不需要被推动，它就是如此一直运转着。

这个视点转换的重要性怎么强调都不为过。当然，时至今日我们仍然一直谈论原因和结果，但如果你打开一本相当于以往亚里士多德的《物理学》的现代书籍——比如说量子场论的教材——你不会看到类似“原因”或者“结果”的字眼。在日常对话中我们仍然谈论因果关系，这有它的理由，但在我们最优秀的基础本体论中，它们不再占有一席之地。

在这里，我们看到的是我们关于自然的描述中层次性的一种体现。在我们目前所知的最深层次上，最基础的概念是“时空”、“量子场”、“运动方程”和“相互作用”之类的东西。那里没有“原因”，无论是质料因、形式因、动力因还是目的因。但在此之上还有不同的层次，用到了不同的语汇。实际上，在耗散和摩擦占有重要地位的情况下，我们能以量化的形式重新推导亚里士多德物理学的一部分，将它作为牛顿力学在这种情况下的极限（毕竟咖啡杯还是会停下来的）。我们同样能理解为什么在日常体验中谈论原因和结果如此方便，即使这些概念在底层的方程中并不存在。要在世界上生活下去，我们需要构筑许多不同的关于现实的实用叙事。

第 4 章
谁定未来之事？

艾萨克·牛顿这位历史上影响最大的科学家，是一位笃信宗教的人。以他童年时期英国圣公会信仰的标准来说，他显然持有异端的观点：他不承认三位一体，并且写过许多关于预言和阐述圣经的著作，其中包含题为“论但以理第四巨兽第十一角之力，即时间与法则之变换”的章节。他不承认类似亚里士多德“不动的推动者”那种关于上帝存在的论证。他自己的著作似乎描绘了一个以一己之力完美运转的宇宙，但他在《总附注》[*General Scholium*，他的伟大著作《自然哲学的数学原理》（*Principia Mathematica*）后几个版本中附加的短文]中指出，必定有谁建立设置了这一切：

> 这个太阳、行星，还有彗星组成的极尽巧思的系统，不可能有别的起源，除非来自一位智慧而大能的实存，祂明智的指引和权柄。

在别的著作中，牛顿似乎暗示行星之间的相互扰动会逐渐使系统偏离正轨，这时上帝就会出手干预使其回复秩序。

皮埃尔-西蒙·拉普拉斯（Pierre-Simon Laplace）却持有不同的

看法，他比牛顿晚一个世纪出生，是法国的物理学家和数学家。学者们对他真正的宗教观点争论不休，他的观点似乎在自然神论（上帝创造世界，但之后不再出手干预）以及彻底的无神论之间摇摆不定。拉普拉斯是这样的一个人：当时的皇帝拿破仑问他，为什么在他关于天体力学的书中没有出现上帝，据说他的回答是“我不需要那个假设”。不管他究竟持有什么信仰，拉普拉斯似乎坚定反对存在某个会直接干预世界运转的造物者这个观点。

皮埃尔-西蒙·拉普拉斯侯爵（Pierre-Simon Marquis de Laplace），1749—1827年

拉普拉斯是最先真正理解经典力学（牛顿力学）的思想家之一，这种理解深入他的骨髓，甚至比牛顿本人更深刻。这样的人终有一天会出现。随着科学的发展，我们对当前最优秀的理论理解得越来越深入；今天，许多物理学家比爱因斯坦更理解相对论，或者比薛定谔和

海森堡更理解量子力学。拉普拉斯解决了从太阳系的稳定性到概率的基础理论等问题，在这个过程中还不断发明了所需的新数学。他提议将牛顿的万有引力作为*场理论*看待，并提出了一个充满整个空间的“引力势能场”，由此解决了牛顿关于远隔千里的物体之间如何相互作用的疑难。

但也许拉普拉斯对于我们对力学理解的最大贡献并不是技术或者数学上的进展，而是哲学上的思考。他意识到，“什么决定了将来会发生的事”这个问题有一个简单的答案，那就是“当前宇宙的状态”。

有人担心这个答案会威胁人类主观能动性的存在，也就是我们选择下一步要做什么的能力。我们将会看到，这并不是个物理问题，而是关于描述的问题：什么才是我们谈论人类的最好方法？当我们讨论简单的牛顿力学系统，比如说太阳系中行星的运转时，决定论就是图景的一部分。当我们谈及像人这样复杂千万倍的事物时，没有任何方法能让我们获得足够的信息去作出滴水不漏的预测。我们最优秀的关于人类的理论拥有它自己的术语，全然没有提及位于底层的粒子和力，而它也为人类的选择提供了充足的空间。

——

根据经典物理，世界在根本上并不符合目的论。无论是某种未来的目标还是宇宙为之运转的终极原因，都丝毫不会影响未来将要发生的事情。世界从本质上也不关乎历史；要知晓未来，原则上只需要对现在这一时刻的精确了解，而无需任何有关过去的额外知识。无论是过去还是未来的经历，都的确被现在完全确定。宇宙只关注当下这个时刻；在牢不可破的物理定律掌控之下，它从这个瞬间迈向下一个瞬间，既不留恋以往的光辉事迹，也不期待未来的美好前景。一个世纪之后的生物学家恩斯特·海克尔（Ernst Haeckel）将这个观点命名为*无目的论*（dysteleology），但这个术语太粗拙，从来没有流行起来。

用现代的语言来说，拉普拉斯指出的是宇宙很像某种计算机。你放进一个输入（宇宙当前的状态），它会进行计算（依据物理定律）并给出一个输出（下一时刻宇宙的状态）。此前戈特弗里德·威廉·莱布尼茨（Gottfried Wilhelm Leibniz）和罗格·博斯科维克（Roger Boscovich）也提出过类似的观点，甚至在两千年前古印度哲学中一个名为“阿耆毗伽”（Ajivika，又译邪命教）的异端学派中就有这类观点的萌芽。因为当时还没发明计算机，拉普拉斯想象出一个“无尽的智者”，它知道宇宙中所有粒子的位置和速度，也知晓影响它们的所有力，同时拥有充足的计算能力去应用牛顿的运动定律。在这种情况下，他说：“对于这样的智者，没有不确定的事物，未来就像过去一样展现在它眼前。”他同时代的人很快觉得“无尽的智者”这个名字太无趣，取而代之的是一个新名字：*拉普拉斯妖*（Laplace’s Demon）。

“下一个瞬间”说起来容易，但对于牛顿和拉普拉斯，甚至从我们目前对理论物理学最深入的理解来说，时间的流动是连续而不是离散的。这并不是问题；这就是微积分的任务，也是牛顿和莱布尼兹发明微积分的目的。宇宙或者它子系统的“状态”，实际上指的是其中每个粒子的位置和速度。速度就是位置随着时间流逝的变化率（导数）；物理定律会告诉我们加速度是多少，也就是速度的变化率。组合起来的话，你给我宇宙在某个时刻的状态，我就能利用物理定律对时间（无论是向未来还是过去）积分，从而得到任意时刻宇宙的状态。

我们在这里用的是经典力学的语言——粒子和力——但这个想法本身更强大而普适。拉普拉斯引入了“场”的概念，将它作为物理学至关重要的概念，而确立这个概念的，是19世纪迈克尔·法拉第（Michael Faraday）和詹姆斯·克拉克·麦克斯韦关于电磁学的工作。与在空间中占据特定位置的粒子不同，场在空间中每一点都有一个值——这就是场。但我们可以将场的值看成一个“位置”，而将它的变化率看成“速度”，这样拉普拉斯的整个思想实验不差分毫同样成立。无论是爱因斯坦的广义相对论，还是量子力学中的薛定谔方程，又或者像超弦理论这样的现代探索，这个论证同样成立。自拉普拉斯起，每次对理解宇宙最深层次行为的严肃尝试都有着同一个特点，就是过去和未来都被系统的当前状态完全确定。（可能的反例有量子力学中波函数的坍缩，我们会在第20章对此进行详尽的讨论。）

这个原则有着一个简单得会引起误解的名字：*信息守恒*。就像动量守恒表明宇宙能一直运转下去，而不需要幕后某个不动的推动者那样，信息守恒表明每个时刻都正好包含足以决定其他时刻情况的信息。

在这里，我们要小心使用“信息”这个术语，因为科学家在不同的上下文中用这个术语表达不同的意思。有时“信息”意指你实际拥有的关于某个情况的知识。有时它的意思又是某个体系中可以轻易获得的信息，无论你有没有去实际观察并获取，这些信息就包含在体系宏观层面上的表现之中。我们在这里用的是第三种可能的定义，也可以叫作“微观”信息，就是系统状态的完整描述，所有你可以知道的有关它的一切。当我们说信息守恒的时候，指的就是所有这些信息。

这两个守恒定律，动量守恒和信息守恒，给我们的基础本体论带来了巨变。之前亚里士多德式的视点感觉很自然，在某种意义上也很人性化。当事物移动时，必定有推动者；当事物发生时，必定存在原因。拉普拉斯的观点——也就是直到今天科学一直持有的观点——却建立在模式上，而不是本质或者目的。如果某件事发生了，我们知道某件别的事必然会接着发生，这个相继的序列由物理定律所描述。为什么会是这样呢？因为这就是我们观察到的模式。

——

拉普拉斯妖是一个思想实验，而不是我们可以在实验室里重复的实验。在现实中，不会也不可能存在某个拥有足够知识的智慧能从宇宙现在的状态去推断它的未来。如果你坐下来想想能做到这一点的计算机会是什么样子的话，你最终会察觉它必须与宇宙本身有着差不多的体量和能力。你基本上需要用上整个宇宙才能以足够的精确度模拟整个宇宙。所以我们在这里不关注具体的工程问题，因为在现实中不可能做到。

我们关注的是原则性的问题，也就是宇宙当前的状态决定了未来这个事实，即使我们不能借助这个事实去作出预测。这个性质，也就是*确定性*，会令一些人感觉不舒服。这值得我们仔细考虑它的局限性与深意。

经典力学，也就是牛顿和拉普拉斯研究的方程组，并不拥有完美的确定性。在一些例子中，从系统当前的状态预测出的未来结果并非唯一。对绝大多数人来说这不是个问题，因为这样的情况万中无一——实际上在系统的所有可能的行为中遇到这种情况的概率无限小。它们是刻意制造的产物，能带来有趣的思考，但对于我们周遭的尘世中发生的事情来说无足轻重。

另一个更流行的反驳确定性的论点就是混沌现象。这个晦涩的名字掩盖了它简单的本质：在许多系统中，有关系统初始状态的知识如果失之毫厘，会导致最终结局谬以千里。然而对于确定性而言，混沌的存在确实无关紧要。拉普拉斯的论点一直是完美的信息能得出完美的预测。混沌理论讲述的则是稍稍不完美的信息会导致与完美相差甚远的预测。此言非虚，但对整个图景没有丝毫影响。一个头脑清醒的人不会觉得可以利用拉普拉斯的论证来建造能预测未来的实用机器；这个思想实验从头到尾都是原则性的，与实际毫不相关。

经典力学的真正问题在于，世界实际上并不是这样运转的。现在我们知道得更多：20世纪早期出现的量子力学就带有完全不同的本体论。在量子力学中没有“位置”和“速度”，只有“量子态”，或者说“波函数”，它们被用来计算对某个系统的观察得出的结果。

量子力学已经取代经典力学成为我们所知的在深层次上描述宇宙最好的方法。不幸的是，我们仍没有完全理解这个理论到底是什么，这也令全世界的物理学家烦恼不已。我们知道孤立体系的量子态会以完全确定性的方式演化，不像经典物理学那样会找到稀有但烦人的出现非确定性的例子。但当我们观察一个体系时，它的行为似乎是随机而非确定。波函数会“坍缩”，而我们能以非常高的精度得到出现不同结果的概率，但绝不可能知道最后的结果到底是什么。

要透彻地理解量子力学中的测量问题，我们有几种互相竞争的想法，其中有一些牵涉到真正的随机性，而另一些（比如说我的最爱，多世界阐释）则保持着完美的确定性。我们会在第21章讨论这些选择。然而，所有这些量子力学的流行版本，即使抛弃了完美的可预测性，都保持了拉普拉斯的分析中的哲学内核：要预测下一步会发生什么，只需要宇宙的当前状态，不需要未来的目标，也不需要有关体系以往经历的记忆。就我们当前最先进的物理学而言，时间流逝中的每个瞬间都可以从前一个瞬间得出，而这依据的是明确客观的量化规则。

———

在拉普拉斯关于确定性的观念以及绝大部分人在听到“未来是确定的”时的想法之间有着不小的差异。“未来是确定的”唤起的是有关*宿命*或者*天意*的印象——也就是那些将来会发生的事情“已经被注定”的想法，暗示着未来已经被某个人或者某种东西决定了。

但物理上的确定性这个概念与宿命或者天意有着微妙且至关重要的区别：因为拉普拉斯妖实际上不存在，即使未来被现在所确定，但没有任何人知道未来会是什么样子。当我们想到宿命时，我们联想到的是像希腊神话中的命运三女神，又或者是莎士比亚的《麦克白》（*Macbeth*）中的三位女巫，这些年迈的先知用谜语来指示我们未来的道路，即使不断挣扎，最终也无法逃避。真实的宇宙根本不是这样，而更像是一个熊孩子，喜欢到处黏着别人说：“我知道以后在你身上会发生什么！”但当你问他到底会发生什么时，他却说：“我不能告诉你。”而当事情发生之后，他会说：“你看看你！我就知道会发生这种事情！”这就是我们的宇宙。

物理演化的这种只关注瞬间的特性，或者说拉普拉斯式的本性，与我们在日常生活中要面对的种种选择并没有多大的关系。对于诗性自然主义而言，这再明显不过了。宇宙的其中一种描述方式会将它描述为一堆基本粒子或者量子态的集合，在其中拉普拉斯的理念统治一切，下一步发生什么只取决于体系现在的状态。但宇宙还有别的描述方式，我们可以把镜头拉远一点，引入类似“人”和“选择”这样的类别。与行星或者单摆不同，我们关于人类行为最优秀的理论不是确定性的。我们没有什么方法可以通过对某个人当前状态的观察来预测他将会做什么。我们是否认为人类行为是确定性的，这依赖于我们知道什么。

第5章
思考理由

在2003年11月，荷兰的儿科护士露西娅·德·贝尔克（Lucia de Berk）被判以终身监禁并不允许假释，罪名是谋杀四名她看护的儿童，以及试图谋杀另外三名。她的案件在媒体上轰动一时的原因不同寻常：案件牵涉对统计推理的误用。

对德·贝尔克的指控包含了一些直接证据，但不足为信。例如，在其中一起案件中，控方宣称受害者“婴儿安柏（Amber）”因人为投以药物地高辛而中毒，但有医生指出类似的生化信号也可能自然出现。对德·贝尔克的指控最关键的部分并不是某宗独立的谋杀中 确凿的证据，而是所谓“一名护士值班时有如此多宗死亡在统计学上的不可能性”。一位专家证人指出，这样的巧合在3.24亿次中最多会发生一次。控方成功论证了，计算得到的如此小的概率意味着将这些死亡组合起来审理时，需要的证据标准要低于审理单次案件。

问题是整个计算完全是错误的，其中充满了初级失误，从将并非独立的概率相乘，到在海量的事件中“搜寻”表面上的巧合。在判决下达之后，其他专家提出了不同的计算结果，从一比一百万到一比二十五都有，具体的值依赖于具体的问题。更深入的调查表明，当事医院的婴儿死亡率在德·贝尔克入职之前要比她入职之后更高，这不是有连环杀人犯在场时我们会预期的效果。对统计论证以及直接证据的疑问最终导致了案件的重新审理。在2010年，针对德·贝尔克的全部指控都被撤销。

但单纯的数学错误还不足以解释露西娅·德·贝尔克的错案。一切的导火索是人们一种心理上的执念：这么多婴儿死亡的可怕事件一定并非偶然；一定有某个人需要承担责任。这件事的发生必定有一个*理由*。儿童的死亡必然令人毛骨悚然，而对我们来说，将它解释为个人行为的结果感觉更合理，简单的偶然意外则不然。

追寻原因和理由，这是深植人性的冲动。我们是善于识别模式的生物，甚至能轻易在火星环形山的图片上看到人脸，还能在天空中金星的位置和感情生活的状态之间找到联系。我们不仅追寻秩序和因果，还偏好公平。在20世纪60年代，心理学家梅尔文·勒纳（Melvin Lerner）注意到人们在坏事发生时倾向于将责任归咎于那些运气不好的受害者，于是提出了“公平世界谬误”（Just World Fallacy）这个概念。为了测试他的想法，他和他的合作者卡罗琳·西蒙斯（Carolyn Simmons）进行了一些实验，向被试展示了一些似乎正在遭受电击的人。之后，很多被试——他们对那些看起来被电击的人一无所知——对这些人给出了严厉的评价，痛斥他们人格卑劣。电击看上去越强烈，被试对受害者的评价也越差。

寻找事物发生的理由无论怎么说都并非毫无道理。在许多熟悉的场景中，事情不会无缘无故发生。如果你坐在客厅里，一个棒球打碎你的窗户飞了进来，你很有理由向屋外张望，也估计会看到有小朋友在玩棒球。巨大的鲸鱼不会自己在几千米高空上突然出现。在演化的漫长时间中，我们发展出熟悉的关于原因和结果的直觉，这是因为这些直觉很好地引导了我们去理解世界运转的方式。

而谬误在于将这种期望上升到牢不可破的原则。我们看到某件事发生就会向其赋予某种理由。这不限于在家里或者个人人生中发生的事情，还深入到本体论的基础。我们会想，如果世界由某种事物组成，以某种方式运转，那么背后一定有它的理由。

这个谬误有个名字，叫*充足理由律*（Principle of Sufficient Reason）。这个术语来自德国哲学家和数学家戈特弗里德·莱布尼兹，但此前很多思想家已经认识到了它的基本思想，其中最有名的是17世纪的巴鲁赫·斯宾诺莎（Baruch Spinoza）。陈述它的方法之一是：

> *充足理由律：*
> *对于任何事实，必定有一个理由，使它是此而非彼。*

莱布尼茨曾经将这个原则表述为“没有事情会无缘无故发生”，这跟今天能买到的T恤和保险杠贴纸上印有的格言“事情发生都有理由”极为相似［作为对比，设计师和癌症幸存者埃米莉·麦克道尔（Emily McDowell）出售的慰问卡上写着“请允许我第一时间狠揍下一个跟你说事情发生都有理由的家伙”］。莱布尼兹也勉强同意有时候这些原因只有上帝才能知道。

为什么有人不仅会相信我们能对发生的事件赋予理由，还相信有关宇宙的每一个事实都关系着某个特定的理由？毕竟我们有另一个明显的选择：某些事实背后有着理由，但也有一些“天然”的事实——它们就是正确的，不可能作进一步的解释。我们何德何能去判断这个世界最基础的本体论中是否包含这些天然事实呢？

——

每当我们碰到有关信念的问题时，我们可以运用一种叫溯因推理的方法，它又叫“最佳解释推理”。溯因推理是一种推理方法，能与其对比的还有演绎推理和归纳推理。在演绎推理中，我们从某些正确性无须质疑的公理出发，严格推导出所需的结论。在归纳推理中，我们从已知的一些例子出发，将它们推广到更一般的情况下——如果我们有理由相信这样的推广总是正确的话，这样的论证就是严格的，但我们一般没有这种保证。相比之下，在溯因推理中，我们回顾有关世界运转的所有背景知识，也许还包括某种对简单解释的偏好（奥卡姆剃刀），然后决定什么样的解释最好地说明了我们所知的所有事实。在第9和第10章，我们会在*贝叶斯推理*的主题下更深入地探讨这种推理方法。

对于充足理由律而言，为了简化，我们将所有可能性分为两个矛盾的论断：每个事实都有说得通的理由（充足理由律是正确的），或者是某些事实没有原因（充足理由律是错误的）。我们可以对每个论断赋予一个先验置信度，也就是我们一开始相信它的程度。然后我们通过对世界运转的观察收集证据，再以合适的方式更新我们的置信度。

充足理由律的辩护者们通常的策略就是不去收集证据，反而宣称这是一个“形而上学的基本原则”。这就相当于说我们无法想象这个原则不成立。因此，他们对“所有事实必有理由”赋予的先验置信度是1，而对“存在天然事实”赋予的置信度是0。在这种选择下，任何证据都不会对之后的置信度有丝毫影响；他们会一直相信每个事实都有着充分的理由。

要将一个常识性的总结拔高到“形而上学的原则”，我们定的标准应该非常高。苏格兰哲学家大卫·休谟（David Hume）——如果有人有资格被称为“诗性自然主义之父”，那就是他了，也许罗马时代的前辈卢克莱修（Lucretius[1]）能算是“祖父”——指出，充足理由论似乎没有达到这个标准。休谟提到，无因之果初看非同寻常，但它并不会导致任何固有矛盾，在逻辑上也并非不可能。

如果我们逼问充足理由律的支持者为什么它不可或缺，他们一般会退却到两个论证角度之一。他们可能会尝试引用别的形而上学的基础原则来进行辩护。比如说莱布尼兹就引用了他所谓的“最优原则（Principle of the Best）”，也就是说上帝总是根据最好的可能性而行动，创世也是如此。只有当我们将新原则作为不可避免的事实接受时，这个论证才有说服力，但对于一开始就怀疑充足理由律的人来说，这种情况很少见。

另外一个论证角度就是宣称类似充足理由律的原则根植在逻辑思考这种活动的本质之中，理性本身就隐含了对这种原则的肯定。举个

1. 译者注：卢克莱修是公元前1世纪的唯物主义哲学家，他的著作只有《物性论》存世。

例子，想象你有一天洗澡，突然发现浴缸里放着一台手风琴。你很难不去认为这台手风琴放在这里必定有什么理由。这不太可能无缘无故发生。沿着这条思路走下去，我们意识到的所有关于宇宙的事实也是这样：一旦我们认识到这些事实，我们就会认为背后一定有某种原因。

这个论证并没有说充足理由律在逻辑上无懈可击；它只表明我们通常的行为就好像承认了某种类似原则的正确性。如果实话实说，这是基于证据的经验论证，而不是先验正确的论证。我们不经常看到手风琴无缘无故出现，这是一个经验事实；但我们当然可以想象一个手风琴会无端出现的世界。

形而上学原则是诱人的捷径，而并非可靠的向导。事物看起来因为某种原因才发生，这有着充分的原因——但也有理由说明这不是基础性的原则。

—

一面说着我们生活在一个拉普拉斯式的宇宙中，每个瞬间都能由前一个瞬间通过牢不可破的物理定律推断出来，一面又说有些事实不存在可以解释它们的原因，这听起来不太对劲。难道我们不能给每个事件赋予“物理定律以及宇宙此前的状态”这个理由吗？

这要看我们说的“理由”是什么意思。首先，我们要区分我们想要解释的两种不同的“事实”：*发生的事件*，也就是宇宙（或者它的一部分）在某个特定时刻的状态；还有*宇宙的特征*，比如说物理定律本身。能解释其中一类事实的理由与解释另一类的理由有着相当不同的性质。

当要解释“发生的事件”时，我们所说的“理由”，实际上的意思就是某件事的“起因”。的确，我们可以说所有事件都能用“物理定律以及宇宙此前的状态”作为原因或者解释。这种说法即使在量子力学里也不算错，虽然有时候人们会错误地将量子力学当成无缘无故发生的事情（比如说原子核的衰变）的例子。

然而，当人们寻找理由时，他们要找的不是这个。如果有人问“为什么会发生那宗枪击惨案？”或者“为什么地球大气层的平均温度上升得这么快？”的时候，“因为物理定律和宇宙此前的状态如此”这样的回答可不太令人满意。我们要追寻的实际上是宇宙的状态中某个特定的部分，没有它，事件就不会发生。

我们之前谈到过，物理定律本身与“理由”或者“原因”毫无瓜葛。这些定律就是一种模式，能将不同事件和地点发生的事件联系起来，仅此而已。然而“某件事实的理由”这个概念在日常生活中非常有用。每个明智的诗性自然主义者都会认为这个概念是对宇宙某一部分的准确叙事中有用的一部分。我们在本章第一段用到的就是这种叙事方式。

我们想问的问题可能是：“我们能合情合理地谈论‘理由’的理由又是什么？”这个问题有一个很好的答案：时间箭头。

我们周围的可观测宇宙并不单纯是一堆随意而成但遵守物理定律的物质——这些物质在一开始就以某种非常特殊的方式排列着，在此之后就服从物理定律的摆布。我们在这里说的“一开始”实际上就是140亿年前，大爆炸之后的一瞬。我们还不知道大爆炸是不是时间的真正起点，但那是我们在时间长河中向过去回溯所能达到的最古老的瞬间，所以它就是我们能观测到的那部分宇宙的起点。当时宇宙所处的特殊状态有着极低的熵——这是对系统的无序性或者随机性的科学度量。宇宙的熵曾经非常低，之后一直在增长——也就是说我们的可观测宇宙曾经处于某种特殊而有序的状态下，而在这140亿年间愈发混沌。

熵这种增加的倾向正是时间箭头存在的原因。打碎鸡蛋容易，但难以恢复原状；牛奶与咖啡自然交融，但之后无法分离；我们生而年轻，继而徐徐老去；我们记得昨日之事，但不能“回忆”明天。最重要的是，引发事件的原因必定在其之前发生，而不是之后。

就像物理的基本定律中并没有出现“原因”，时间箭头在其中也不存在。这些定律对于过去和未来一视同仁。但之所以我们日常有关解释和因果的语言非常有用，这都仰赖时间箭头。没有它的话，那些词汇就不会成为关于这个宇宙的一种实用的描述方式。

我们将会看到为什么我们关于“事物因为某种理由才发生”、“后果总会尾随原因而至”的执念并非最基础的原则。这些现象出现的原因来自宇宙此处物质演化偶然拥有的性质。宇宙学和知识之间有着紧密的联系。对这个宇宙的理解能帮助我们察觉到为什么我们坚信事物背后都有理由。

换句话说，事件发生的“理由”和“原因”并不是基本概念，而是涌现的结果。我们要深入挖掘宇宙的真正历史，才能理解为什么这些概念会出现。

另一个吸引人寻找理由的问题，就是为什么宇宙的各种性质会是它们现在这个样子。为什么大爆炸之后瞬间的熵非常低？为什么空间有三维？为什么质子要比电子重差不多2000倍？追根究底，为什么宇宙会存在？

这些问题和“为什么我的浴缸里会有个手风琴”之类的问题非常不同。我们谈论的不再是某件事情的发生，所以“原因就是物理定律以及宇宙此前的状态”这个答案说不过去。现在我们要搞清楚的是，为什么现实最基本的构造会是现在这种形式，而不是别的样子。

关键在于，我们要接受一个观点，就是这些问题*可能有也可能没有答案*。我们完全可以提出这些问题，但不能强求一个能满足我们的答案。我们要放开心态，接受一种可能性：它们可能是天然事实，而世界就是这样。

这类“为什么”的问题并非与世事毫不相干。它们在特定的语境下有它们的意义。如果我们问“为什么我的浴缸里会有个手风琴”，别人回答“因为空间有三维”的话，我们不会欣然接受——即使从理论上来说，如果空间只有二维，那么就不会有手风琴。这个问题的情境是我们的世界，其中有些东西叫手风琴，它们倾向于出现在某些地方而不是别的地方，另外有个东西叫作“你的浴缸”，其中某些事物会经常出现，而别的事物不会。这个情境的一部分可能是你有个室友昨晚招待了几个朋友，他们喝高了，而有个朋友带了个手风琴，她演奏着不肯撒手，最后大家决定把她的手风琴藏起来。只有在这种情境下，我们才有希望能回答这样的“为什么”。

但就我们所知，宇宙和物理定律并不包含在某种更大的情境之中。这并非不可能——我们应该对物理宇宙之外存在其他事物的可能性保持开放的态度，无论这些事物是非实体的现实还是某种更平凡的东西，比如说一系列的宇宙共同组成的多重宇宙。在这种情况下，我们可以考虑什么样的宇宙才是“自然”的或者容易被创造出来的，我们可能会发现对于观察到的宇宙特性的某种解释。我们也可能发现，物理定律需要的某种我们认为可以任意设定的东西（比如质子和电子的质量）实际上可以从更深层的原理推导出来。这时，在另一种意义上，我们可以因为找到了解释而给自己鼓掌。

但我们不能强求宇宙填补我们对于解释的渴求。好奇心是一种美德，而寻找那些“为什么”的答案也是好事，如果找得到答案或者认为这些问题会帮助我们得到更好的理解的话。但我们应该平静接受这种可能性，就是某些问题的答案就只是“世事如此”。我们不太习惯这种情况——直觉告诉我们每件事都能用某种理由去解释。要理解为什么我们会这样想，就需要更深入地挖掘我们现在这个宇宙的演化历史。

第 6 章
我们的宇宙

没有什么比对宇宙的沉思更能让我们理解人类存在的背景了。你坐在起居室把酒读书之时，可能不会想到在你附近发生的事情会受整个宇宙的演化所影响。我们在地球上的生活中许多至关重要的特征——关于时间流逝的概念，因果的存在，对过去的记忆，以及对未来作出选择的自由——它们最根本的原因是大爆炸之后瞬间的状态。要大体理解这个观点，就要从宇宙的角度来思考。

仰望星空带来的感动难以抗拒。远离人类文明的万家灯火，在真正的黑暗中，漆黑的背景点缀着上千的恒星、数个行星，还有壮阔的银河系从天边一角跨越天际横扫到另一角。要从夜空美景认识到宇宙的无垠同样非常困难。我们不能感受这种尺度，也没有熟悉的标志可以让我们判断大小和距离。恒星的外表与行星非常相似，即使我们知道两者大有不同；恒星跟太阳看上去也完全不一样，虽然我们现在知道它们实际上非常相似。

古代的宇宙学家在思索有关宇宙的理论时，将他们理解最深入的事物——也就是人类自己——当成宇宙的支柱，这也许并不令人意外。历史长河各处散落的文明提出了不少富有想象力的宇宙图景，这

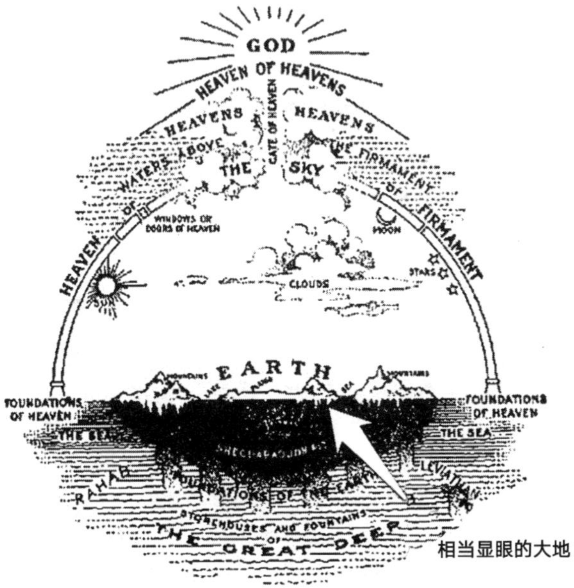

古希伯来的宇宙学
由乔治·L.罗宾逊（George L. Robinson）绘制

些文明不约而同地确信我们的家园，也就是大地，在某种意义上是特别的。某些图景想象大地处于宇宙万物的中心，有时候大地又处在最底层，一般来说大地对于创世的力量或者神祇来说都有着特殊的重要性。无论如何，我们有着共同的信念，就是我们在世界的宏大体系中至关重要。

要等到16世纪，意大利哲学家和神秘学家焦尔达诺·布鲁诺（Giordano Bruno）才第一个提出太阳只是众多恒星之一，而地球只是环绕恒星旋转的众多行星之一。布鲁诺在1600年的罗马作为异端被烧死，他的舌头被长铁钉刺穿，下巴被铁丝捆上。在他的异端理论中，关于宇宙的猜测大概不是教会最反感的部分，但对他也没什么好处。

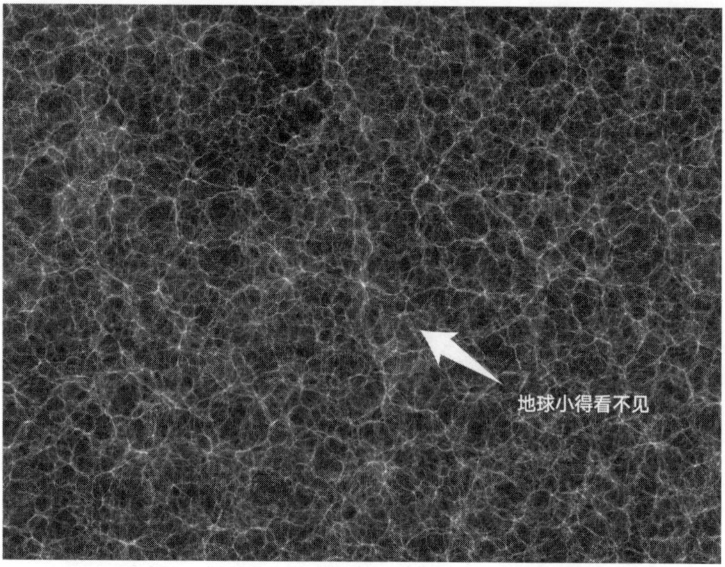

现代宇宙学：在极大尺度上对宇宙的模拟，其中包含数以亿计的星系，每个星系中包含了数以亿计的恒星，许多恒星都有自己的行星系，就像我们的太阳系［蒙千年模拟计划（Millennium Simulation Project）惠允］

今天我们对宇宙的尺度有了相当程度的理解。布鲁诺的想法可圈可点：从宇宙的角度上来说，并没有什么迹象表明我们有哪怕丝毫的重要性。

——

我们关于宇宙的现代图景是从天文学家收集到的数据中千辛万苦拼凑而成的，这些天文学家得到的结果经常与当时理论界的传统智慧格格不入。在一个世纪之前的1915年，阿尔伯特·爱因斯坦刚刚完成他的广义相对论，这个理论认为时空本身是动态的，它的曲率导致了我们所知的引力。在此之前，可以说我们对宇宙在大尺度上的表现几乎一无所知。时空曾被认为是绝对而永恒的，这也符合牛顿力学的认识，而天文学家曾经为了银河系到底是宇宙中唯一的星系还是无数星系中的一个而相持不下。

现在这些基础的事实已经被稳固地确立了。我们所见的横跨夜空的银河系是一个星系——也就是一堆在相互的引力作用下沿着轨道运转的恒星。很难精确计算银河系里有多少恒星，但数量超过千亿。它并不孤独；我们发现至少有千亿个星系散落在可观测宇宙中，它们通常与我们银河系大小相仿（巧合的是，粗粗一算的话，人类大脑中也有大概千亿个神经元）。最近关于附近恒星的研究表明，这些恒星绝大部分都有某种行星，而其中可能六分之一的恒星至少有一个类似地球的行星围绕着它们旋转。

也许星系在太空中的分布里最显眼的特点就是，我们张望得越远，分布就越均匀。在非常大的尺度上，宇宙极端平滑，也没有特点。没有中心，没有上下，没有边界，没有任何特殊的位置。

将所有这些物质播撒在空间中的话，根据广义相对论，它们不会就此静止。星系之间会相互吸引，所以宇宙要么是从更密集的状态扩张而来，要么是从更稀疏的状态收缩而来。在20世纪20年代，埃德温·哈勃（Edwin Hubble）发现我们的宇宙确实在膨胀。有了这个发现，我们可以根据理论上的理解来反推过去。根据广义相对论，如果我们将早期宇宙的发展倒放，会得到一个奇点，它的密度和膨胀速率接近无穷。

最初描绘这个场景的是比利时的天主教神父乔治·勒梅特[1]（Georges Lemaître），他最初把这个场景叫作“原初原子”，但后来人们称之为“大爆炸模型”。这个模型推测早期宇宙不仅稠密而且高温，以至于当时宇宙可能像恒星内部那样发光，而所有这些辐射即使到了今天仍然充斥于太空之中，可以用望远镜探测到。在1964年那个冥冥前定的春天，事情就这样发生了，在贝尔实验室的天文学家阿尔诺·彭齐亚斯（Arno Penzias）和罗伯特·威尔逊（Robert Wilson）探测到了宇宙微波背景辐射，也就是经过空间膨胀冷却下来的早期宇宙遗留的光线。现在它的温度只比绝对零度高不到3度；这真是个冰冷的宇宙。

——

当我们谈到“大爆炸模型”时，我们要将它和“大爆炸”本身小心地区分开来。前者是有关可观测宇宙如何演化的一个理论，业已取得巨大成功，而后者是一个假想的瞬间，我们对它几乎一无所知。

所谓大爆炸模型就是这样的想法：在大概140亿年前，宇宙中的物质极端炽热，被紧紧聚拢在一起，几乎完全均匀地分布在空间中，然后空间开始急速膨胀。在膨胀的过程中，物质被稀释冷却，而在万有引力无休止的拉扯下，均匀的等离子体积淀出恒星和星系。不巧的是，早期宇宙等离子体温度之高密度之大，使得它基本上是不透明的。宇宙微波背景辐射让我们看见宇宙在最初变得透明时的样子，但我们无法直接观察到再之前的情况。

大爆炸本身是广义相对论的预言，它是时间中的一个瞬间，而不

1. 他也是一名宇宙学家。

是空间中的某一点。它不是已有的虚空中一次物质的喷发，而是整个宇宙的起点，物质均匀分布在整个空间，所有事情就发生在那个瞬间。在它之前没有别的瞬间：没有空间，也没有时间。很有可能它也不是真实存在的。大爆炸是广义相对论的预言，但在密度无限大的奇点处正是我们预料广义相对论会分崩离析的地方——这些奇点在广义相对论的应用范围之外。我们至少可以说，在这样的情况下量子力学将会变得至关重要，而广义相对论只是一个纯粹的经典理论。

所以说，大爆炸并不标志着我们宇宙的起点；它标志的是我们对于物理理论认识的终点。基于观察数据，我们比较清楚大爆炸之后不久发生的事情。微波背景辐射以相当精确的方式告诉了我们大爆炸之后数十万年的景象，而轻元素的丰度告诉我们的是，在大爆炸后数分钟，宇宙作为一台原子聚变反应堆具体做了什么。但大爆炸本身谜团重重。我们不应该将它看作“时间起始处的奇点”；它只是一个标签，描述在时间中我们目前仍不理解的一个瞬间。

——

自从人们发现了宇宙在膨胀，有关宇宙未来命运的问题就开始在宇宙学家的心头萦绕不去。宇宙是会永远膨胀下去，还是终有一天会勒马回头逐渐收缩，直到最终的“大挤压”？

在20世纪要收尾的时候出现了这个问题的一个重要提示：在1998年，两个由天文学家组成的团队宣称宇宙不仅在膨胀，而且这种膨胀还在加速。如果你专心观察某个特定的遥远星系并测量它的运动速度，然后在数万甚至数亿年后重新进行速度的测量，你会发现它现在远离你的速度竟然变得更快了（当然，这些天文学家并没有这样做；

他们比较的是不同距离上星系的运动速度)。如果这种行为永远持续下去的话——看起来可能性不小——宇宙会持续膨胀下去变得稀薄，直到永恒。

正常来说，我们会预计宇宙的膨胀会随着星系之间的万有引力将星系重新聚拢而减慢。我们观测到的膨胀加速一定源于我们所知的物质以外的某种东西。我们知道有一名非常显眼而可能的嫌疑人：*真空能*，这是爱因斯坦发明的概念，他把它叫作*宇宙学常数*。真空能是空间本身固有的一种能量，它的能量密度(每平方厘米中的能量)恒定，不受空间膨胀影响。通过在广义相对论下能量与时空的相互影响，真空能永远不会用完或者减少；它可以一直不停地推动空间。

当然，我们还不能确定真空能会不会一直推动空间；我们只能将现有理论的理解外推到未来。但有可能这种加速膨胀会就这样无休止地继续下去，在某种意义上这是最简单的场景。

这会将我们宇宙导向某种寂寥的未来。在当下，夜空生机勃勃，恒星与星系竞相闪耀。但天下无不散之筵席；恒星会用尽燃料，最终隐于黑暗。天文学家估计，最后一颗黯淡的恒星也会在一百万亿年(10^{15}年)之后熄灭。到时其他星系早已远去，而我们的本地星系群会充斥着行星和恒星残骸，还有黑洞。这些行星和恒星残骸会一个接一个地掉入黑洞，这些黑洞又会合并为一个大质量黑洞。最终，一如史蒂芬・霍金(Stephen Hawking)所说，即使这些黑洞也会蒸发。在一古戈(googol，也就是10^{100})年后，所有我们可观测宇宙中的黑洞都会蒸发为一片粒子构成的薄雾，随着空间继续膨胀，这片雾还会越来越稀薄。最后的结果，也就是宇宙未来最可能的场景，就是只剩下冰冷空旷的空间永世长存。

——

我们是渺小的，而宇宙是宏大的。在仔细掂量宇宙的尺度之后，很难再认为我们在地球上的出现会在它的目的或者命运中扮演什么重要的角色。

当然，这只是我们所能理解的。从现有的知识来看，宇宙可能无限大，也可能只比我们能观察到的大一点点。我们能观察到的宇宙区域有着均匀的特点，这种均一性可能会无限延伸，也有可能其他区域跟我们会有极端的差异。发表有关宇宙在测量所不能及之处的结论时，我们应该谨言慎行。

宇宙最引人触目的特点之一，就是它空间的均一性与它在时间中戏剧性的变迁之间的对比。我们生活的宇宙似乎在时间上有着强烈的不平衡：从大爆炸到现在大约有140亿年，而从现在到遥远的将来可能需要无限的时间。就我们所知而言，我们可以合理地认为，我们生活在宇宙历史中的一段年轻而活跃的时期——而别的时期大部分都只有寒冷、黑暗和空虚。

为什么会这样呢？也许有一个深层次的解释，也许世事就是如此。现代宇宙学家所能做的，也就是将观察到的宇宙的这些特点当作线索，不断尝试将它们放在更广阔的图景中。在这个征途上有一个至关重要的问题：为什么宇宙中的物质在百亿年间会如此演变，把我们创造出来？

第 7 章
时间箭头

每个人在生命的旅途中都要经过衰老的过程，从年幼的孩童变成年长的成人。宇宙也会随着年龄渐长而变化——从炙热稠密的大爆炸到冰冷空旷的未来。这两个不同的过程都是时间箭头的表现方式，也就是时间的方向性，它区分了过去与未来。一个远非显然但又真真切切的事实是，这两个过程有着紧密的联系。我们生而年轻徐徐衰老死亡的理由，我们能回忆过去但不能追想将来的理由——所有这一切最终都能追溯到更广阔宇宙的演化，尤其是宇宙最初在140亿年前的大爆炸之后不久的状态。

传统上人们的想法正好相反。认为世界遵循*目的论*的想象曾盛行一时——也就是认为它被导向某个未来的目标。但将它看成*始源论*（ekinological）的话会更好。Ekinological这个词来自希腊语εκκίνηση，意即“开端”或者“启程”。所有我们宇宙当前状态中有趣而复杂的事物，都能直接追溯到宇宙在起点附近的状态，我们每天的生活都是这个状态的结果。

这个有关宇宙的事实对于我们关于宏大图景的理解必不可少。我们观察周围的世界，用因果、理由、意图和目标来描述它。这些概念没有一个被包含在现实最深层的基本组成之中。当我们从微观层面拉远到日常生活的层面时，这些概念才会出现。我们似乎生活在一个充满因果的世界，但自然在深层次上的叙事却是冰冷的、拉普拉斯式的模式，要领会这样的原因，我们就要理解时间箭头。

要理解时间，可以从空间开始。在这里，也就是地球的表面上，如果你认为“上”和“下”两个方向有着本质性的区别，认为这种区别被深深地编织在了自然的构造之中的话，这是一个可以原谅的错误。在现实中，从物理定律的角度来说，所有方向生而平等。如果你是宇航员，在穿着宇航服进行舱外活动时，你不会觉察到太空中某个方向与另一个方向有什么不同。之所以对我们来说上和下有着明显的区别，不是因为空间的本性，而是因为我们生活在一个对我们影响巨大的物体的阴影之下，这个物体就是地球。

时间也是如此。在日常世界中，时间箭头的存在一目了然，而认为过去与未来之间有着本质区别也是一个可以原谅的错误。在现实中，时间的两个方向生而平等。之所以过去与未来之间有着明显的区别，不是因为时间的本性，而是因为我们生活在一个对我们影响巨大的事件的余波中，那就是大爆炸。

还记得伽利略和动量守恒么：当我们忽略摩擦以及其他麻烦的作用，只考虑孤立体系的话，物理会变得很简单。好了，我们现在来考虑一个前后摇摆的单摆，为了方便，我们想象这个单摆处于密封的真空室中，里边没有空气阻力。现在有人录制了单摆摆动的录像，将它放映给你看。你看了觉得不过如此，因为你早就见过单摆了。然后对方揭露了惊人的内幕：他们实际上是将录像倒着放映的。你没有留意到这一点，因为逆着时间的摆动单摆与顺着时间的看上去如出一辙。

这是一个非常普适的原理之中的一个简单例子。对于某个系统来说，它依据物理定律顺着时间演化的每种方式，都有另一种可行的演化方式，就是“让系统逆着时间运转”。在现实背后的定律中，没有什么东西规定事物的演化只能沿着一个方向而不是另一个。在我们最确切的理解中，物理中的运动是*可逆*的。时间的两个方向殊无二致。

对于简单系统来说，这似乎很合理，无论是单摆还是环绕太阳公转的行星，或者是光滑平面上滑动的冰球。但当我们思考复杂的宏观系统时，所有经验都告诉我们，有些事情在时间从过去迈向未来时会发生，但却不会发生在相反的方向上。我们可以打开鸡蛋并将它搅匀，但搅匀了的鸡蛋不能重新把蛋白和蛋清分开，打开的鸡蛋也不能复原；香水会在房间中弥散，但永远不会重新全部回到原来的瓶子里；牛奶和咖啡可以交融，但不会自行分离。如果过去和未来之间有我们假想中的对称性，那么为什么这么多日常发生的过程只能前进不能逆转？

我们发现，即使对于那些复杂的过程，也存在完美符合物理定律的逆向过程。打碎的鸡蛋可以复原，扩散的香水可以回到瓶子里，牛奶和咖啡能自行分离。我们要做的，就是在我们关心的系统（以及与它相互作用的所有东西）中，想象每一个粒子的运动轨迹的逆转。这些逆向过程没有一个会违背物理定律——虽然它们极不可能发生。真正的问题不是为什么我们从来没有见到打碎的鸡蛋在未来复原，而是为什么我们在过去会看到完整的鸡蛋。

我们对这些问题最基本的理解是由19世纪的一群科学家首次拼织起来的，他们发明了一个叫*统计力学*的新领域。他们的领军人物之一是奥地利科学家路德维希·玻尔兹曼（Ludwig Boltzmann），正是他将熵这个在热力学和不可逆过程研究中被认为占有核心地位的概念，与原子构成的微观世界调和起来的。

路德维希·玻尔兹曼（Ludwig Boltzmann），熵与概率的大师，1844—1906年
［蒙法兰克福歌德大学（Goethe University of Frankfurt）惠允］

在玻尔兹曼之前，人们对熵的理解就是类似蒸汽机的机器在效率上的缺失，这种想法曾风行一时。每当你想通过燃烧燃料来做功，比如说拖曳车辆时，能量总会有一部分以热量的形式浪费掉。熵可以被当作这种效率缺失的一种度量方式；释放的废热越多，产生的熵也越多。无论你怎么做，产生的熵的总量总是正的：你可以造一台冰箱来进行冷却，但代价是在背后释放出更多的热量。这样的理解被归纳为*热力学第二定律*：封闭系统的熵总量从不下降，只会随着时间流逝保持恒定或者增加。

玻尔兹曼和他的同事论证了，我们可以将熵理解为不同系统中原子排列的特征。与其将热量和熵看成不同种类而遵循各自法则的东西，不如将它们看成原子构成的系统中不同的属性，然后从适用于天地万物的牛顿力学开始，推导出它们遵循的规律。换句话说，热量和熵实际上是有关原子的实用*描述方式*。

玻尔兹曼关键的洞察在于，当我们观察一只鸡蛋或者一杯刚加了牛奶的咖啡时，我们实际上看不到组成它们的单个原子和分子。我们看到的只是某种可观察的宏观特征。原子有数不胜数的排列方式可以得到完全相同的宏观表现。可观察的特征带给我们的只是系统具体状态的粗略概括。

在这个基础上，玻尔兹曼提出可以将系统的熵看成跟系统现在的状态在宏观上无法辨别的不同状态的个数（精确地说，熵是宏观上不可辨别的状态个数的对数，但我们不需要关心这个数学上的细节）。低熵的构形意味着只有相对较少的状态跟它看起来一样，而高熵的构形则对应着许多不同的可能状态。有许许多多排列咖啡与牛奶分子的方法可以使它们看上去像是混合在了一起；牛奶在上咖啡在下的排列方法却相对而言少之又少。

一旦手握玻尔兹曼的定义，熵倾向于随着时间流逝而增加就变得非常合理了。理由很简单：高熵状态比低熵状态多得多。如果从低熵的状态开始就这样演化，在几乎所有的演化方向上，熵都几乎不可能不增加。当系统的熵达到最高的可能值时，我们就说系统处于*平衡态*。在平衡态中，时间没有箭头。

玻尔兹曼成功地解释了为什么已知今天宇宙的熵可以推断出明天的熵很有可能会更高。问题在于，因为牛顿力学的基本规律并不区分过去与未来，同样的分析也会预言*昨天*的熵更高。没有人认为过去的熵更高，所以我们的图景中还有一部分需要补充。

需要补充的内容是关于可观测宇宙初始状态的一个假定，就是宇宙以前曾处于熵非常低的状态。哲学家大卫·阿尔伯特（David Albert）将这个假定称为*过去假设*（Past Hypothesis）。这个假定加上另一个（弱得多的）假定——这个初始状态没有经过微调使得熵随着时间减少——所有事情就都变得顺理成章了。昨天的熵比今天低，理由很简单：因为前天的熵还要更低，而这又是因为再之前的熵还要再低。同样的论证可以一步一步向过去追溯到整整140亿年前，一直到大爆炸。它可能是也可能不是空间和时间的绝对起点，但它一定是我们能观察到的那部分宇宙的起点。所以说，时间箭头的起源是始源论的：它产生于遥远过去的一个特殊状态。

没有人确切知道为什么早期宇宙的熵会这么低。这是我们这个世界的众多特征之一，这些特征可能有深层的解释仍待发现，也有可能就是我们需要学会接受的现实。

我们所知道的，就是初始状态的低熵导致了“热力学上的”时间箭头，它的内容就是熵在过去更低而在未来更高。令人惊奇的是，熵的这个性质似乎导致了*所有*我们知道的过去与未来之间的差异。记忆、衰老、原因和结果——所有这些都能追溯到热力学第二定律，特别是熵在过去曾经更低的事实。

第 8 章
记忆与原因

每个人的人生都被时间牢牢掌控。我们生而年轻，渐渐老去，直到死亡。我们经历惊奇喜悦的瞬间，同样挨过深沉痛苦的时期。我们的记忆是过去的珍贵记录，而我们的抱负指引我们规划未来。如果我们想在一个被物理定律支配的自然世界中寻找我们作为人类度过的日常生活的位置，首要目标之一就是理解时间的流动如何关系到我们每个人的生活。

你可能更愿意相信简单而机械的事物，比如说一直增加的熵，只能导致某些同样简单而机械的事物，比如说牛奶和咖啡的混合。要论证熵导致了所有我们有关时间流动的体验，这似乎更困难。举个例子，过去和未来看上去不仅仅是时间的不同方向，而像是两种完全不同的东西。我们的直觉告诉我们过去是固定的；过去已经发生，而未来仍未成型，可以亲手改变。当前这个瞬间，也就是*现在*，才是实际存在的。

但拉普拉斯告诉我们并非如此。有关宇宙确切状态的信息在时间流动中守恒；过去与未来并没有根本性的差异。在物理定律中，不存在每个瞬间上指示着它“已经发生”或者“还没发生”的小标签。这些定律对每个瞬间都是平等的，它们将所有这些瞬间联结成唯一的秩序。

我们可以指出，对于我们来说过去与未来似乎有三个根本性的差异：

我们记得过去，但不知道未来。
原因总是出现在结果之前。
我们能作出选择影响未来，但不能影响过去。

时间的所有这些特性，以及宇宙运转的法则关于时间对称的事实，只要加上过去的熵比现在低的这一事实，最终都能调和起来。我们先看看前两个差异，而将选择和自由意志这个烫手的问题暂时押后。我们（在我的预计中）之后会谈到的。

——

没有几个时间箭头的表现要比记忆这个现象更重要。我们的心智中残留着对过去发生事件的印象——不一定完美无缺，但也相去不远。而绝大部分人也会同意，我们对未来并没有类似的印象。我们也许能预测未来，但不能回忆未来。这种不平衡相当符合我们的直观感觉：过去与未来在本体论上有着不同的地位，前者已然发生，后者仍未开始。

从拉普拉斯的观点来看，因为每个瞬间都包含着同样的信息并随时间守恒，所以记忆并不是过去事件的某种直接回放。它必定是当前宇宙状态的特征之一，因为我们在当下所拥有的只有当前宇宙的状态。但在过去与未来之间，仍有一种认知上的不对称性，或者说知识上的不平等。这种不对称性源于早期宇宙的低熵态。

想象一下，你走在街上，突然留意到人行道上有只打碎了的鸡蛋。思考一下这只鸡蛋在未来会是如何，再对比一下它过去的可能性。在未来，这只鸡蛋可能会被暴风雨洗刷干净，可能被路过的狗舔得一干二净，也可能在未来几天一直这样发臭腐烂，那里有着无限的可能性。然而过去的基本场景却很受限制：似乎绝大部分可能性都指向一开始鸡蛋完好无缺，是自己掉到或者被扔到这里的。我们实际上无法直接知晓这个鸡蛋的过去，就跟无法预知它的未来一样。但我们认为自己更清楚它从何处来，而不是它向何处去。说到底，即使没有意识到这一点，我们这种自信实际源于过去的熵比较低这个事实。我们非常习惯完好的鸡蛋被打破，这才是最自然的展开。原则上来说，未来在这个鸡蛋上可能发生的事情，与它到达目前状态的所有可能路径，在数量上完全相同，这是信息守恒的推论。但我们利用了过去假设来排除了关于过去的绝大部分可能性。

关于鸡蛋的这个故事构成了我们可能拥有的每种“记忆”的范本。这不单指字面上的，我们大脑中的记忆；任何我们拥有的对过去的记录，从照片到史书，都遵循相同的原则。所有这些记录，包括被我们称为记忆的那些大脑中神经元连接的状态，都是宇宙当前状态的一些特征。而宇宙的当前状态本身对过去和未来有着平等的约束。但当前状态再加上过去的熵更低这个假设让我们能在很大程度上把握宇宙的真实历史。正是这种把握让我们相信我们的记忆是对于过去实际发生之事的可靠指引，这种信心通常是正确的。

——

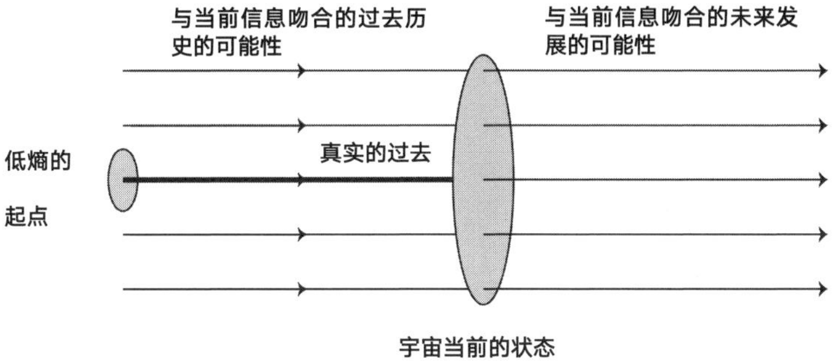

过去假设中的低熵起点破坏了左侧的过去与右侧的未来之间的对称性

在之前的第4章，我们重点谈到了拉普拉斯的信息守恒如何削弱了亚里士多德向因果关系赋予的作为中心角色的重要性。“原因”之类的概念无论是在牛顿的方程中，还是在我们现代对自然规律的系统阐述中都不见踪影。但不能否认的是，“一件事情被另一件事情引起”这个想法非常自然，而且似乎很符合我们对世界的体验。这种明显的分歧可以追溯到熵和时间箭头上。

将世界说成是根据牢不可破的物理定律运转的，然后反过来否认因果关系占据了中心地位，这听起来有点奇怪。毕竟如果物理定律能用来从目前的状态预测下一个瞬间会发生什么，难道那不算是“原因和结果”吗？而如果我们不认为每个结果都有原因，我们不就在放任混沌大行于世，宣称基本上什么事情都能发生吗？

过去与未来之间有一种可以从物理法则推知的联系，而在我们的思考中，因果关系也是过去与未来的一种联系。一旦我们领会到这两种联系有着相当大的差异的话，这种奇怪的感觉就会立刻烟消云散。物理法则是一种固定的模式：如果小球在某个时刻处于某个位置以某个速度运动，物理法则会告诉你小球在一瞬之后或者之前的位置和速度。

当我们考虑因果关系的时候，情况恰恰相反，我们会将某些事件分离出来，认为只有它们导致了后来发生的事件，“让这些事件能发生”。物理法则的应用却有点不同，事件就是这样以某种顺序排列，不会有某个事件会特别被认为是其他事件的导火索。我们不能挑选出某个瞬间，或者这个瞬间中的某个侧面，然后将它认定为“原因”。在宇宙的历史中，不同的瞬间在时间长河里一个接着一个，遵循着某些规律，但没有某个瞬间是别的瞬间的原因。

———

对自然运转方式的这个特性的理解让某些哲学家开始鼓吹彻底抛弃原因和结果的概念。伯特兰·罗素（Bertrand Russell）[1] 曾经有过这么一段令人印象深刻的叙述：

> 我相信，因果的法则，就像哲学家承认的很多东西那样，是往昔时代的遗产，它像帝制那样存活至今，只是因为我们错误地认为它并无危害。

这种反应可以理解，但也许有点太极端了。毕竟要完全不提及因果关系来过上一整天还是很难的。在谈论人们的一举一动时，我们的确喜欢赞扬或者责怪他们；如果我们不能说他们的行为导致了某些特

1. 译者注：伯特兰·罗素，英国哲学家、数学家和逻辑学家，著作有《数学原理》（与怀特黑德合著）等。

定的结果的话，这些说法就行不通了。因果关系让我们能非常有效地谈论日常生活。

就像记忆那样，日常的因果关系是如何从深层次物理定律这种严格的规律下涌现出来的，这也能追溯到时间箭头。让我们来考虑一个例子，它非常像之前打碎鸡蛋的例子，那就是一杯被打翻在地毯上的酒。对于组成酒和玻璃杯的原子来说，有许多种未来的发展和过去的历史都与我们能看到的当前状态相容。现在我们提出一个“迷你型过去假设”：五分钟之前这杯酒还静静地放在桌子上。

这个假说打破了过去与未来之间的对称性，给过去五分钟内这杯酒的所有可能的历史设下了限制。但请注意这个限制的一个重要性质：我们知道如果这杯酒就这样被放在那里不受干扰的话，它就不会变成现在这样。在那种情况下，这杯酒有非常高的概率会依然待在那里，它不会自己跳下桌子撞上地板。

所以，我们可以很有把握地说，一定有什么东西动过这杯酒——也许是手肘碰到，或者是某个人想在铺满东西的桌子上再放上一碟奶酪。根据手头的信息，我们不能确定原因到底是什么，但我们知道某件事干扰并改变了这杯酒在不受干扰的情况下的应有状态。那件事无论是什么，我们都很有理由给它贴上一个标签，说它就是玻璃杯掉下来的“原因”。

——

这些论证听起来都很单纯直接，但事实上发生了什么呢？的确，在某种意义上，酒杯当前的状态可以被认为是“整个宇宙此前的状态加上物理定律”的结果。世上发生的任何事情都能用这种方法解释。但同样有一种更有用的方法去刻画这些情况，它非常依赖于我们讨论的语境。在酒杯这个例子中，语境就是我们所知道的关于酒杯、它身处的环境、有关这个特定情况的一些事实。以它们自身的性质，安放在桌上的酒杯会倾向于继续待在那里。如果我们考虑的酒杯是在国际空间站的零重力环境下漂浮着的话，我们就会做出不同的分析。

对语境的理解在这里变得如此重要的原因是，我们确立因果关系时需要比较实际上发生的事情与在一个不同的假想世界中有可能发生的事情。哲学家将其称为模态推理（modal reasoning）——我们考虑的不仅是现实发生的事情，还有在可能的世界中会发生的事情。

戴维·刘易斯（David Lewis）是模态推理的大师之一，他是20世纪最有影响力的哲学家之一，但不搞哲学的人大概不会知道。刘易斯指出，我们可以通过考虑不同的可能世界来理解类似“A导致了B”的语句，特别是考虑那些除了事件A的的发生以外，与我们的世界在本质上相同的可能世界。那么，如果我们在所有A发生的世界中都观察到B的发生，而在A没有发生的世界中也没有看到B的发生的话，我们就大可以说“A导致了B”。如果当莎莉摆动手肘时酒杯掉下来摔碎了，但在一个相近的世界里，莎莉没有摆动手肘，酒杯也仍然安放在桌上的话，那么莎莉摆动手肘就导致了酒杯的掉落。

这种解释还有一点需要考虑。为什么我们会说A导致了B，而不是B导致了A？为什么我们不会认为莎莉摆动手肘就是因为酒杯将要被从桌子上撞下去？

这个问题的答案与不同事件之间的相互影响有关。当我们考虑有关记忆与记录的事情时，我们的想法是后来的事件（比如说你在高中毕业晚会上的一张照片）必定意味着之前的事件（你当时在高中毕业晚会上）发生过，但反过来说却不对；我们可以想象你去了毕业晚会，但却避开了镜头。原因的解释却要倒过来。如果地上有只酒杯，我们可以想象不是手肘的什么别的东西把它推倒了，但给定酒杯一开始的位置，挥动的手肘必定导致酒杯被推倒。如果后来的事件对此前的事件施加的影响更大，我们将后来事件称为此前事件的“记录”；如果此前的事件对后来的事件施加的影响更大，此前的事件就被称为后来事件的“原因”。

我们通过细心研究而发现，描述了整个世界的基础本体论中，并没有“记忆”和“原因”的一席之地。这些概念只是我们发明的，用于以有用的方式描述宏观世界。这些宏观语境联系着其背后关于时间对称的物理定律，而时间箭头在这个联系中占据了关键地位。这个箭头的起源是，我们知道一些关于过去的准确信息（过去的熵比较低），但是我们对未来没有类似的结论。我们在时间长河中前行，是因为过去在背后推动，而不是因为未来在前方牵引。

2
理解

第 9 章
学习这个世界

我们对托马斯·贝叶斯（Thomas Bayes）牧师所知不多。他生活在18世纪，大部分时间在本地的教区当神职人员，生前只发表过两部著作。其中一部是对牛顿微积分理论的辩护，当时微积分还需要这种辩护，而另一部论证了上帝的首要目标是使它的造物获得幸福。

然而在他的暮年，贝叶斯对概率论产生了兴趣。他关于这个主题的笔记在死后才发表，却给后世带来了巨大的影响——在网上用英文搜索"贝叶斯"（Bayesian），能找到超过1100万个相关结果。他启发了许多人，包括皮埃尔-西蒙·拉普拉斯，后者发展出一套更完备的概率运算规则。贝叶斯当时是长老宗的牧师，处于英国国教以外，而拉普拉斯则是一位法国的无神论数学家，这说明对智慧的痴迷能跨越重重障碍。

贝叶斯和他的继承者们回答了一个说起来简单但却无所不包的问题：我们对自己觉得知道的东西有多少了解？如果我们想要解决那些有关现实的终极本性以及我们在其中身处何处的宏大问题，先思考如何才能得到最可靠的理解，这会是个很大的帮助。

仅仅提出这个问题，就意味着承认我们的知识，或者至少是其中的一部分，并非完全可靠。承认这一点是踏上智慧之路的第一步，而第二步就是要明白，即使没有东西是完全可靠的，我们的各种信念之间不可靠的程度也并不相同。有些信念比别的更经得住推敲。贝叶斯被后世记住的贡献，正是如何掌握我们对于不同信念的信心程度，以及当遇到新信息时如何更新这些信心程度的一套好方法。

概率论狂热爱好者的群体虽小，但充满激情，其中许多热烈的论战都围绕着“概率到底是什么”这个主题。其中一个阵营是那些*频率主义者*，他们认为“概率”就是“在无限次实验中某件事会发生的频率”的缩写。如果你说抛硬币会有50%的机会抛出正面，频率主义者就会向你解释，你真正的意思实际上是抛无限次硬币的话，正反面出现的次数相对而言会非常接近。

另一个阵营是*贝叶斯主义者*，对于他们来说，概率就是你在缺少知识或者不确定的时候拥有的信念状态。对于贝叶斯主义者来说，抛硬币得到正面的机会是50%，其实就是在说你没有任何理由去认为其中一种结果比另一种更可能。如果要在抛硬币的结果上打赌的话，你会觉得正面还是反面都一样。贝叶斯主义者还会细心地告诉你，这就是这种断言唯一*可能的含义*，因为我们不可能目睹无限次实验，而且我们经常谈论那些只会发生一次的事情的概率，比如说选举或者体育比赛。然后频率主义者就会反驳，说贝叶斯主义者向本来关于世界会如何运转的客观讨论中掺杂了主观和无知这些不必要的概念，所以他们不正确。

我们这里的目的并不是决定有关概率本性的深刻性质。我们感兴趣的是信念，也就是人们认为是真的或者至少是有可能是真的事物。“信念”这个词有时候被当成“在缺乏足够证据的情况下认为某件事是真的”的同义词，很多不信宗教的人不能接受这个概念，甚至完全抗拒“信念”这个词。我们会用“信念”来表达任何我们认为是真的事物，无论我们有没有理由去相信它们；我们完全可以说“我持有二加二等于四这个信念”。

我们通常不会百分之百坚持我们的信念，对于足够谨慎的人来说甚至一直如此。我相信太阳明天会从东方升起，但我并不绝对确信。高速运动的黑洞可能会撞上地球，地球会因此完全毁灭。我们所持有的实际上是*信心程度*，统计学的专业人士又将它称为*置信度*。如果你觉得明天有四分之一的可能性下雨的话，你对下雨的置信度就是25%。我们拥有的每一个信念都有它自己的置信度，即使我们不会将它清晰地表达出来。有时候置信度就意味着概率，比如我们会说，一枚无偏的硬币掷出正面的置信度是50%。但有时置信度单纯反映了我们知道的东西有所欠缺。如果朋友告诉你，在你生日时他们真的尝试过打电话庆祝，但不凑巧困在了没有信号的地方，这种情况不涉及概率，这话要么是真的，要么是假的。但如果你不知道真实情况的话，你至多只能向每种可能性赋予一定的置信度。

贝叶斯的主要思想，现在又被称为*贝叶斯定理*，就是一种对置信度的思考方式。它让我们能解答以下的问题。想象一下，我们对不同的信念赋予了某种置信度，然后我们得到了一些信息，学到了一些新东西。这些新信息会怎么改变我们赋予不同信念的置信度呢？当我们学到越来越多与世界有关的新东西时，这就是我们需要反复回答的问题。

——

比方说你在和朋友打扑克牌。游戏规则是先抽五张牌，所以你们一开始都有五张牌，然后选择丢弃其中的几张，再抽新的牌来替换。你看不到朋友的手牌，所以一开始你完全不知道他们手里有什么，只知道他们手上没有你自己手上的那几张牌。然而你并非一无所知；你隐约知道某些类型的手牌比其他类型更可能出现。一上手只有一对对子，或者连对子都没有，这种情况相对来说更常见；一开始拿到同花（五张花色相同的牌）就相当罕见了。精确计算的话，别的可能性暂且不提，随机的五张牌有50%的情况下“什么都没有”，42%的情况下会有一对对子，而在少于0.2%的情况下会是同花。这些开局的概率就是你的*先验*置信度。这就是在了解到新信息之前，你心里一开始的置信度。

但现在局势慢慢展开：你的朋友扔掉了几张牌，然后抽了数量相同的牌作为代替。这里有一些新的信息，你可以用它来更新你的置信度。比如说你的朋友只抽了一张牌，这向我们透露了他手牌的什么信息呢？

他不太可能只有一对对子，否则他应该会抽三张牌，这样可以最大化拿到三条或者四条的机会。但抽一张牌与他手头上拿着两对或者四条的可能性相当吻合，在这种情况下，他会希望留住这四张牌。抽一张牌和他手上拿着四张相同花色的牌（换一张牌可能就能拿到同花）或者四张连着的牌（换一张牌可能就能拿到顺子）这两种可能性也相当吻合。这些可能的合理行为发生的可能性被称为问题的*似然度*。如果将先验置信度和似然度结合起来，我们就能更新有关对方初始手牌的置信度（要知道对方抽牌后的手牌大概是什么要更难一些，但是难不倒资深玩家）。这些更新后的概率自然被称为*后验置信度*。

我们可以将贝叶斯定理看成我们之前说过的“溯因推理”方法的量化形式（溯因推理的重点在于找到“最优解释”，而不仅仅是符合观察数据的解释，但两种想法在方法论上相当类似）。它是所有科学以及其他形式的实证推理的基础，指出了我们考量信心程度的一个普适方法：从某种先验置信度出发，随着新信息的增加，依据新信息与原来的可能性之间的似然度来更新置信度。

——

贝叶斯推理的有趣之处在于对先验置信度的强调。在扑克的例子中，这并不是件难事；先验置信度直接来自不同手牌的概率。但这个概念的应用范围相当广泛。比如说某个下午你在和朋友喝咖啡，他们说出了以下三句话之一：

- “今天早上我看到有个人骑着单车经过我家房子。”
- “今天早上我看见有个人骑着马经过我家房子。”
- “今天早上我看见有个无头骑士骑着马经过我家房子。”

在这三种情况下，你获得的基本上是同一种证据：你朋友以叙述事实的口吻说出的一段陈述。但在这三种情况中，你对每一个可能性赋予的置信度，或者说信心程度，却有天渊之别。如果你住在都市或者市郊的话，你会更可能相信你朋友看见有人骑自行车而不是骑马——除非你家附近的警察经常骑马巡逻[1]，或者你的城镇正在举办巡回牛仔竞技比赛，或者其他类似的可能性。但如果你住在土路众多而马匹常见的乡村，可能你会更容易接受看到的是马而不是自行车。无论哪种情况，你都会非常怀疑无头骑士的存在。

你会这样想，就是因为你心中有先验置信度。你居住的地方不同，对看到有人骑自行车和看到有人骑马赋予的先验置信度也不同，而无论哪种情况，你对有头骑士的先验置信度要比无头骑士的高得多。这并没有什么问题。实际上，任何一个贝叶斯主义者都会告诉你，这就是唯一的道路。每当我们考虑不同论断为真的可能性有多大时，我们的答案都结合了对这个论断赋予的先验置信度，以及获得的各种新信息在论断为真的情况下的似然度。

科学家经常需要判断那些看似非同一般的发现声明是否正确。在2012年，在做大型强子对撞机工作的物理学家声称发现了一种新粒子，很有可能就是人们苦苦寻觅的希格斯玻色子。世界各地的科学家都很乐意就这样接受这个发现，部分原因是有很好的理论依据推测在那个地方就能发现希格斯玻色子；他们对这件事的先验置信度相对比较高。反观在2011年，一群物理学家声称测量到中微子的移动速度明显超过光速，这回科学家普遍持怀疑态度。这不是针对实验者能力的指责，只是反映了绝大部分物理学家向任何超光速粒子的存在性赋予了非常低的置信度。事实也是如此，在几个月后这个团队就公开声明他们的

1. 译者注：在欧美有被称为“骑警”的特殊警种，他们巡逻和维持治安时会骑马。

测量存在误差。

有个很老的笑话，说的是某个实验结果“被理论所证实”，而一般的观点是实验结果证实或者推翻了理论。在这个笑话中有一点贝叶斯式的真理：对于某个惊天动地的发现，如果我们手头上就有一个令人折服的理论能解释它的话，人们更可能会相信。这样的理论解释会增加我们一开始向这个发现赋予的先验置信度。

第 10 章 更新知识

一旦我们承认每个人都以一大堆先验置信度为起点，接下来的关键步骤，就是获得新信息时对这些置信度的更新。我们需要贝叶斯定理的一个更精确的描述来做到这一点。

我们先回到扑克的例子。我们知道我们手头上的牌，但不知道对手的牌。这时可以有各种各样的“命题”（对某种可能性出现的断言），而我们有一张囊括所有可能命题的列表。在扑克的情况下，不同的命题对应着对方一开始所有可能的手牌（什么也没有、一对、比一对更大的组合）。在别的情况下，这些命题可能是对于朋友说出异想天开的一句话的各种解释（他是对的、他没说谎但是被误导了、他在吹牛），也有可能是一些互相矛盾的本体论（自然主义、超自然主义，甚至更奇怪的主义）。

我们考虑的每个命题都被赋予了一个先验置信度。为了帮助理解，我们可以将置信度看成分开放在一系列瓶子中的沙粒。每个瓶子代表一个命题，而瓶子里沙的数目与我们赋予命题的置信度成正比。命题X的置信度就是贴着标签X的瓶子里沙粒数目占所有瓶子沙粒总数的比例。

$$X\text{的置信度} = \frac{\text{瓶子}X\text{中的沙粒}}{\text{所有瓶子里的沙粒}}$$

我们把它叫作“沙粒规则”。

贝叶斯定理告诉我们每当获得新信息时应该如何更新这些置信度。比方说我们以新数据的形式获得了这些信息，例如扑克对手换了多少张牌。然后，对于每个瓶子，我们取出其中沙粒的一部分，这部分沙粒对应的是，在瓶子相应的命题正确的情况下，我们不会获得现在的新信息的似然性。如果我们觉得对手在手上只有一对的情况下，他只换一张牌的可能性是10%的话，每当他只换一张牌，我们就从贴着“一对”的瓶子里去掉十分之九的沙粒。然后我们用同样的方法处理其他瓶子。在最后，沙粒规则仍然保留：命题X现在的置信度就是X对应的瓶子里沙粒的数目除以所有瓶子中沙粒的总数。

这个过程所做的，就是根据似然性重新分配先验置信度，由此获得后验置信度。我们可以从一堆沙粒数目相同的瓶子出发，它们对应着相同的置信度。然后我们获得某些新信息，某些命题正确时这些信息更有可能出现，而对于别的命题却可能恰恰相反。对于这些信息出现可能性更大的命题，它们的瓶子会留下相对更多的沙粒，对应着这些命题更大的后验置信度。当然，如果某个命题的先验置信度远超过它的竞争者，我们需要去掉非常多的沙粒（收集到在那个命题正确的情况下非常不可能出现的数据）才能使它的置信度变小。当先验置信度非常大或者非常小的时候，需要非常惊人的数据才能动摇我们的置信度。

现在考察一个不同的场景：你是个高中生，对某个人一见钟情，想邀请这个人一起出席毕业晚会。问题是，这个人到底会不会答应？你有两个命题："答应"（会和你一起出席晚会）还有"不答应"（不会这样做）。对于每个命题，我们都有相应的先验置信度。我们乐观点，给"答应"赋予0.6的置信度，"不答应"则是0.4（显然所有置信度加起来都应该是1）。我们准备好两瓶沙粒，在"答应"的瓶子里放上60颗，"不答应"的瓶子里放上40颗。沙粒的总数无关紧要，相对比例才最重要。

下一步就是收集新信息，然后利用似然度来更新先验的置信度。你站在鞋柜旁，看见你的梦中情人在走廊上走过来。这个人是会跟你打招呼，还是直接走过？这要看梦中情人对你印象如何——如果比较想跟你一起出席晚会的话，就更有可能跟你打招呼。你关于人类互动的丰富知识告诉你，在命题"答应"的情况下，梦中情人会有75%的

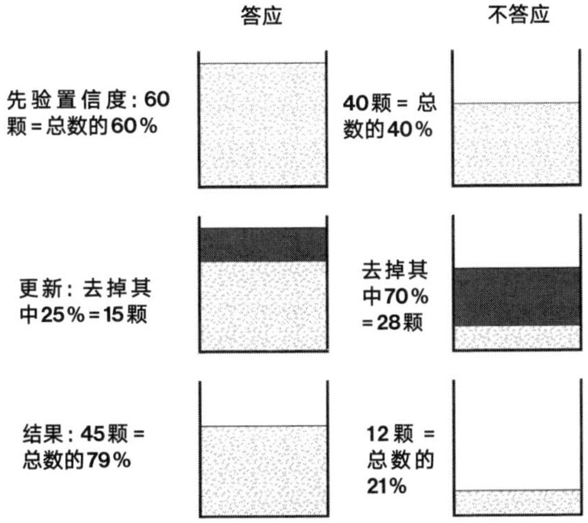

可能性停下来打招呼，只有25%的可能性会一走了之（可能是心不在焉）。但在命题“不答应”的情况下，相应的概率就没那么漂亮了：梦中情人有30%的可能性会打招呼，但一走了之的可能性则是70%。这就是你在不同的命题下得到不同信息的似然度。现在是时候来收集数据并更新置信度了！

假设你的梦中情人的确停下来跟你打了个招呼，让你心花怒放。这会如何影响这个人答应一同出席晚会的概率呢？贝叶斯牧师告诉我们，要从“答应”的瓶子里去掉25%的沙粒，而从“不答应”的瓶子里去掉70%（这在每种情况下都对应着观察到的结果没有出现的比例）。在“答应”的瓶子里留下了60 × 0.75=45颗沙粒，而“不答应”的瓶子里则是40 × 0.30=12颗。根据之前的沙粒规则，更新后“答应”的置信度就是对应瓶子里沙粒数量（45）除以两个瓶子里沙粒的总数（45+12=57），这大约就是0.79。

结果不错！梦中情人答应一起出席晚会的置信度从先验置信度的60%一路飙升到了后验置信度的79%，这仅仅源于驻足后的一声问候。我觉得是时候去买套正装了。

不要让计算的细节干扰了主题。在贝叶斯的哲学中，对于有关这个世界的所有可真可假的命题，我们都赋予一个先验置信度。每个这样的命题也伴随着一系列的似然度：也就是如果这个命题是真的，那么五花八门的其他事情成真的可能性。每当我们观察到新的信息，我们就将原来的置信度与每个命题下得到当前观察结果的似然度相乘，用来更新我们的信心程度。用符号来说就是：

$$\left(\begin{array}{l}\text{观察到}D\text{后命题}X\text{的}\\\text{置信度}\end{array}\right)\propto\left(\begin{array}{l}\text{命题}X\text{的情况下观察到}\\D\text{的似然性}\end{array}\right)\times\left(\begin{array}{l}\text{命题}X\text{的先}\\\text{验置信度}\end{array}\right)$$

这就概括了贝叶斯定理。“∝”这个符号的意思是“正比于”。它提醒我们要保证最后得到的所有置信度加起来是1。

——

在某些情况下，比如说玩扑克或者抛硬币时，给出置信度的具体数值看上去非常自然，因为我们能枚举所有的可能性。当描述未来的事件时，我们也习惯谈到概率：“正在袭来的小行星会撞击地球并导致大灭绝的可能性小于百分之一。”

然而贝叶斯方法能应用的范围更加宽广。它提醒我们，对于*每一个有关这个世界的可真可假的事实陈述*，都要赋予先验置信度，然后进行适当的更新。上帝是否存在？我们内心的意识体验能否用完全物理的方式来解释？对与错有客观的标准吗？这些问题的所有可能答案，它们作为命题，每个人都有一个先验置信度（不管我们是否承认），然后每当遇到相关的新信息时，我们都会更新这些置信度（无论方法是否正确）。

贝叶斯定理让我们可以量化信心程度，但同时也不断提醒我们信念是如何运作的。这种思考信念的方式带来了不少有用的经验教训。

*初始信念很重要。*当我们尝试理解世间真理时，每个投身于此的人都有某种先决的感受，认为某些命题有可能正确，另外一些命题看

上去就不太现实。这不是一种需要努力改正的麻烦缺陷；这是在信息不完全的条件下进行推理的必需品。而说到对现实最本质构造的理解，没有人拥有完整的信息。

先验置信度是深度分析的起点，很难说某种特定的初始信念“正确”或者“不正确”。当然也有些实用的经验法则。最显然的可能就是简单理论的先验置信度应该比复杂理论的要高。这不代表简单的理论都正确；但如果某个简单的理论不正确的话，我们可以通过收集数据来得知这一点。正如阿尔伯特·爱因斯坦所说：“所有理论的最终目标就是尽可能精简不可规约的基础单元，但又无须付出放弃适当解释实验中每一数据点的代价。”

简洁有时很容易衡量，有时就不一定了。考虑下面三个相互矛盾的理论。第一个理论宣称太阳系行星和卫星的运动至少以不错的精度服从艾萨克·牛顿的引力和运动理论。第二个理论宣称牛顿力学完全不成立，取而代之的是所有天体都有所属的天使，这些天使引领着行星和卫星在空间中穿行，只是它们的路径恰好与牛顿预言的吻合。

绝大部分人都会认为第一个理论比第二个更简单——你能得到相同的预测，而无须牵涉捉摸不定的“天使”。但第三个理论是牛顿力学可以解释太阳系中所有物体的运动，除了月亮，它是被天使引领的，只是这个天使选择了跟随牛顿预测的轨道。无论你对前两个理论有什么看法，第三个理论的确比它们都复杂，这大概没什么争议。它包括了两个理论中所有的机制，但在实际预测中却看不出来什么差别。所以我们很有理由向它赋予一个相当低的先验置信度（这个例子看似无谓，但当我们谈到生物演化的脚步或者意识的本质时，会经常看到类似的情况）。

有些人不喜欢贝叶斯主义对先验置信度的重视，因为这些置信度看起来完全是主观的，一点也不客观。这是对的，它们的确不客观。我们没有别的办法，起点总要放在某个地方。从另一个方面来说，观察到某种现象的似然度在理想情况下是由客观因素决定的。如果你有某个描述世界的理论，它能精确计算而又定义明确的话，你可以有把握地说出，在假定你的理论正确的前提下，观察到不同数据的机会是多少。当然，在现实情况中，我们经常陷入困境，需要尝试评估那些一开始定义就不明确的理论（“意识超越了物理层面”是个完全合理的命题，但要作出量化的预测，它还不够明确）。尽管如此，我们还是必须尝试提出定义尽量明确的命题，明确到可以让我们客观确定不同观察结果的似然度。

每个人都可以自己确定先验置信度，但似然度就不应自己选择。

证据会将我们引向共识。你可能会担心，主观的先验置信度会令某些人难以达成一致结论。如果我对一个想法，比如说“上帝创造了宇宙”，赋予了0.000001的先验置信度，而你对同一命题赋予的却是0.999999的话，需要在观察的基础上做出相当大的置信度更新，我们其中一个才会转变观点。

在实际操作上，这是个大问题。人们有些永远不会改变的观点，在贝叶斯的语言里，这对应着0或者1的先验置信度。这种情况很糟糕，而我们在现实世界中也需要学着对付这种情况。

但从原则上来说，如果我们都试着公正论断、思想开放，并且愿意在新信息面前改变信念的话，最终，证据还是会胜利。我们可以向某些想法赋予非常高的置信度，但如果这个想法预测某些结果只会有1%的机会发生，而这些结果却一直在发生的话，诚实的贝叶斯置信度更新最终会使你向这个想法赋予非常低的后验置信度。你也许会对“喝咖啡会让我拥有精确预言未来的能力”赋予非常高的置信度。然后你喝点咖啡，做点预言，发现你的预言没有成真，然后更新你的置信度。如果你重复足够多次，观察数据会将你原来的先验置信度一笔勾销。这就叫“回心转意”，也是件好事情。另外，因为似然度应该是客观的，随着收集的数据越来越多，每个人也会被数据逐渐推向同一组有关世界的最终信念上。

无论如何，这就是应有的做法。要诚实可信地执行这些步骤就取决于我们每个人了。

*有利于某个命题的证据必然不利于其他竞争命题。*想象一下，我们正在比较两个命题和Y，而我们观察到一个结果，如果X正确的话它有90%的机会发生，如果Y正确的话则是99%。根据贝叶斯定理，在收集到这项信息后，我们赋予X的置信度会降低。

这看起来不符合直觉。毕竟如果X是正确的话，我们有90%的机会得到那个结果——怎么观察到对应结果也会成为否定这个理论的证据呢？答案在于，它在别的理论下更有可能发生。置信度的转移可能不大，但一直都会存在。结果就是，你可以用某个理论解释某件事的这个事实，不代表这件事的发生不会降低你对这个理论的置信度。反过来说也对：如果某项观察结果会对某个理论有利，但我们得到的是相反的观察结果，这必定会降低我们对这个理论的置信度。

考虑两个不同的理论：有神论（神的确存在）和无神论（神不存在）。想象我们生活在一个假想世界里，其中世界各地古往今来不同社会中的宗教经典都完全互相吻合——它们讲述的故事相差不远，宣扬的教义也始终如一，即使所有这些经典的作者之间不曾有过任何办法相互沟通。

每个人都会合情合理地将这看作有利于有神论的证据。即使在无神论中，对这种广泛存在的一致性，你也可以鼓捣出一个复杂的解释：可能我们有一种普遍的动力去讲述某种特定的故事，这种动力由人类演化的历史植根于心中。但我们不能否认有神论提供的解释更为直接：神将祂的言语传播到了许多不同的人群中。

如果这是真的，我们通过牢不可破的逻辑得到的结论就是，不同宗教经典之间一致性的缺失是反对有神论的证据。如果数据D会增加我们对理论X的置信度的话，那么非D就必然减少这个置信度。即使在有神论正确的情况下，也不难解释这种不一致性：有可能神偏爱某些人，或者不是每个人对神都倾听得那么仔细。这是我们对似然度估计的一部分，但不足以改变结果的本质。如果不弄虚作假的话，每当我们观察到更可能出现在竞争理论中的结果时，我们赋予某个理论的置信度都应该降低。改变可能微小，但确实存在。

所有的证据都很重要。要扮演正直的贝叶斯主义者，而实际上通过只注意某些证据而不是所有证据来偷龙转凤，这不是什么难事。

比如说有朋友告诉你，他们相信尼斯湖水怪真实存在。他们说有真实照片可以作为很好的证据。你必须承认，当然是尼斯湖水怪存在的理论下，能拍到这样的照片的似然度要比它不存在时更高。

此言不虚，但事实并非全然如此。首先，你对于有怪物生活在苏格兰的某个偏远的湖里这个事情的先验置信度应该相当微小。即使如此，如果证据有足够的说服力，你就应该回心转意。但几张模糊的照片并非全部证据。我们同样应该算上所有那些尝试在湖中寻找怪兽，但却一无所获的搜索行动。不消说还有尼斯湖水怪的著名原版照片的拍摄者最终承认这是一场骗局的证据。我们不能挑选自己希望考虑的证据，而应该将所有相关的事物纳入考虑。

贝叶斯定理是足以改变我们生活方式的洞察之一。我们每个人都担负着各式各样的信念，支持或否定着五花八门的命题。贝叶斯教导我们：一、永远不要完全确信任何这样的信念；二、当发现新证据时一定要准备好更新我们的置信度；三、这些新证据应该如何具体改变我们的置信度。这就是一步步接近真理的路线图。

第 11 章
质疑一切，能行吗？

路德维希·维特根斯坦（Ludwig Wittgenstein）是20世纪最伟大的哲学家之一，他在剑桥开始攻读博士时是伯特兰·罗素的学生，罗素本人也是举足轻重的思想家。罗素很喜欢讲述一个故事，说的是年轻时的维特根斯坦怎么样拒绝接受任何来自经验的事物——也就是针对现实世界的断言，而不是可以用逻辑证明的语句——是的确可知的。罗素在他剑桥的那个稍显窄小的宿舍里，曾经挑战维特根斯坦，想让他承认屋子里没有犀牛。维特根斯坦拒绝承认这一点。“我那个德国工程师，我觉得他是个傻瓜。”罗素在一封信里这样写道，虽然他后来改变了想法（维特根斯坦是奥地利人，不是德国人，他显然也不傻）。

比比谁更能质疑那些看似显然的有关现实的真理，这是哲学家之间一项古老的口头游戏。怀疑论曾经是古希腊盛行的思想流派之一，那时它的意思是质疑一切。怀疑论的领头羊是皮浪主义者，也就是埃利斯的皮浪（Pyrrho of Elis）的追随者，他们坚决认为不可能确信任何事情，而连这一点本身也不能确信。

这个口头游戏中的一位更接近现代的参赛者是17世纪的思想家勒

内・笛卡儿。他不单是哲学家，还是数学家和科学家，奠定了解析几何的基础，也为力学和光学的早期发展作出了贡献。如果你曾经在坐标纸上画过x轴和y轴，勒内・笛卡儿就影响过你的人生；就是他发明了这个小技巧，今天我们将它称为"笛卡儿坐标"。在他的哲学思考中，笛卡儿受到了不少他数学工作的影响，特别是在数学中能够毫无疑问地证明某些论述这一点令他深深着迷——当然前提是要接受相应的假设。

勒内・笛卡儿，哲学家、数学家、对于除了他本人的存在以外许多事物的怀疑者，1596—1650年。［图片为弗兰斯・哈尔斯（Frans Hals，荷兰肖像画家）所绘制的肖像画。］

在1641年，笛卡儿发表了他的名著《第一哲学沉思集》

（*Meditations on First Philosophy*）。直到现在，这本书仍是第一次上哲学课的大学生最经常遇到的指定阅读书目之一。在《沉思集》中，笛卡儿尝试对我们关于世界的所有知识采取尽可能怀疑的态度。比如说，你可能会认为自己正坐在一张椅子上，而这张椅子的存在是毋庸置疑的。但真的是这样吗？毕竟你在过去必定也曾经相当确信这样那样的信念，但后来被证明是错误的。当我们在做梦或者产生幻觉时，毫无疑问我们正在"体验"某些实际上没有发生的事情。笛卡儿提出，有可能我们现在就在做梦，或者我们的感官都被一只邪恶妖魔所操控着，它（不管出于什么莫测的邪恶理由）希望我们相信我们坐在一张实际上不存在的椅子上。

但希望还在。笛卡儿总结出一个不容怀疑的信念，就是他自身的存在。他的推理是，的确可以质疑天空或者大地的存在——我们的感官可能被蒙骗了。但他不能质疑他自身；如果他自身不存在，那怀疑这一点的又可能是谁？笛卡儿将这个观点概括为他的名言cogito ergo sum，也就是"我思，故我在"。[他是在后来的著作《哲学原理》（*Principles of Philosophy*）中写下这句拉丁文的，但它的法语版本Je pense, donc je suis.在此前的著作《谈谈方法》（*Discourse on Method*）已经出现，那本书面向的读者群更广。]

如果每个人都只能确信自身存在的事实，而不能确信别人的存在的话，那这种独我论的存在就很难令人满意。笛卡儿希望构建一个基础去支撑对整个世界存在的合理信念，而不仅仅是自身存在的信念。但他不能借助于看到或者感知到的任何东西——毕竟即使他本人实际存在，他从感官得来的证据也还可以被那个邪恶妖精所干扰。

笛卡儿继续他的沉思，然后突然醒悟到，即使安坐在舒适的安乐椅上，他也能挽救世界的真实性。他对自己说，我不仅仅在思考，还能在意识中执持有关完美的理念——实际上这个理念清晰而独特。这个理念，就像我自己的存在，一定来自某些原因，而唯一可能的原因就是上帝。的确，上帝是完美的，而“存在”这一性质是完美不可或缺的一部分——存在要比不存在更完美。所以，上帝存在。

这就是起点。如果我们不仅确信本身的存在，同样确信上帝的存在，那么我们还能确信更多的东西。上帝毕竟是完美的，而完美的存在不会允许我被看到或听到的任何东西彻底欺骗。上帝能压倒任何可能尝试误导我的狡猾妖魔。所以来自感官的证据，以及世界客观的真实，大体上都可以信赖。现在我们可以开始研究科学，因为我们深深知道我们发现的是宇宙的真理。

笛卡儿是天主教徒，他认为自己正在怀疑论无休止的怀疑中保护他的宗教信仰。并不是所有人都这样认为。他对上帝存在的证明被认为冷血而哲学，与人们体验的信仰那种强烈的灵性体验背道而驰。有人谴责他是无神论者，而在有书面历史的大部分时间里，这实际上是在说“你没有以应有的方式信仰上帝”（无神论是苏格拉底被判死刑的罪名之一，尽管他一直谈及众神；他的反对者之一的梅利托斯（Meletus）最后同时控告他是无神论者以及信仰半神）。最后，在1663年，教皇亚历山大七世将笛卡儿所有的著作都放进了教会的《禁书目录》（*Index Librorum Prohibitorum*），它列出了被教会正式禁止的著作，包括哥白尼、开普勒、布鲁诺、伽利略等人的著作。

——

我以前大学的一位教授曾经告诉我，没人能在论文中不反驳笛卡儿就拿到哲学的博士学位。是笛卡儿的哪部分需要反驳，这一点却不太清楚——是他一开始的怀疑精神以及怀疑一切的能力，还是他通过坚信自身与上帝必定存在而打下的可靠信仰的基础？

有关上帝是否存在，特别是笛卡儿宣称的证明，人们各有看法。但在处理那部分论证之前，绝大部分人对“笛卡儿式的怀疑”有种出于本能的抗拒。想象我们不能确定任何事情，甚至不能确定我们坐着的椅子是否存在，这显得荒谬绝伦却令人如芒在背。

但在这部分的论证方法中，笛卡儿却完全正确。我们可能相当确信周围的世界是真实的，但我们不可能毫无疑问地绝对确定这一点。除了笛卡儿提出的梦境以及可能愚弄我们的妖精以外，我们还能想象出几个我们可能被欺骗的场景。我们可能是瓶中之脑，从直接连到神经元的导线接受虚假的脉冲信号，而不是来自真实的外部世界的信号。我们可能就像《黑客帝国》那样，生活在电脑模拟之中，而真实的外部世界可能与我们心中的形象大相径庭。最后，他的批评者也指出，笛卡儿不仅需要担心他在做梦；他还要担心他只是别人梦中的一部分［在印度教的吠檀多（Vedanta）宗派里，整个世界被认为只是梵天的一梦］。

在1857年，博物学家菲利普·亨利·戈斯（Philip Henry Gosse）出版了《亚当之脐》（*Omphalos*），其中他尝试调和从地质证据推断的地球年龄（非常老）以及从圣经推断的地球年龄（非常年轻）。他的想法很简单：上帝在数千年前创造了世界，但其中同时也包含了所有让它看起来更古老的标志，包括需要数百万年才能形成的山脉，还有表面上来自洪荒时代的化石。戈斯著作的题目来自希腊语中的“肚脐”，因为他的灵感部分来自下面的推理：第一个人类亚当一定是一个完整的人，所以他也有肚脐，尽管他不是由女人生出来的。直到今天，某些基督教和犹太教的创造论者还在宣传他这个想法的各种变体，用以解释在数十亿年前就离开遥远星系的光线带来的宇宙学证据。

容易看到，亚当之脐的假说如何导致又一个怀疑一切的场景，它有一个逗趣的标签叫“上星期四主义”——这个想法就是，整个宇宙可能上个星期四才被整个创造出来，还包括所有的记录和文物，它们都指向更遥远过去的存在。伯特兰·罗素曾经指出，我们没有办法完全确定这个世界不是五分钟前才突然开始存在。你可能觉得这很荒谬，因为你还保有关于上个星期三的清晰记忆。但记忆——就跟照片或者日记一样——只在当下存在。我们将回忆和记录当作指向过去的（在某种意义上）可靠的向导，因为我们一直都是这样过来的。然而，在逻辑上有这样的可能性，就是所有这些所谓的记忆，还有我们觉得它们可靠的印象，是和其他所有事物一起被创造出来的。

—

尽管意不在此，物理学家也考虑过一些宇宙模型，它们与亚当之脐假说接近到了令人不安的程度。在19世纪，路德维希·玻尔兹曼考虑过一个模型，其中宇宙无始无终，但几乎每处每刻都处于均质而无趣的无序状态中。在这样的宇宙里，单独的原子会一直运动着，互相混合也互相撞击。但最终，如果我们等待足够长的时间，这些原子的运动会被纯粹的概率带入某个高度有序的状态——比如说像是银河系，当时的天文学家认为它就是整个宇宙（古罗马诗人卢克莱修提出了非常相似的场景；与玻尔兹曼一样，他也是原子论者，也在尝试解释世界中秩序的起源）。这个构型会正常地运转下去，最终重新弥散在周围的混沌中，宇宙也由此达到它最终的热寂，至少在下一次涨落之前是如此。

玻尔兹曼的想法有个相当明显的问题。从无序到有序的涨落非常稀少，大的涨落比起小涨落更是弥足珍贵。所以如果玻尔兹曼的想法正确的话，根本不需要等待像银河系那样包含千亿颗恒星的恢宏结构在随机混合中出现。更迷你的结构，比如说太阳和它的行星，要远远更容易从混沌中涌现。当你这样考虑的话，在这种宇宙里，绝大部分有意识在思考的造物都会是在涨落中自行出现的单一个体——存在的时间只够他们一闪念，“嗯，这个宇宙里似乎只有我一个”，然后随即消逝。的确，为什么需要整个身体呢？绝大部分这样孤独的灵魂都只会拥有最低限度的物质，刚好足够被确认为能思考的存在：一个脱离身体，在太空中游荡的大脑。

这种场景很自然地被称为“玻尔兹曼大脑”。先说清楚，没人认为宇宙实际上是这样的。问题在于，如果宇宙有着无限的随机涨落的过去的话，似乎这就*应该*是对的。在这种情况下，玻尔兹曼大脑的出现似乎不可避免。而正因为在这样的宇宙中，绝大部分的观察者都是没有身体的大脑，为什么我不是这样的呢？

有一种摆脱玻尔兹曼大脑问题的方法，它很简单，然而是错的。这个想法是“可能宇宙中绝大部分的观察者都由随机涨落而来，但我不是，所以我不关心这个问题”。但你怎么知道你不是来自随机涨落？你不能说因为你有一段精彩纷呈的长时间生活的记忆，因为这些记忆也有可能因为涨落才存在。你可能会指着你周围的事物——一个房间，一扇窗，还有外面似乎是个精巧的环境，所有这些东西比这个疯狂的涨落场景的预测丰富得多。

此言不虚。在这个疯狂的涨落场景中，绝大多数的人不会发现他们周围有房间，有邻里，或者那些我们比较确定组成了周遭环境的东西。但一部分人会发现他们周围有这些东西。如果宇宙的确有着无限的历史，那就会有无限个这样的环境出现，而绝大部分这样的环境都会是从周围的混沌中作为随机涨落而出现的。比如说，你可能会觉得自己在读一本由一个叫作肖恩·卡罗尔的人写的书，这个人大概还存在（或者存在过，取决于你是什么时候读的这本书）。但在时间无限延伸的宇宙中，这本封面上有我的名字，护封上还有我照片的书，它自行由随机涨落而出现，要比这本书连同我本人一起涨落出来要更加容易发生。即使你的确拥有在周围环境中似乎体验到的现实，在玻尔兹曼的宇宙学中，你没有任何理由去确实相信任何别的东西的存在——包括那些你不能直接感知的东西，或者你可能认为你记得的过去。你的所有记忆和印象单纯来自涨落的概率接近于1。这是终极的怀疑论场景。

——

你确定你不是玻尔兹曼大脑吗？或者至少你知道你周遭的环境真的不是最近才因涨落而出现吗？你怎么知道你不是瓶中之脑，或者是某种更高等存在的电子游戏里的一个角色？

你不知道，你也不可能知道。如果“知道”的意思是“以绝对的、形而上学的确定性知道，不存在任何能想象到的出错的可能性”，那么我们永远不可能知道所有这些场景是否都是错误的。

维特根斯坦后来自己考虑到了一种摆脱这个困局的方法。在《论确定性》（*On Certainty*）中，他写下的最初几行之一就是“对我——或者任何人——来说它*看上去*是这样，不能推出它*的确是*这样”。但接下来他立刻写道“我们能质问的是质疑它是否合理”。反过来说，我们可能可以想象某件事物是真的，但可能没什么必要向它赋予多少置信度。

我们来考虑那些最戏剧性的怀疑论场景，比如笛卡儿的那种担忧，就是因为有邪恶妖魔的干扰，可能有关外部世界的知识并不可靠。我们希望证明这是错的，或者至少收集一些强有力的反对证据，但我们做不到。一名足够强大而聪明的妖魔能找到办法影响所有我们对逻辑与证据的处理。“我思，故我在”；“存在是完美的属性之一，所以上帝存在”——这些话可能对你（或者至少对笛卡儿）来说非常有逻辑。但这可能就是那个邪恶的妖魔希望你思考的东西！我们怎么能确定这个妖魔没有将我们哄骗到逻辑谬误之中呢？

所有这些各色各样怀疑外部真实的存在，以及怀疑我们的相关知识的场景，的确有可能是真的。但同时它并不意味着我们应该向这些场景赋予很高的置信度。问题在于相信它们*没有用处*。这就是维特根斯坦说的“有意义”。

让我们来比较两种可能性：第一种是我们对身边现实的印象大体

上是正确的，第二种是我们所知的现实并不存在，而我们实际上是被邪恶的妖魔所误导了。我们倾向于收集尽可能多的信息，计算这些信息在不同场景下的似然度，然后依据结果更新我们的置信度。但在第二种场景中，邪恶的妖魔可能会向我们提供第一个场景下我们认为会获得的信息。我们不可能通过收集新数据来区分这些场景。

现在剩下的就只有我们对先验置信度的选择了。我们可以随心所欲地设定先验置信度——而所有的可能性都应该得到不为零的先验置信度。但对那些彻底的怀疑论场景设置一个非常低的先验置信度，而对更为直接而现实的可能性赋予更高的先验置信度，这没有任何问题。

彻底的怀疑论对我们来说用处不大；它不能指示我们如何度过人生。我们那些所谓的知识，还有所有的目标和抱负，都可能只是施展在我们身上的花招。但那又如何？我们实际不能凭持这样的信念行动，因为任何我们认为合理的行动都可能只是来自那名恼人妖魔的暗示。然而如果我们相信世界大概就是表面上看到的样子，我们就有办法前进。我们有期望做的事情，有期望解答的问题，还有期望奏效的策略。我们完全有理由向那些有建设性并且硕果累累的观点赋予较高的置信度，而不是相信那些会让我们在厌倦中得过且过的观点。

—

某些怀疑论的场景不像笛卡儿的妖魔那样完全是架空的造物——我们的确担心这些情况成真。如果宇宙真的有无限久远不停涨落的过去，那么我们能预计的就是一个被玻尔兹曼大脑占据的世界。《黑客帝国》只是科幻奇想，但哲学家尼克·博斯特罗姆（Nick Bostrom）曾经论证，我们更有可能生活在模拟之中，而不是直接生活在“现实世界”。（这个想法基本上就是，对于拥有先进技术的文明来说，不难进行强大的计算机模拟，包括模拟人类个体，所以在宇宙中的绝大部分“人”最有可能就是这类模拟中的一部分。）

你和你周围的环境，包括你所谓对过去以及外面世界的知识，它们有可能是从一锅混沌中翻腾的原子里随机涨落出来的吗？当然有可能。但是你不应该对这种可能性赋予非常高的置信度。用大卫·阿尔伯特的话来说，这样的场景*在认知上不稳定*。你用辛苦得来的科学知识去构建有关世界的图景，然后你发现在这幅图景中，你自己只是因为随机涨落而出现的可能性压倒一切。但在这种情况下，你那来之不易的科学知识同样只是由随机涨落而来；你没有理由实际认为它代表了现实的精确图景。这种场景不可能既是真实的，而同时令我们有充分的理由去相信它。最好的回答就是向它赋予一个非常低的置信度，然后继续我们的日常。

有关模拟的论证则有些不同。你和你经历过的所有东西，是否有可能不过是拥有更高智慧的生命执行的一项模拟？当然有可能。严格地说，这根本不是怀疑论的场景：现实世界仍然存在，它大概根据自然规律构建而来，只是我们不能直接触碰到这个世界。如果我们只关心如何理解自身体验到的世界中的规则，那么正确的态度就是：那又如何？即使我们的世界是更高等的生命构筑出来的，而不是现实的全部，这个假设意味着我们唯一能触碰到的就是这个世界，它本身就是一个合适的课题，让我们去研究以及尝试理解。

要向“我们看到的世界是真实的而且运转方式跟我们看到的差不

多”这种可能性分配绝大部分的先验置信度，用维特根斯坦的话来说，这非常合理。当然，我们一直愿意在新证据面前更新我们的信念。如果某个晴朗的夜晚，漫天繁星突然重新列队，排成一句话：“我是你们的程序员，到现在你们觉得这个模拟如何？”这样的话，我们当然可以适当调整我们的置信度。

第 12 章
现实涌现而来

掌握了贝叶斯主义构建知识的工具箱，我们就能回过头来充实诗性自然主义背后的一些想法，特别是以下看似平凡但暗藏玄机的想法：这个世界可以有很多种说明的方式，每种方式都抓住了背后实体的不同侧面。

人类知识的发展向我们馈赠了几个想法，它们加起来指向的世界与我们从日常经验中构建的图景大相径庭。其中有动量守恒：宇宙不需要推动者；永恒的运动是自然而合乎预期的。我们很希望假设——当然要慎重行事，还要一直怀着如果不行就更弦易辙的预期——宇宙不需要被什么东西创造、引发，甚至维持，它可以就这样*存在*。然后还有信息守恒。宇宙运转的方式就是从一个瞬间迈向下一个瞬间，每一步仅仅依赖它当前的状态。它既不瞄准将来的目的，也不依赖过去的历史。

这些发现表明，世界自行其是，不受外部的指引。这些发现加起来大大提升了我们对自然主义的置信度：只有一个世界，那就是自然世界，它依据物理定律运转。但它们同时强调了另一个隐约逼近的问题：为什么我们日常经历中的世界与基础物理的世界*看上去*如此不同？为什么现实的基础构件并非一目了然？为什么我们用于描述日常生活的词汇——原因、目的、理由——与描述微观世界的词汇——永恒运动、拉普拉斯式的模式——如此不同？

这将我们引向了诗性自然主义中“诗性”的那部分。世界只有一个，但它可以有很多种说明方式。我们将这些方式称为“模型”、“理论”、“语汇”或者“叙事”；名称无关紧要。亚里士多德和同时代的人并没有胡编乱造；他们讲述了有关他们实际观察到的世界的一个合理的叙事。科学发现了另一套叙事，它们更难理解，但拥有更好的准确性以及更广泛的适用性。单个叙事带来的成功还远远不够；这些叙事还需要能和谐共处。

——

所有不同叙事之间互相协调的枢纽是一个关键字：*涌现*。就像许多充满魔力的词语一样，它威力强大但不好对付，在错误的人手中还会被滥用。如果一个系统的某项特性，它不属于系统本身细致入微的“基础”描述，但当我们从大局出发观察这个系统时，会发现它很有用甚至无法避免，它就是“涌现”而来的。自然主义者相信人类的行为就是从组成人类个体的原子和力之间的复杂相互作用之中涌现而来的。

涌现无处不在。考虑一幅油画，比如说梵高的《星夜》（*The Starry Night*）。画布和颜料本身构成了一件人工制品；在某个层次上，它只是某些原子在某些地方的集合。这幅画除了那些原子之外别无他物。梵高没有在其中灌注任何形式的精神力量；他只是将颜料涂抹到画布上。如果组成颜料的原子被放到了别的地方，它就会成为另一幅画。

《星夜》［由文森特・梵・高（Vincent van Gogh）绘画］

但显然确定原子的排列并不是谈及这件人工制品的唯一方式，对于绝大多数目的来说，这也不是最好的方式。当我们谈论《星夜》时，我们会谈到配色，谈到它引发的感受，谈到画上天空中星与月的回旋，可能还会谈到梵高在位于摩绥勒的圣保罗（Saint-Paul de Mausole）的疗养院中度过的日子。所有这些高层次的概念都不在那张包含所有组成那幅画的原子的干巴巴（但准确）的列表中。它们是涌现的性质。

涌现的一个经典例子就是房间中包围着你的空气，无论何时，只要你对这些话题产生疑问，都应该重新思考这个例子。空气是种气体，我们可以说它有着各种各样的属性：温度、密度、湿度、速度等。

我们将空气看成连续的流体，而所有这些属性在房间中所有点上都有一个数值（记住气体和液体一样，都是流体）。但我们知道空气并不是“真正”的流体。如果非常仔细地观察，在微观层面上，我们会看到空气是由一个个原子和分子构成的，绝大部分是氮气分子和氧气分子，还有痕量的其他元素和化合物。对于空气的其中一种说明方式就是简单地列出每一个分子——大概有10^{28}个——然后具体列出它们的位置、速度、空间朝向等信息。这有时候被称为*动力学理论*，也是完全合理的说明方式。具体描述每个分子在某个时刻中的状态，这构成了对系统一致而独立的描述；如果你拥有像拉普拉斯妖那样的能力，这些描述足以确定其他任何时刻中系统的状态。但在实践中这种做法无比繁琐，没人真的会这样讨论。

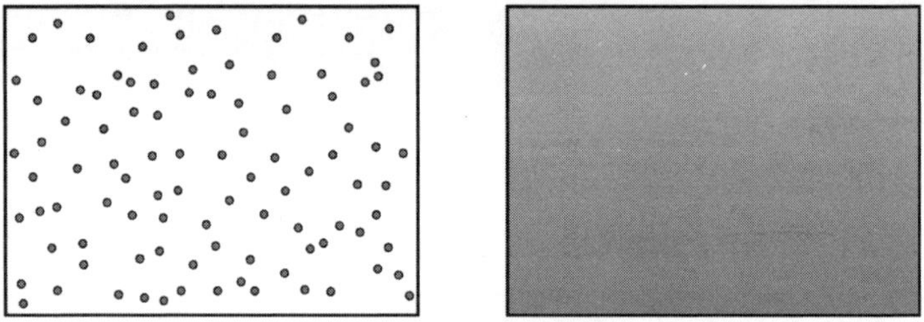

空气的两种说明方式：离散的分子组成的集合，或者平滑的流体

用温度和密度等宏观的流体属性去描述空气，这也是一种完全合理的说明方式。就像有方程能告诉我们分子个体之间如何随着时间流逝互相撞击和移动的那样，也有另一组方程能告诉我们流体的参数如何随时间而变化。好消息是，你不需要像拉普拉斯妖那样聪明才能实际解出答案；一台现实中的计算机完全能胜任。大气科学家与航空工程师每天都在解这样的方程。

所以说，流体描述与分子描述是两种关于空气的说明方式，它们二者——至少在某些情况下——以非常精确而有用的方式告诉我们空气如何流转。这个例子阐明了在关于涌现的讨论中经常出现的几个相关的特点：

· 不同的叙事，或者说理论，会用到完全不同的词汇；即使描述的是同一个现实，它们在本体论上截然不同。在一个理论中，我们谈到的是流体的密度、压力和黏度；在另一个理论中，我们谈到的是每个单独分子的位置和速度。每个叙事都包含着精巧配合的一组因素——对象、属性、过程、关系——而这些因素在叙事之间可以大相径庭，即使这些叙事全部都是"正确"的。

· 每个理论都有特定的适用范围。如果区域内分子的数目非常小，以至于每个分子的作用都有各自的重要性，而不是仅仅呈现为一个集体，那么流体描述就不再合理。分子描述在更广泛的情况下仍然有效，但也并不适合所有情况；我们可以想象将足够多的分子打包到空间中一个足够小的区域，使它们坍缩成黑洞，这时与分子相关的语汇就不再适用。

· 在各自的适用范围内，每个理论都是自治的——它们完整而独立，没有相互依赖。如果我们使用的是流体的语言，我们会用密度和压力等概念来描述空气。根据流体理论，只要确定这些数值，就足以回答有关空气的任何问题，特别是其中不需要涉及任何有关原子及其性质的概念。在历史上，在得知空气由分子构成之前很长一段时间，我们就已经开始谈论空气的压力和速度。同样，当我们谈论原子时，根本不需要用到像“压力”和“黏度”这些词——在这里那些概念纯粹不适用。

我们学到的关键一课，是不同的叙事提及的概念可以天差地别，但它们都准确地描述了背后的同一个事物。在接下来这一点至关重要。生物可以有生命，即使组成它们的分子没有生命。动物可以有意识，即使它们的细胞没有意识。人们可以作出选择，即使“选择”这个概念并不适用于组成他们的部件。

如果我们有两个不同的理论，它们都准确地描述了同一个现实，那么它们必定相互联系，并且彼此相容。这种关系有时候简单而容易理解，有时候我们只能相信它的存在。

流体力学从分子描述中涌现就是个再简单不过的例子。我们能从一个理论中通过被称为*粗粒化*的过程来直接得到另一个理论。这是从一个理论（分子）到另一个理论（流体）的显式映射。第一个理论的某个特定的状态——一张写着所有分子、它们的位置以及速度的列表——对应这第二个理论中的某个特定状态——在每个点上流体的密度、压力以及速度。

不仅如此，在分子理论中的许多不同的状态会被映射到流体理论中的同一状态。在这种情况下，我们通常将第一个理论称为“微观”、

“细粒度”或者“基础”理论，而将第二个称为“宏观”、“粗粒度”、“涌现”或者“有效”理论。这些标签并不绝对。对于一位利用有关细胞和组织的涌现理论工作的生物学家来说，有关原子以及原子之间相互作用的理论可能就是对应的微观描述；对于研究量子引力的弦论学家来说，超弦可能才是微观实体，而原子则是涌现的现象。彼之微观，我之宏观。

我们希望我们的理论能给出彼此相容的物理预测。想象一下，在微观理论中的某个状态*x*演变为了另一个状态*y*，而“涌现”的映射将状态*x*和*y*分别映射到涌现理论中的状态*X*和*Y*。那么，状态X最好在涌现理论的规则下也会演变为状态*Y*，或者至少这种演变的概率非常高。从微观状态出发，“在微观理论中随着时间演化，然后考虑涌现理论中对应的状态”这个过程，得到的结果应该与“先考虑涌现理论中对应的状态，然后在涌现理论中随着时间演化”一致。

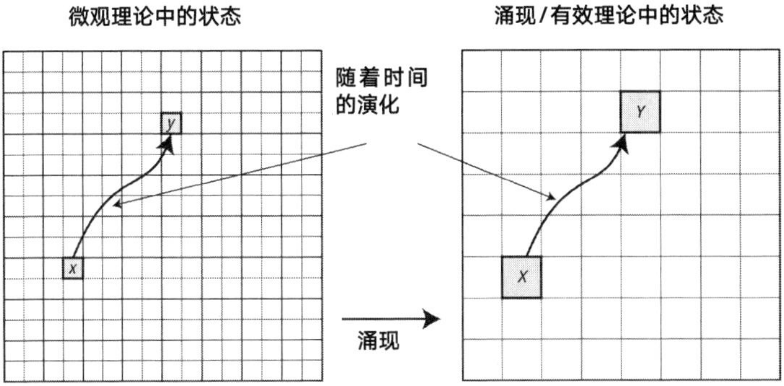

在某个理论中，另一个理论的涌现。每幅图中的方块表示整个系统在两个理论中可能处于的不同状态。随时间的演化与涌现应当相容：被映射到相同的涌现状态的不同微观状态应该演化为一些同样被映射到相同涌现状态的微观状态。同一个涌现状态可以对应多个不同的微观状态

粗粒化只能往一个方向走——从微观到宏观——但不能往回走。只知道宏观理论的话，无法发现微观理论的性质。实际上，涌现理论可以有*多种实现方式*：原则上可以有许多不同的微观理论，它们之间互不相容，但与相同的宏观描述相容。你可以将空气理解成流体，而不需要知道有关它分子构成的任何知识，甚至不需要知道它存在一种粒子上的描述。

涌现如此有用，原因就是不同的理论并非生而平等。在它的适用范围内，涌现的流体理论在计算方面要比微观的分子理论远远有效。写下数个流体变量要比列出所有分子的状态要容易得多。通常——虽然不是绝对——适用范围更广的理论在计算方面也更繁琐。一个理论的广度与实用性，二者通常需要取舍。

我们能构造关于房间里空气的两个不同的理论，一个作为流体，另一个作为分子组成的集合，这个涌现的例子特别实在生动，也能作为更广阔的诗性自然主义对同一现实进行多重叙事的例子。你可能也会猜到，这里有几点微妙之处值得探索。

——

分子-流体这个例子的特点之一，就是我们能从微观的分子理论*推导*出宏观的流体理论。也就是说，我们可以从分子出发，假定在空间中每一点的分子密度都足够高，然后将分子的分布“平滑化”，用以从分子的行为获得有关类似压力和温度等流体性质的具体公式。这就是我们之前说的“粗粒化”。

然而，我们实际上巧妙利用了动力学理论中一个非常特殊的性质，但这个性质并不能就此延伸到我们感兴趣的其他情况。本质上来说，空气中的分子是相当简单的物体，当它们尝试通过空间中同一点时，就会盲目地互相碰撞。要推导出空气的流体描述，我们所做的实际上就是计算所有这些分子的平均属性。平均分子数给出了密度，平均能量给出了温度，不同方向上的平均动量给出了压力，如此等等，不一而足。

我们不能把这种特点看作理所当然。特别是量子力学，它的特色就是量子纠缠这一现象。我们不再能够通过列出所有子系统各自的状态来确定整个系统的状态；我们要将系统视为整体，因为系统的各个部分可以相互纠缠。更进一步，当我们将量子力学与万有引力结合时，许多人相信（但并不完全确定，因为我们对量子引力几乎没有确切的了解）空间本身是涌现而来的，而不是基础的组成部分。那样的话，将"空间中的位置"作为一个基础概念来讨论就不再有意义。

我们不需要上升到量子引力的深奥领域，就能找到这样的例子，其中直接的平滑化过程不足以将我们从微观理论引向涌现理论。也许我们想要找到从许许多多神经元的行为中涌现出来的有关人类大脑的理论，又或者是由组成神经元的分子之间的相互作用中涌现出来的关于单一神经元的理论。问题在于，无论是神经元还是神经元中复杂的有机分子，它们自身都已经相对复杂；它们的行为以某种微妙的方式依赖于从环境中接收到的特定信号。单纯在某个区域取平均值并不能捕捉到所有的微妙之处。这不是说不可能存在有用的涌现理论，以及相应的多对一映射，能将神经元的状态映射到大脑的状态，或者将分子的状态映射到神经元的状态；我们只是说要找到这样的理论，比起为房间里的空气建立理论，道路要更加迂回曲折。

房间里边空气的分子以及流体描述，它们给出了涌现的一个质朴而没有争议的例子。每个人都会同意其中发生的事情以及如何去谈论它们。但它的简单也可能会误导人。看到从分子推导出流体力学这一相对简单的过程之后，人们会以为涌现的全部内容就是从一个理论中推导出另一个。并非如此——涌现的意思是，不同的理论即使运用不同的词汇，却仍能在各自的适用范围中为同一种现象提供互相兼容的描述。如果宏观理论的适用范围是某个微观理论适用范围的子集，而两个理论都是一致的，那么我们可以说微观理论导出了宏观理论；但这通常只是我们习以为常的情况，并没有清楚明白的证明。从一个理论一步步推导出另一个，如果能实现的话那是件好事情，但这并不是整个想法的关键之处。

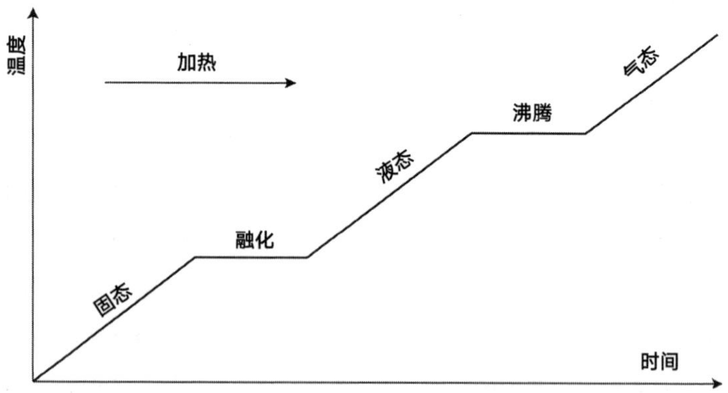

当加热后温度不断上升时，水从固态相变为液态再相变为气态的方式。温度在熔点和沸点处会暂时维持定值；在这些点上，水的内部分子间结构会被重构，即使温度没有变化

当系统随时间演变时，有时出于对外部环境变化作出的反应，它可能会跳出其中一种涌现描述的适用范围，进入另一种的适用范围——这又被称为*相变*。我们最熟悉的例子就是水。在不同的温度和压力下，水可以呈现为固态的冰、液态的水或者气态的水蒸气。它最根本的微观描述仍然不变——还是H_2O——但它的宏观性质从一个“相”转移到了另一个。在不同的条件下，我们谈论水的方式也会改变：密度、硬度、介质中的声速，以及其他水的特性都会完全改变，而我们所用的词汇也会随之改变（你不会说*灌进*一块冰或者*凿出*一杯水）。

相变到底是如何发生的，这对科学家而言是一个拥有无尽魅力的课题。相变有的迅速，有的迟缓；有些会在根本上改变物质的性态，有些却是更和缓的演变。图中所示的是相变中一个有趣的特点：并不是所有转变都可以在表面上观察到。当我们加热水的时候，它会从冰变成液态水再变成蒸汽，而温度也一直上升。在特定的相变点处，会有一段时间温度维持不变，但水的分子间结构却发生了改变。在相变中，有可能出现全新的物理性质，比如固态、透明性或者导电性。还有生命，或者意识。

当谈及简单的分子系统时，我们通常可以很好地确定它适用的理论语汇以及相变会何时发生。当我们开始讨论生物学或者人类互动时，这道界线就会变得模糊不清，但类似的基本想法同样适用。我们都经历过在一屋子人里，在某个人说出正确（或者错误）的话，或者有新人加入时，人们心情的突然变化。以下是宇宙历史上重要相变的部分列表：

· 在早期宇宙中，由夸克和胶子结集而成的质子和中子的诞生。

· 在大爆炸之后数十万年后，电子与原子核组成原子。

· 第一批恒星的形成，它们向宇宙注入了新的光明。

· 生命起源：能自我维持的复杂化学反应。

· 多细胞生物，由不同的生命个体聚集为一而成。

· 意识：自我的觉醒，以及构建对宇宙的心智表征的能力。

· 语言以及构建与分享抽象思考的能力的起源。

· 机械与技术的发明。

相变既有物质层面上的，也有思想层面上的。科学哲学家托马斯·库恩（Thomas Kuhn）推广了“范式转移”（paradigm shift）这个想法，用以描述新理论如何引导科学家们以与此前截然不同的概念去思考这个世界。即使是某个人对某件事情改变了想法，这也可以看成相变：现在我们谈论这个人的最精确的方法改变了。人就像水一样，也会在思考中停滞不前，这时在外人看来，他们保持的信念依然不变，但他们心中的思考方式正在逐渐调整。

———

每个理论，或者说描述方式，都只在某个特定的适用范围内才有效，这个事实至关重要。跟之前一样，有关空气的例子非常简单，但这种简单会让我们误以为所有情况都会如此顺利。

即使我们认为房间里的空气“真的”由不同的分子组成，仍然有某些情况没有包含在分子理论的适用范围内，比如说当密度大得会让空气坍缩为黑洞的情况（不要担心，在绝大部分你可能到访的房间里，情况都与此相去甚远）。但在这些情况下，流体描述同样失效。实际上，涌现的流体理论的适用范围是分子理论适用范围的真子集。

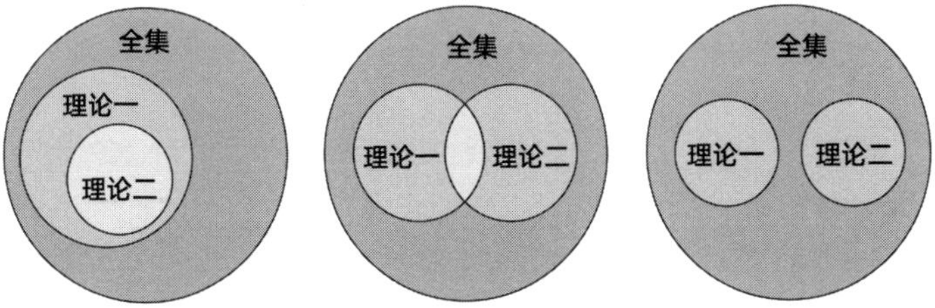

不同理论的适用范围之间的各种可能联系

这个情况——两种说明方式中，一种的适用范围在另一种之内——并非必然会发生。在图中，我们展示了不同的适用范围之间可能的关系。可能其中一个是另一个的子集；可能两者各不相同，但有重叠；也可能两者完全不同，没有任何重叠。例如，在弦论这个量子引力的有力候补中，不同理论之间有着“对偶关系”，这时我们遇到的是中间的情况，也就是两个理论的适用范围互相重叠。

另一个可能有些争议的例子就是人类的意识。人由粒子构成，而我们有一幅关于单个粒子行为的相当成功的图景，那就是我们会在第22章讨论的核心理论。你可能会认为，只要知道一个人所有粒子的完整状态，就能完全地描述这个人。我们很有理由相信粒子物理的适用范围包括了组成人类个体的粒子。然而无论可能性多么微小，还有一种情况，就是寥寥可数的基本粒子互相作用的时候，也就是粒子物理学家研究的情况下，它们会遵循某一套规则，但当它们组合起来构成人体时，却遵循另一套稍有差别的规则。这种情况被称为*强涌现*，在下一章我们会仔细探讨。没有直接证据说明这种情况会发生在人类身上，但如果你觉得，原则上所有人类行为都可以用粒子物理中已知的规则来描述，这种情况的各种后果你不能接受的话，那么在强涌现下就可以避免它们。

在讨论涌现时，我们甚少遇到适用范围并非互相嵌套的情况。更有可能发生的是类似图中左边的情况，也就是一个理论的适用范围正好包含在另一个理论中，有时还形成一串理论的相互嵌套。的确，这种情况与19世纪法国哲学家奥古斯特・孔德（Auguste Comte）提出的“科学层级”非常类似。在这个观点中，我们以物理作为最微观、覆盖最广的层次，其中涌现出化学，然后是生物学，接下来是心理学，最后是社会学。

就是在这种层级分明的图景让人们在讨论涌现时会谈到“层次”。较低层次上的是更微观、粒度更细的描述，而更高层次上的是更宏观、粒度更粗的理论。如果现实的确如此，那就太美妙了，但最重要的并不是这样的层级结构的确实际存在，而是同一个世界也存在各种不同的描述方式，而在适用范围重叠之处，这些描述方式互相兼容。

第 13 章
何为实在，何为虚幻？

奥古斯特·孔德创造了“社会学”这个术语，并将它放在他的科学金字塔顶端；他认为对社会的研究就是科学层级结构“顶峰上的建筑”。此后，物理在描述微观世界上所取得的令人炫目的成功，使一部分人心中的次序完全倒了过来；他们更喜欢聚焦于对现实最深层最基本的说明方式。欧内斯特·卢瑟福（Ernest Rutherford）这一位出生于新西兰，与其他人一道发现了原子结构的实验物理学家，他有一次作出了以下评论：“所有的科学要么是物理，要么是集邮。”那些不搞物理的科学家——换句话说，就是绝大多数的科学家——自然难以苟同，这也不奇怪。

从涌现的角度来说，问题是：涌现出来的现象在什么程度上是*新颖的、与此前不同的*呢？涌现理论到底只是一种重新包装微观理论的方式，还是某种真正的新东西？就此而言，即使只是从原则上来说，涌现理论的行为是否能从微观描述中推导出来，还是说它们描述的对象在宏观的情景下的确会有本质上不同的表现？换一个更富有争议性的表达，这些问题就是：涌现出来的现象到底是*真实*的，还是说只是一种幻象？

你可能也会想到，在我们开始探讨有关意识或者自由意志的涌现这类错综复杂的议题时，这些问题就会在我们面前出现，而且占据了中心位置。当然，你会认为是自己作出了到底是分走最后这块比萨还是清心寡欲抵抗诱惑的决定，但你真的确定是你作出的选择吗？如果自然背后的规律是确定性的，那么你的决断岂不就是幻觉？

但即使当我们讨论物理时，涌现现象是不是一种独立的现实，这也是相当重要的问题。菲利普·安德森（Philip Anderson）是1977年诺贝尔奖的得主，获奖原因是他有关材料电学性质的工作。他是一位“凝聚态”物理学家——思考的是在地球这里存在的那些材料、流体或者其他可以在宏观层面上触及的物质形态，这与天体物理学家、原子物理学家和粒子物理学家恰恰相反。在20世纪90年代，当美国国会正在考虑超导超级对撞机（Superconducting Super Collider，简称SSC）这一粒子加速器的命运时，安德森作为一名与粒子物理没有直接联系的物理专家，被传召到国会作证。他对委员会说，毫无疑问这台新仪器将会带来不错的研究结果，但它做出的发现与他自己的研究毫无瓜葛。这是个诚实而准确的答案，虽然对于那些希望整个物理领域能呈现一条统一战线的物理学家来说，这有点令人灰心丧气［国会在1993年取消了SSC项目；与它竞争的大型强子对撞机（Large Hadron Collider）在欧洲落户，然后在2012年发现了希格斯玻色子］。

安德森的评论基于以下事实：涌现理论可以完全独立于那些对同一个系统粒度更细、适用范围更广的描述。涌现理论是自洽的（使用它不需要依赖于其他理论），而且可以有多种实现方式（有许多不同的微观理论可以导致相同的宏观行为）。

例如，安德森感兴趣的是诸如电流如何流经某种特殊的陶瓷这类问题。我们知道这些材料都由原子组成，还有电和磁与这些原子相互作用的规则。要回答安德森关心的问题，我们只需要知道这些。我们可以将有关原子、电子和它们相互作用的理论看成是涌现出来的理论，而将任何比这些更细分的东西都看作微观理论。涌现理论有它自己的法则，独立于任何假想中更深层的理论。这种涌现理论也可能具有多种实现方式。安德森不需要考虑被锁在原子核内部的夸克，或者希格斯玻色子本身，当然也不需要考虑超弦理论或者任何尝试给出适用范围更广的关于物质的微观理论（对于他的绝大部分研究，他甚至不需要考虑原子，因为他的研究处于更粗粒化的高层次）。

在这种情况下，凝聚态物理学家一直在强调应该将涌现现象看成真正的新现象，而非"只是"某些更深层次的描述在均匀化后的结果。在1972年，安德森发表了一篇后来影响很大的文章，题目是《量变引起质变》（*More Is Different*），他在其中论述道，在有关自然的多个互相重叠的叙事中，每个叙事都应该以其本身的理由被研究和赏识，而不应只重点关注最基础的层次。凝聚态物理中一个有名的问题就是构筑一个成功的高温超导体理论，在这些超导体中电流传播畅通无阻。每个研究这个问题的人都相信这些材料由普通的原子构成，遵守一般的微观规律；但知道这些对于理解高温超导如何发生基本上没什么帮助。

在这里有几个相互关联，但在逻辑上截然不同的问题：

1. 粒度最细（最微观、适用范围最广）的理论是否就是最有趣或者最重要的理论?

2.作为研究项目，理解宏观现象的最好方法是不是先去理解微观现象，然后推导相关的涌现描述?

3.在涌现层面上的研究中，我们能不能学到一些即使像拉普拉斯妖那样聪明也在微观层面研究上学不到的东西?

4.如果我们只知道微观上的法则的话，在宏观层面上系统的行为会不会不符合我们的预期——甚至直接相互矛盾?

第一个问题显然与主观感觉有关。如果你对粒子物理感兴趣，而你的朋友对生物学感兴趣，不能说你们两个谁对谁错，只是想法不同而已。第二个问题更加实际，而答案显然是否定的。在绝大部分有意思的情况下，我们对于更低层级的研究会带来对更高层级的一些知识，但对这些更高层级的直接研究会让我们学到更多东西（并且速度更快）。

第三个问题就开始需要讨论了。其中一种观点是：如果我们完全理解微观层面的话，因为它的适用范围严格包含了涌现理论，所以我们会理解所有我们可能知道的东西。在原则上，你无论有什么问题，都可以翻译成微观层面所用的语言，然后在微观层面上解决。

但“原则上”这几个字潜藏了各种各样的罪过，或者至少是一个非常大的错误。这个看法相当于说“你想知道明天会不会下雨？告诉我地球大气层所有分子的位置和速度，然后我就能算出来”。这不仅仅非常不现实，也忽略了一点，就是涌现理论可能描述了系统在微观层面上完全看不见的真正特征。你也许有一个独立而详尽的理论能描述事物如何运转，但这不意味着你就知道一切；特别是你不知道这个系统的所有有用的说明方式（即使你知道箱子里空气的每个原子如何运动，你可能完全忽略了这个系统同样能用流体来描述）。从这个角度——也就是正确的角度——来说，通过研究涌现理论本身，我们的确学到了新东西，即使所有这些理论完全兼容。

最后是第四个问题，也是火药味最浓的所在。

我们现在要进入的领域名为*强涌现*。到目前为止，我们讨论的都是"弱涌现"：即使涌现理论带来了新的理解，也使实际计算更为可行，但在原则上，你可以在电脑中编入微观理论的规则，然后进行模拟，从而得知系统确切的运转情况。在强涌现中——如果它真的存在的话——这是做不到的。在这个观点中，当许多不同部分集合起来组成一个整体时，我们不仅仅需要寻找有关如何更好地描述这个系统的*新知识*，还需要考虑系统的*新行为*。在强涌现中，拥有许多组成部分的系统，即使是从原则上说，它的行为也不能还原为所有这些部分各自行为的总和。

强涌现这个概念表面上令人费解。它一开始承认，我们可以说某个宏观物体，比如说一个人，是由更小的组成部分组成的，比如说原子（记住，在量子力学中，我们不一定可以将全体细分成部分，但强涌现主义者通常不关注这个细节）。然后它同样接受微观理论的存在，微观理论会告诉你原子在任何特定的场景下会有什么行为。但之后强涌现的概念却宣称，由原子组成的更复杂的系统会对这些原子产生某种影响——而且它不能看作其他作为个体的原子产生的影响。唯一的思考方式就是将它看成由部分组成的整体产生的影响。

我可以将想象聚焦在指尖皮肤里的某个特定原子。一般来说，通过原子物理的法则，我会认为我可以预测那个原子的行为，只需要利用自然规律以及有关它周围状况的细节——其他原子、电场和磁场、万有引力，等等。强涌现主义者会说：不对，你做不到。这个原子是你这个人的一部分，在没有对“人”这个巨大系统的相应理解之前，你不能预测这个原子的行为。只知道这个原子以及它的周边环境并不足够。

世界当然可能以这样的方式运转。如果世界的确如此运转的话，那么我们有关原子的所谓微观理论就是错误的。物理理论的好处就是，它们会明确地告诉你要预测某件物体的行为需要什么信息，预测到的行为又是什么。根据我们最优秀的物理理论，原子应当如何运动这个问题毫无模糊之处。如果在某种情况下，比如说当原子处于我的指尖上，它会以另一种方式运动的话，那么我们的理论就是错误的，需要改进。

这当然完全可能（许多事情都有可能）。在第22章到第24章，我们会更深入挖掘目前最优秀的物理理论到底是如何运作的，其中包括量子场论这一大获成功的严格框架。在量子场论中，不可能有新的力或者作用会对我们身体中的原子起重要作用——或者更精确地说，所有这样的可能性都已经被实验所推翻。但我们当然可以想象量子场论本身就是错的。然而，我们没有量子场论错误的证据，而在非常广泛的适用范围中，认为它正确的实验以及理论上的理由却非常有力。所以，我们当然可以考虑如何改变这个物理的基本范式——但我们也应该意识到代价是对我们有关世界最优秀的理论进行翻天覆地的改变，而目的仅仅是为了解释某个显然极端复杂而难以理解的现象（人类行为）。

——

要理解组成我们的原子以及我们体验到的意识之间的关系，我们也许需要硬着头皮接受强涌现的概念，也许不需要。但我们有责任搞清楚原子和意识之间的关系，因为它们都在真实世界存在。

但它们真的存在吗？

现实的不同叙事之间有何关系，对此的立场构成了一个连续的光谱，从一端的“强涌现主义”（所有叙事都是自治甚至是互相不兼容的）到另一端的“强还原主义”（所有叙事都能被还原到某个基础叙事上）。强还原主义者不仅希望将世界在宏观上的特征联系到某种底层的基本描述上，还希望更进一步，认为在“存在”的某种合理的定义下，涌现理论的本体论里出现的要素根本*不存在*。对于这个思想流派来说，有关意识的真正问题，实际上是意识这种东西根本不存在。意识不过是幻觉；它并非真正存在。在心灵哲学的语境中，这种带有强硬色彩的还原论被称为*消去主义*，因为它的支持者希望完全避免谈及心理状态（自然，消去主义的种种流派也是百花齐放，它们之间在应该消去什么而应该保留什么上有分歧）。

骤眼看来，什么是真实什么是虚假，这并不像是个无法解决的问题。你面前的桌子是真实的，而独角兽就不是。但如果考虑到这张桌子由原子组成，那又如何？说原子是真实的，而桌子不是，这合理吗？

这会构成对“真实”这个词的某种特定的识解[1]，限制它只能用在最基本层次的存在上。这不是我们能想到的最方便的定义。其中一个问题是，我们目前实际上还没有关于最深层次现实的完整理论。如果这就是我们对于真实存在的标准的话，那么最负责任的态度就是承认人类思考过的所有东西没有一件是真实的。这种哲学有点禅宗式的纯粹，但如果我们的目的是利用“真实”这个概念去区分某些现象的话，那么它就没什么用处。维特根斯坦会说这种讨论方式没有意义。

诗性自然主义者有另一种解决办法：某种东西是“真实”的，其实是说它在某个特定的有关现实的叙事中扮演了不可或缺的角色，而这个叙事在适用范围内又精确描述了这个世界。原子是真实的；桌子也是真实的；意识的真实性更是无可争辩[史蒂芬·霍金和伦纳德·姆沃迪瑙（Leonard Mlodinow）也提出过类似的观点，他们把他们的观点称为“依赖模型的实在论”]。

即使在这个宽容的标准下，也并非所有事物都是真实的。物理学家曾经相信过“以太”的存在，这是一种充满空间的不可见物质，它是作为电磁波的光传播的介质。是阿尔伯特·爱因斯坦第一个鼓起

---

1. 译者注：“识解”（construal）是社会心理学中的术语，在这里指个人在不同语境中对某个概念的理解和定义。

勇气站出来指出以太实际上没有意义；我们可以就这样承认它并不存在，而所有电磁理论作出的预言也不会因此有丝毫损失。在我们对世界的最优秀的描述中，不存在需要依赖以太这个概念的领域；它不是真实的。

——

幻觉只是某种失误，某些在任何粗粒化的层次中都无关紧要的概念。当你在沙漠中跋涉，缺水少食而精神恍惚时，觉得看见了远处有个青葱的绿洲，长着棕榈树，还有个小池塘——那（很有可能）就是个幻觉，意思是它并非真的在那里。但如果你运气不错，它真的存在的话，你从中掬起一捧清水，这清水就是真实的，即使我们有一个适用范围更广的关于世界的说明方式，会将它描述为由氧原子和氢原子组成的一堆分子。

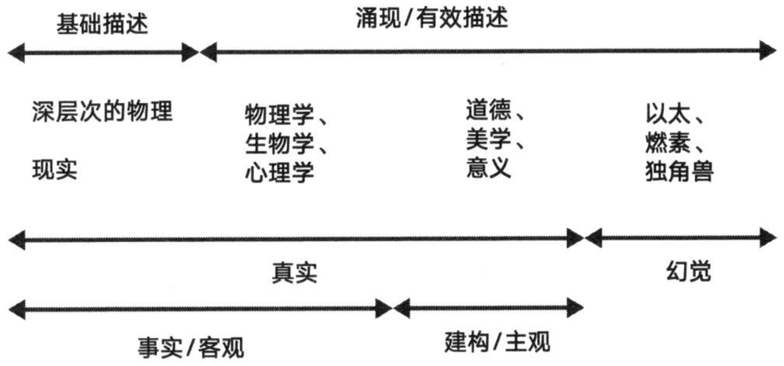

诗性自然主义对“基础”和“涌现/有效”、“真实”和“幻觉”，以及“客观”和“主观”的划分

意识并非幻觉，即使我们认为它“只是”关于那些遵循物理定律组成我们的原子的、某种涌现出来的说明方式。如果台风是真实的——我们很有理由认为它们的确是真实的——即使它们只是一堆

原子的运动，那么我们没有理由用不同的方式对待意识这个概念；它是一个涌现现象，但它同样是真实的，就像我们在生活中遇到的几乎所有东西一样。

将我们的自然主义冠以“诗性”，这一点大有用处，因为还存在其他种类的自然主义。有些严格的自然主义流派尝试消去目光所及的事物，坚称关于世界的唯一“正确”的说明方式就是最深层最基本的那种。在光谱的另一端则是更宽松的自然主义，它们认为在世界最基本的层面上，除了物理现实之外还有别的东西。自然主义是个大杂烩，包含了不同的观点，有的相信心理属性是与物理属性不同的实在，有的相信道德原则与物质世界一样都是客观而根本的。

诗性自然主义在光谱的中间：只有一个统一的物理世界，但有许多有用的对于世界的说明方式，每种方式都抓住了现实的其中一方面。诗性自然主义至少与它自身的标准是一致的：它尝试给出我们关于世界最有用的说明方式。

在处理现实的多重叙事时，我们最容易犯的错误就是混淆不同叙事的专用语汇。也许有人会说：“你不可能真正*需要*什么东西，你只是原子组成的集合，而原子没有需要。”的确，原子没有需要；“需要”这个概念不存在于我们有关原子的最优秀的理论中。说“组成你的原子中没有一个需要任何东西”并没有问题。

但这并不意味着*你*没有需要。“你”这个概念也不存在于有关原子的最优秀理论之中；你是一项涌现现象，意味着你是某个在宏观层面上描述了这个世界的高层次本体论中的要素。在适合谈论“你”这个概念的描述层次上，同样完全适合谈论需要、感觉与欲望。这些都是在我们对人类最好的理解中出现的真实现象。你可以将自己看作人类个体，或者看作一堆原子的组合，但至少在考虑其中一类如何与另一类相互作用时，不能同时应用这两种看法。

无论如何，这就是理想状态。追随着伽利略对复杂细节的忽视以及对简单的追求，物理学家开发了许多不同的形式体系，其中不同的说明方式——或者说“有效场论”——之间的界限有着定义好的明确划分。当我们从物理学过渡到生物学和心理学这样更复杂微妙的领域时，要将一个理论与另一个理论区分开来要更为困难。我们可以说人类会患上疾病，变得有传染性，可能会将他们的疾病传染给其他人。“疾病”是我们描述人类所用的词汇中非常有用的一个类别，它本身就具有真实性，而且独立于它的微观基础。但我们也知道，在更深的层次上，疾病只是体现了诸如病毒的感染。我们没有办法，只能放松要求，谈论人、疾病和病毒时将这些词汇混成一个大杂烩。

就像对不同的物理理论之间对偶的研究养活了许多物理学家那样，对不同词汇之间关系以及交融的研究也养活了许多哲学家。对我们的目的而言，大可以将这些问题留给那些对本体论吹毛求疵的人作为作业，而转到另一个问题上：我们如何构建一系列谈论我们这个世界的方式？

第 14 章
信念星球

绝大多数人都不会担心他们所见的世界到底本质上是否真实，或者思考他们是否被邪恶的妖魔所迷惑这种问题而因此夜不能寐。我们承认我们看到和听到的东西至少在某种程度上可靠地反映了现实，然后从这个出发点继续前进。这给我们留下了一个更微妙的问题：我们是怎么构建出有关事物运转的、既可靠又符合日常经验的详尽图景的呢？

笛卡儿寻找过确证信念的“地基”。地基使建筑结构能牢牢扎根在坚实的地面上。*基础主义*（foundationalism）就是对这种坚实地面的搜索，用以在其上建立知识的大厦。

让我们以比应有的态度更加严肃地考虑这个比喻。在人的尺度上，在我们脚下的地面无疑是坚实可靠的。然而，如果我们把镜头拉远一些，就会看到地面不过是我们居住星球的一部分。而这个星球，也就是地球，并没有坐落在任何东西之上；它在空间中没有约束地运动着，绕着太阳公转。构成地球物质的一点一滴都并非深埋在某个静止的结构中，维系它们的是相互之间的引力。太阳系中的这些星球都是从岩石和尘埃一点一滴的聚合开始，然后逐渐扩大影响力，尽可能将剩下

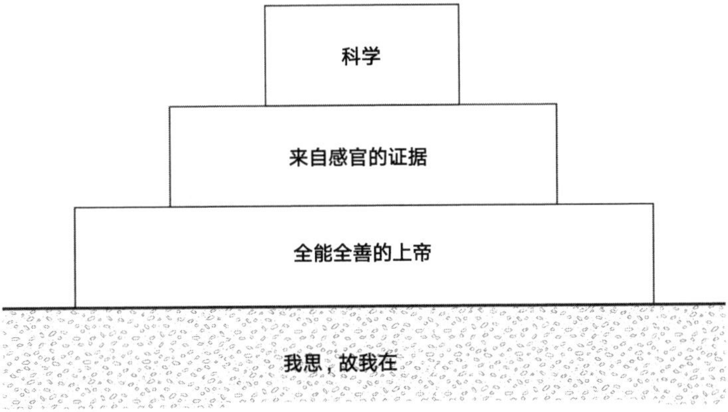

知识显现为依靠在稳固地基上的一系列信念

的物质碎片吸引过来，最终逐渐形成的。

我们无意中就发现了一个更精确的比喻，描述了信念体系的运作过程。星球并没有坐落在某个基础上，它们以一种自我强化的方式维系自身。信念也遵循同样的道理：它们并非建立在确凿而不容置疑的原则上，虽然我们可以尝试这样做。恰恰相反，构成整个系统的所有信念会以或好或坏的方式整合在一起，而将它们拉在一起的则是认识论的相互作用力。

在这个图景中，*信念星球*要比单纯的本体论更加丰富而复杂。本体论是关于到底什么才实际存在的观点；而信念星球包含着各种各样的确信，有理解世界的方法、先验真理、派生类别、偏好、美学与伦理学的判断等。如果你相信二加二等于四，还有对你来说巧克力冰激凌要比香草味更好，这些信念虽不是你本体论的一部分，但却是你信念

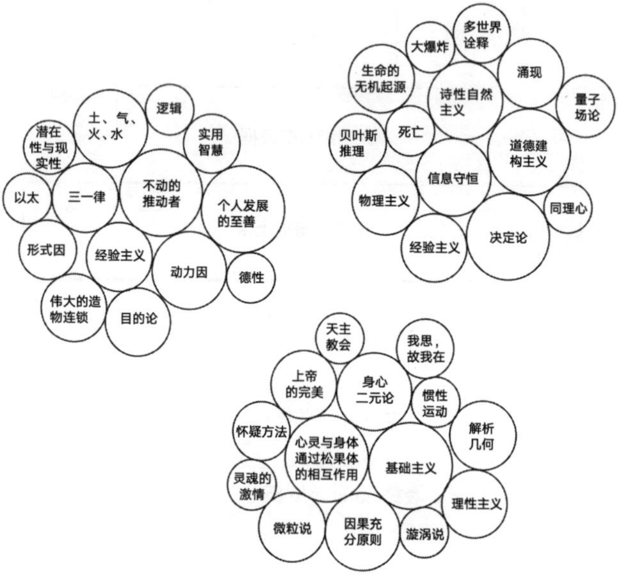

知识显现为一组通过相互一致性的“引力”被维系在一起的信念。图中是亚里士多德、笛卡儿以及现代诗性自然主义者各自信念星球的一部分

星球的一部分。

——

类比总有缺陷，但信念星球这个比喻很好地解释了哲学圈子中所谓的*真理融贯论*（coherentism）。在这个图景下，被确证的信念就是从属于某个一致相容的命题集合的信念。这种一致性扮演的角色，相当于将尘埃和岩石聚在一起形成真正星球的引力。一个稳定的信念星球里的每个信念都应该互相融贯、互相强化。

某些信念星球并不稳定。人们抱持着大量的信念过活，其中某些信念可能与其他信念并不相容，即使人们没有留意到这一点。我们应该认为信念星球内部一直被缓慢但持续地搅动着，让不同的信念相互接触，就像在真正的行星中有岩浆的对流和接近表面的板块碰撞。当两个水火不容的信念直接接触时，可能就像会产生剧烈反应的化学物质被搅拌在一起那样，产生惊人的爆炸——可能还会将整个星球炸得四分五裂，直到不同的组成部分重新构成新的信念星球。

在理想状态下，我们应该不停测试探查我们的信念星球，看看有没有矛盾或者结构性的缺陷。正因为信念星球在空间中自由运动，而不是锚定在坚实不动的地面上，所以我们应该乐于改进信念星球的组成和结构，甚至完全抛弃旧有信念，用更好的信念来取代。我们通过观察得到的新信息相当于持续轰击真实星球的流星和彗星，它们会被整合到我们对世界的观点中。有时甚至会有带来巨大影响的小行星，它的碰撞会摧毁整个星球。这些不稳定性，无论是来自内部的矛盾还是外部的冲击，都更可能发生在相对年轻、也就是还没有安定下来的信念星球上，但每个人都有可能受到影响。

真正的问题在于，我们可以想象多个稳定的星球——存在信念组成的不同集合，它们在集合内部没有矛盾，但这些集合之间格格不入。某个人的星球里可能包含了科学方法，还有宇宙的年龄有上百亿年的信念；另一个人的星球可能包含对圣经直译主义[1]的信念，还有对创世发生在数千年前的信念。如果每个星球都只包含互相兼容的信念的话，我们怎么知道哪个是*正确*的？

1. 译者注：圣经直译主义，又称作经律主义，是基督教中认为《圣经》所写的一字一句在字面意义上都是正确的流派。

这是个实际存在的担忧。人们怀有的信念的确可能会与其他人的信念势不两立，即使这些信念与自身怀有的其他信念相安无事。但我们有理由期待这个问题并非无解。经验事实说明，有一些重要而普遍的信念是几乎每个人都拥有的。人们几乎都相信理性和逻辑在对真理的追求中扮演了重要的角色。这两种方法是否拥有独特的力量，人们对此也许有分歧，但很少有人会直接否定它们。我们也往往拥有同一个目标，就是构建出关于这个世界的一个能精确表现观察结果的模型。如果你遇到那些认为世界是在六千年前被创造出来的年轻地球创造论者，然后向他们摆出地球以及宇宙久远历史的科学证据的话，他们典型的回答不会是“哦，我又不相信证据和逻辑”。恰恰相反，他们会尝试用他们的信念系统来解释这些证据，比如说，向你解释为什么上帝要以这种方式创造宇宙。

不管怎么说，这就是应有的做法。但单纯的“融贯”对于真理的基石来说似乎过于渺小。舍弃对稳固地基的寻找，转而构建一个信念星球，这就像从脚踏实地过渡到怒海扁舟或者旋转茶杯上。如果你不晕船，至少也会觉得天旋地转。我们就在太空中流转，没有任何支撑。

将我们的信念从变幻无常中解脱出来的，是在典型的信念星球中会有类似“真的陈述对应现实世界中的真实要素”的信念这一点。如果我们相信这一点，手握一些可信的数据，而且对自己足够诚实的话，我们有希望构建这样的信念体系，它们不仅内部相容，而且与其他人的体系以及外部现实也相容。退一万步来说，这也可以作为我们的目标。

换句话说，*稳定*的信念星球，其中所有部分都以一致且相容的方式互相吸引，以及宜居的信念星球，也就是我们可以实际“居住”的信念星球，这两者有着关键的差异。宜居的信念星球必须确立某些有关证据和理性的共同信念，还有我们收集的有关这个世界的实际信息。我们可以期望那些满怀诚意工作的人们，在努力尝试尽量理解现实之后，最终各自能构建出多多少少互相兼容的信念星球。

我们不能高估人们的理性或者是尽力客观看待新证据的意愿。不管是好是坏，信念星球最终都会发展出高度精巧的防御机制。当你意识到自己持有两个互相冲突的信念时，心理学家将它们带来的不适感称为*认知失调*（cognitive dissonance）。这表示在你的信念星球中有些地方结构不太稳妥。不幸的是，即使在非常极端的情况下，人类仍然非常善于保持他们信念星球的基本构成。

利昂·费斯廷格（Leon Festinger）是美国的社会心理学家，认知失调理论的创立者，他和他的合作者曾经研究过一个末日邪教，它的领导者是一名叫多萝西·马丁（Dorothy Martin）的女子［多代心理学学生是通过玛丽安·基奇（Marian Keech）这个假名知道她的］。在马丁的带领下，团体的成员逐渐确信地球会在1954年12月21日毁灭，但真正的信徒会在前一天晚上被外星人拯救。这些邪教成员对这件事的态度非常严肃：他们辞去了工作，离开了家庭，聚集起来等待这最后的日子。费斯廷格很好奇，当在钦定的这一天到来却没什么特别的事情发生时——他的信念星球引导他作出了这样的推测——这些人到底会有什么反应。他们的领导者做出了错误的预言，面对这一无可辩驳的事实，他们会不会对她的神秘力量产生别的想法？

在这一天匆匆经过后，这些信徒却比以往更加相信马丁的预言能力。事实上，在21日的早上，马丁传达了新的神启：正是他们这个小团体百折不回的信念阻止了地球的毁灭。她的追随者大喜过望，很容易就接受了这个说法，并且愈发投入，尝试大肆宣扬他们的领悟。

人类离我们乐于认为的那种冷静理性相距甚远。一旦构筑了舒适的信念星球，我们就开始抗拒对它们的改变，并且发展出一些*认知偏差*（cognitive bias），让自己看不到世界的本来面目。我们追求成为完美的贝叶斯推理者，不带偏见地推导出最优的解释——但绝大部分时间，我们做的是将新数据硬塞进我们的成见之中。

在我们构建自己的信念星球时，有两种重要的认知偏见值得重视，从而让我们能够察觉并且避免它们。其一是我们倾向于对我们*希望*为真的命题赋予较高的置信度。这会在非常个人的层面上出现，这时它被称为*自利性偏见*（self-serving bias）：当好事发生时，我们会认为这是来自我们的才华，是我们应得的；但我们却会将坏事归咎于运气不好或者无法控制的外部境遇。在更广的层次上，对于有关世界的理论，我们自然倾向于那些能取悦我们，使我们觉得自己很重要，或者能安抚我们的理论。

另一种偏差就是我们更乐于维持我们的信念星球，而不是去改变它们。这能以多种形式出现。*证实性偏见*（confirmation bias）就是我们更倾向于理解并强调任何证实我们已有信念的信息，而忽略那些会给我们的信念打上问号的证据。这种倾向非常强烈，甚至会导致*逆火效应*（backfire effect）——研究表明，在向人们展示一些否定他们信念的证据后，他们通常会更固守原有的信念。我们珍视自身的信念，并且努力保护它们免受外界的威胁。

我们对辩护自身信念的需要可能会对我们持有的具体信念有着戏剧性的影响。社会心理学家卡萝尔·塔夫里斯（Carol Tavris）和埃利奥特·阿伦森（Elliot Aronson）提出了“选择金字塔”。假如有两个持有的信念几乎完全相同的人，他们各自面临同一个抉择，尽管一开始对于两人而言这些选择只是差之毫厘，但其中一位作出了某个选择，而另一位作出了另外一个选择。接下来，他们不可避免地会努力说服自己他们作出了正确的选择。每个人都为自己的选择找到了理由，并开始认为从一开始他们就没什么选择。经过这个过程，这两个起点几乎相同的人最终却到达了某个信念光谱的不同极端——而且通常会热忱地投入到各自观点的保卫战中。塔夫里斯和阿伦森的说法是“正是那些*几乎*选择了住在玻璃房子里的人扔出了第一块石头”。

我们面临的问题是，我们选择采纳的信念不仅取决于它们有多符合外部的现实，也许还更多地取决于我们已有的信念。

我们如何抵御这种自我强化的非理性？我们没有灵丹妙药，但有应对的策略。在知道认知偏见的存在之后，我们可以在执行贝叶斯推断时也将这一点纳入考虑。我们希望某件事是真的吗？那么在置信度的赋值中，这就是*反对*它的理由，而非支持。可信的新证据是否与你对世界的观点相左？那么你应该给予它*额外*的关注，而不是置之不理。

有缺陷的人类也许无法到达理性的乌托邦，但它可以作为我们的目标。罗伯特・奥曼（Robert Aumann）是一位以色列和美国的数学家，是2005年诺贝尔经济学奖获奖者之一，他证明了一个美妙的数学定理：两个完全以理性行动的人，如果他们一开始对于信念的先验贝叶斯置信度相同，而又掌握了相同的新信息，其中包括知道对方知道了什么，那么他们对信念更新后的置信度不可能有异议。你可能会认为一开始拥有相同先验置信度的人可能会对得到的观察结果的似然度有歧见，但奥曼的定理说明，如果两个人拥有相同的“公共知识”的话——也就是每个人知道别人都知道什么（而且他们都知道每个人都知道这一点）——那么分歧不可能发生。

奥曼的“同意定理”看起来好得难以置信，部分是因为它不太符合实际的人类行为。在现实世界中，人们并非完全理性，没有公共知识，而且会互相误解，当然肯定也不会拥有相同的先验置信度。但这给了我们一个希望，如果足够努力的话，即使在那些莫衷一是的议题上，我们也许也能得到共识。即使先验置信度天差地别，如果收集到了足够证据，差异也会在更新的过程中被抹平。如果我们尝试对人对己都尽量诚实，我们的信念星球也有希望能互相看齐。

第 15 章
接受不确定性

如果你想拆某位科学家的台，让他们不知所措，有一个简单的方法：每当他们出自科学家深思熟虑的意见，说某件事情是真的时候，你就问他们："你真的能证明这一点吗？"如果你的对手是一位不错的科学家，但没有接受过公共关系方面的训练的话，他们很有可能会支支吾吾，觉得很难给出一个直接的答案。科学从不会证明什么东西。

我们关于"证明"的定义影响甚广。科学家脑子里的那种证明通常是我们在数学或者逻辑中会碰到的那种：从某些明确阐述的公理出发，对某个命题真实性的严谨证明。这与我们在闲聊中听到的"证明"有着重要的差别，这时它的意义更接近于"使我们相信某件事真实性的充足证据"。

在法庭上我们务求精确，但不可能达到形而上学的确定性，这时我们会依据案件的情况，援引不同的标准，相当于明确承认证明的本质不是一成不变的。在民事法庭上，赢得案件需要有"优势证据"的支持。在某些行政法庭上，需要的则是"明确而有说服力的证据"。而除非有"超越合理怀疑"的论证，我们不会认为犯罪嫌疑人被证明有罪。

所有这些证明对数学家来说都无足轻重，他们的第一直觉会让他们开始思考那些超越常理的怀疑。现在的科学家一般也上过几门数学课，他们对于什么是证明通常也有类似的想法——他们也知道这不是他们的行当。所以如果某位科学家说“人类的行为正在使整个行星变暖”或者“宇宙有上百亿年的历史”或者“大型强子对撞机不会造出一个会吞掉地球的黑洞”时，你只需要天真地问他们是否真的能证明这些论点。一旦他们稍有犹豫，你就获得了修辞上的胜利（这不会让世界变得更美好，但这是你的选择）。

——

让我们来明确这种区别。我们有一个数学定理：没有最大的素数（素数就是那些只能被1和它自身整除的正整数）。它的证明如下：

> 考虑所有素数的列表：{2, 3, 5, 7, 11, 13 ...}。假设存在最大的素数p，那么素数只有有限个。现在我们将列表中所有素数相乘，每个素数只取一次，然后加上1，再考虑得到的这个数X。显然X要比列表中的素数都要大。但它并不能被列表中任何一个素数整除，因为总会得到余数1。所以，要么X本身就是素数，要么它能被某个大于列表中每个数的素数整除。在两种情况下，都必定存在某个大于p的素数，矛盾。所以不存在最大的素数。

现在来看一个科学上的信念：至少在太阳系中，爱因斯坦的广义相对论至少以非常高的精度准确地描述了引力的效应。它的论证如下：

> 广义相对论同时包含了相对性原理（只能相对于别的物体测量位置与速度）和等效原理（在小范围的空间内无法分辨引力与加速度），这两个原理都以非常高的精度被测试过。爱因斯坦的广义相对论方程是关于时空曲率最简单的非平凡动力方程。广义相对论解释了此前的一个异常情况，就是水星进动，它也作出了几个新的预言，例如太阳对光线的偏折以及引力红移，这些都被成功地测量到了。人造卫星上的高精度实验限制了现实与广义相对论的任何偏差。如果不考虑广义相对论的作用，全球定位系统（Global Positioning System，GPS）会乱成一团，而考虑之后，它的运转近乎完美。现有的替代理论都比广义相对论更复杂，要么就是引入了新的参数，这些参数需要通过实验精细确定才能避免矛盾。更进一步，我们可以从会与任何能量来源相互作用的无质量引力子这个想法出发，证明这个方向上唯一的完整理论会导出广义相对论以及爱因斯坦方程。尽管广义相对论仍未被成功整合到量子力学的框架下，在目前的实验中，我们认为量子效应可以忽略不计，特别是我们预计爱因斯坦方程的量子修正会非常不显著。

所有这些细节都不重要；重点在于它们背后方法之间的差异。数学的证明滴水不漏，只需要遵守逻辑的规则，在给定的前提下，结论必然正确。

而对广义相对论信念的论证——这是一个科学证明，而不是数学证明——则拥有完全不同的特征。这是一种溯因推理：对假设的测试，收集质量越来越高的证据，寻找所有现象最合理的解释。我们先提出一个假设——引力是时空的曲率，描述它的是爱因斯坦方程——然后我们尝试证明或者否定它，同时寻找能够替代的假说。如果实验越来越精确，而对替代假说的搜索又没有找到任何合理的竞争者，那么我们会逐渐开始说这个假设是“正确”的。这里并没有明确显眼的界线，能让某个想法从“只是一个理论”跨越到“被证实”。当科学家在日全食中观察到星光的偏折一如爱因斯坦的预言，这没有证明他是对的，只是向对他有利而不断增长的证据上又添一笔。

在这个过程中得到的结论不一定必然正确，这也是整个过程中固有的一部分。我们当然可以想象这样的一个世界，其中实践上正确的引力理论要比爱因斯坦的理论更复杂，又或者牛顿的万有引力才是正确的。要在不同的替代理论中作出选择，不意味着要证明或者否定它们，而是要收集足够多的证据，直到能解决所有合理的怀疑，在这个过程中像一名优秀的贝叶斯主义者那样更新我们的置信度。在我们通过数学、逻辑、纯粹推理得到的知识，以及通过科学得到的知识之间有一点根本性的差异。来自数学和逻辑的真理在每个可能的世界中都是正确的；而科学教导我们的事实在我们这个世界是正确的，但在别的世界可能是错误的。我们能够知晓的事情当中，最有趣的不是那些我们有希望在严格意义上“证明”的东西。

即使当我们对某个理论的确信超越了合理的怀疑，我们仍然理解它只是一个近似，有可能（或者必然）在某个地方失效。当然有可能存在某种我们还没有探测到的、仍在隐藏中的新的场，它的作用会轻微改变爱因斯坦预言的引力的真正行为。当我们深入到量子尺度下，也必定会找到新东西；没有人真的相信广义相对论就是引力的最终理论。但这都不会改变在某种明确的定义下广义相对论“正确”的这一关键事实。当某一天我们真的遇上了更好的解释，当前的解释会被理解为更宏大图景中的一个特殊情况。

作为我们理解得相对更深入的一种收集知识的形式，科学的这些特点在别的地方同样适用。最基本的认识，就是知识像生活中绝大部分事物那样不可能完美。受逻辑严明的几何证明启发，笛卡儿希望建立一个固若金汤的基石，用以安放我们对世界的理解，但有关世界的知识并非如此。

考虑一下贝叶斯定理：在接收到新信息之后，我们赋予某个想法的置信度是两项数目的乘积，分别是一开始我们对它的先验置信度，以及在这个想法正确的前提下得到这项新信息的似然度。粗粗看来，这似乎很容易达到完美的确定性：如果某个特定的结果在某个想法的前提下拥有的似然度正好是零，而我们观察到的正是这个结果，那么我们对于这个想法的置信度就会被设定为零。

但如果我们一丝不苟的话，就不会认为观察到某项特定结果的似然度会正好是零。你可能会有类似这样的想法，认为在狭义相对论中，粒子不会以超过光的速度行进，所以在狭义相对论正确的前提下，观察到超光速粒子这一可能性的置信度是零。问题在于观察总有可能出错。可能你会认为自己观察到了超光速粒子，但实际上你的仪器出了问题。无论你多么严谨认真，这总有可能发生。我们应该一直认为任何理论中出现任何观察结果的似然度都不为零。

结果就是它们的置信度永远不会到达零——也不会到达百分之一百，因为还有别的可能性与之竞争。但置信度不会到达完全确信这一点是件好事；否则，不管多少新证据都不可能使我们回心转意。人生可不能这样过。

——

当然不是每个人都会同意这一点。你可能听说过，关于“信仰”和“理性”之间的关系，有一场旷日持久的争论。有些人争辩说，在两者之间有着完美的调和，而实际在历史上也有许多成功的科学家和思想家，他们也是虔诚的教徒。其他人则争辩道，信仰这一观念本来就对理性的实践充满敌意。

使这场讨论更加盘根错节的，就是对于“信仰”的具体定义有数种互不相容的观点。词典的定义可能是对某个信念的“信任”或者“信心”，但接下来它会提出类似“毫无根据地相信”这一类的解释。圣经新约（希伯来书11:1）说：“信就是所望之事的实底，是未见之事的确据。”对于很多人来说，信仰就是对他们宗教信念的一种坚定的确信。

“信仰”二字含义众多，我们在这里无意争论它的定义到底应该是什么。我们只是注意到，有时候信仰会被当成某种绝对确定的东西。看看这些天主教会教理问答中的陈述：

· 信者应顺服地接纳牧者们以各种方式所给予他们的训诲和指示。

· 在信德中服从（来自拉丁文ob-audire，意即“听从”）

是自由地顺从所听到的圣言，因为它的真理是由天主所保证，而天主就是真理本身。《圣经》给我们提示亚伯拉罕是这服从的典范，童贞玛利亚则是这服从最完美的实现者。

· 信仰是确实的，比任何人类知识更为确实，因为信仰基于天主的话，它是绝不骗人的。

我要反驳的正是这种立场——它认为存在一种完全确定的知识，我们应该顺服地接受它，拜倒在它脚下。这样的知识不存在。我们总有可能犯错误，而对于一个理解世界的成功策略，最重要的特征之一就是它会不断测试自身的预设，承认错误的可能性，并尝试改进。我们都希望生活在一个稳定的信仰星球上，在那里，我们对世界看法的方方面面都能和谐共处；但我们也希望避免被拖进一个信念的黑洞中，在那里，我们的信心如此坚定，以至于无论我们得到什么新领悟或者新信息，都毫无挣脱的办法。

有时候你会听到有人断言，即使是科学也基于某种“信仰”，比如说对实验数据可靠性或者对某种牢不可破的物理定律存在性的信仰。此言差矣。作为科学实践的一部分，我们当然会做出假设——来自感官的信息告诉我们有关世界的信息基本可靠、简单的解释要比复杂的更好、我们不是瓶中之脑，如此等等。但我们对于这些假设没有“信仰”；它们是我们信念星球的一部分，但也一直在修订和改进之中，如果必要的话，它们甚至会被抛弃。从本质上来说，科学需要对世界实际的运转方式持有完全开放的态度，这意味着我们随时准备丢弃那些不再有用的想法，无论以前这些想法看起来地位多么重要或者多么宝贵。

——

因为即使对那些看起来完全不可能甚至有点疯狂的想法，我们也要赋予非零的置信度，在“知道”以及“以完全的逻辑确定性知道”两者之间的区分就变得相当有用。如果我们对于某个命题的置信度是0.0000000001，我们并不完全确信它是错误的——但我们可以把它当作错误的。

当坐落在日内瓦的大型强子对撞机（简称LHC）在2008年开始运转时，有些人听说LHC有可能创造出最终会毁灭地球从而终结所有生命的黑洞，然后就开始大呼小叫。当然，物理学家说能担保这样的事情几乎不可能发生。但他们不能证明它一定不会发生。然而，在这样严峻的后果下，无论在预想中这有多么不可能发生，去冒这种风险真的值得吗？

对于这样的人，一个可行的回答是：试想一下，今晚你回家准备煮点意大利面当晚饭，但在打开意式蒜香番茄酱的瓶盖之前，问问你自己，如果瓶子里出现了某个可怕的变异，造就了一种极其致命的病原体，你一旦打开盖子，它就会被释放出来，散布到全世界，杀死所有形式的生命，那会怎么样？当然这很可怕；而同样显然的是，这也非常不可能发生。但你不能证明它不会发生。这样的概率总是存在，即使非常微小。解决方法就是承认有些可能性的置信度非常微小，以至于不值得严肃对待。我们完全有理由在行动中将这些可能性当作不可能。

所以我们不认为“我相信X”的意思是“我可以证明X正确”，而是“我认为花费任何可观的时间与精力在对X的怀疑上并无益处”。

我们可以收集许许多多支持某个理论的证据，以至于对它的怀疑会从“小心谨慎”变成“想入非非”。我们应该对于在新证据面前改变信念这一点一直持有开放的态度，但所需要的证据可能必须强大得能压倒一切，以至于并不值得花精力去寻找。

我们不再有对任何事物的绝对证明，只剩下对于某些事物更高的置信度，还有对于其他事物更大的不确定。这是我们能希望得到的最好结果，事实上也是世界对我们的馈赠。人生苦短，而世事本无绝对。

第 16 章
不去观察世界，又能知道多少？

我们与周遭世界最直接、最实实在在、最适于验证的联系就是我们的感官。我们能看到触摸到各种事物，从而得到对它们的某种理解。但有时我们似乎能在更深的层次上体验现实世界，不需要感官的中介。我们在尝试理解整个宏大图景时，应该如何解释这种体验呢？

我第一次造访伦敦时，有一晚曾毫无计划地四处闲逛，这时我发现了一张海报，上面宣传的是在靠近特拉法尔加广场的圣马田教堂举办的一场音乐会。那地方很有名，特别是在古典音乐的圈子里，但当时它主要的优点是离得近，还有就是音乐会似乎算得上年轻人在海外旅游应该寻觅的那种增长文化修养的机会。

实际远超预期。这是场烛光音乐会：电闸被拉下了，教堂的中殿被数百颗闪动的火苗柔柔照亮。音乐家们演奏了巴赫和海顿的一些作品，浑厚的音符在幽暗的空间中回响。本地人和旅游者都紧紧裹着大衣，不仅分享着当下这个时刻，还分享着一段段历史——音乐史、建筑史、宗教史。穹顶有如夜空，而音乐的抑扬压过了人类呼吸与心跳的节奏。对于这系列音乐会的常客来说，可能这只是又一个愉悦的夜晚；对我来说，这是一次超脱尘世的超验体验。

“超验”（transcendent）来自拉丁语transcendere，意即“翻越，超越”，通常用在那些似乎超脱了我们平凡的物质环境的体验上。有许多不同的状况可以贴上这个标签。对于某些人来说，当他们的灵魂直接接触神性时，这就是超验。对于基督教徒来说可能就是对圣灵的见证，对于印度教徒或者佛教徒来说，可能就是摆脱物质世界以进入更高层次的灵性现实。个人要获得超验的体验，可以经由祈祷、冥想、独处，甚至是类似死藤水（ayahuasca）或者麦角酸二乙基酰胺（简称LSD）的精神药物。更简单的方法还有让自我迷失在某一段特别令人感动的音乐又或者是家庭的温暖中。

我们大部分人都有过类似的体验，哪怕人们会争论有谁“真正”超脱过尘世。这些体验在自我的形成中可能扮演了重要的角色，能帮助我们到达内心的平和或者喜悦，甚至能在关键的抉择中指引我们。对于当前的目的来说，我们希望知道超验体验在世界的结构中意味着什么。它们是来自我们物质大脑中原子和神经元的行为，还是说我们应该将这些瞬间看作与某个神秘境界接触的提示，那里有真正超越物质的某种东西？换句话说，超验在本体论上给了我们什么教训？

在这些问题背后潜藏着一个更大的问题。科学通过观察与实验前进：我们提出有关世界如何运转的假设，然后通过收集新信息以及进行合适的贝叶斯更新去检验这些假设。但这是了解世界的唯一方法吗？通过科学以外的途径、利用检验假设与收集数据以外的方法去获得有关现实的知识，这难道完全不可能吗？的确，在历史中，人们曾经认为他们通过上天启示、灵性修行以及其他非经验的方法理解到了某些东西。这种可能性需要被认真对待。

即使在广义的理解下，科学肯定也不是获得新知识的唯一途径。数学和逻辑就是明显的例外。

数学和科学在许多学校的课程中被捆绑在了一起，尽管它们之间有着紧密互利的关系，但本质截然不同。数学是有关证明的学科，但数学证明的东西并非有关真实世界的事实，而是不同的假定蕴含的结果。一个数学证明说明的是，*给定*某组假设（比如说欧氏几何的公理或者数论的公理），不可避免地会导出某些陈述（比如三角形内角和为180°，或者不存在最大的素数）。在这个意义上，逻辑和数学可以被认为是同一个策略的不同方面。与数学一样，在逻辑中，我们从公理出发，推导出那些无法避免的结果。尽管我们通常说的“逻辑”只是一系列的结果，但它实际上是一个从公理推导出结论的过程。用以得出逻辑结论的公理集合有各种各样的可能性，正如在几何或者数论中也可以使用不同的公理集合。

依赖于明确表述的公理证明出来的陈述又被称为*定理*。但“定理”并不必然是“真理”；它只意味着“从给定的公理中必然会得出的结论”。要断定某个定理是“正确”的，公理本身必须是正确的。这并非必然：欧氏几何是一座由数学结果组成的美妙大厦，在许多现实生活的情境中也的确有用，但爱因斯坦让我们明白了世界实际的几何结构遵循的是一组适用范围更广的公理，这套公理是19世纪的数学家伯恩哈德·黎曼（Bernhard Riemann）发现的。

我们可以用可能世界的语言来思考数学与科学之间的不同。数学关心的是那些在任何可能的世界中都成立的真理：给定这些公理，就能得到这些定理。科学关心的则是我们生活的这个世界之中的发现。科学家在研究中有时会为了锻炼直觉的目的去考虑那些非现实的世界（比如说没有摩擦或者空间维度不同的世界），但在所有可能的世界中，他们最终关心的还是这里的真实世界。在某些可能的世界中，时空是平直的而欧几里得的公理是正确的，而在别的可能世界中，时空可能是弯曲的而欧几里得的公理是错误的；但在所有的可能世界中，欧几里得的公理蕴含三角形内角和为180°。

在无限种可能世界中，要排除那些不属于这个世界的可能性，科学使用的方法相当清楚明白：靠观察。不断进行观察和实验，收集数据并用这些数据对那些用处很大而解释清晰的理论增加我们的置信度。

——

有时候人们会说科学遵循*方法论自然主义*：它只选择考虑那些基于自然世界的解释，而一开始就忽略非自然现象的介入。这一界定甚至被科学的支持者所采用，部分原因关乎政治与策略。美国长时间困扰于这样的论战：到底在课堂上应该教授创造论（生物物种被上帝所创造）还是达尔文的自然选择理论？有人推出了一个名为智能设计论的方案，作为创造论的“科学”版本，他们的理由是这样就能以科学而非宗教的形式在课堂上讲授创造论。有时候创造论的反对者反驳这个论点的方式就是通过援引方法论自然主义的原则；在此之下，提到超自然造物者的智能设计论立马就失去了科学的资格。不止一位美国国家科学院的权威人士这样写道：

> 因为科学仅限于以自然的过程解释自然世界，它不能在解释中涉及超自然的原因。类似的是，科学不可能作出

有关超自然力量的断言，因为这处于它的领域之外。

并不尽然。科学应该致力于确定真理，无论这个真理是什么——自然的、超自然的，或者其他的可能性。被称为方法论自然主义的这个立场，尽管科学的支持者以最大的善意去利用它，它实际上预先假定了部分答案。如果我们的目标是寻找真理，这大概就是我们会犯的最大的错误。

幸好方法论自然主义作为科学本质的界定并不准确。科学不是方法论自然主义，而是方法论*经验主义*——也就是说知识来自我们对世界的体验，而不是仅仅依靠思考。科学是一种方法，而不是一堆结论。科学方法就是先尽可能想象世界多种多样的可能性（理论、模型、说明方式），然后尽量仔细地观察这个世界。

这样宽泛的划界包含的不仅有像地理学和化学这样公认的学科，还包含了像心理学和经济学之类的社会科学，甚至包含了历史之类的学科。这也很好地描述了很多人尝试解答有关世界的问题时的典型方法，即使这些方法可能并非那么有条不紊。尽管如此，科学不应该被简单等同为“推理”或者“理性”。它不包含数学或者逻辑，也不试图解决诸如美学或者道德这样关乎判断的问题。科学的目标很简单：找出世界的本来面目。不是世界的所有可能性，也不是它应有的面貌，而是它的本性。

在科学的实践中一开始就没有排除超自然的事物。科学尝试找到有关我们观察结果的最优解释，即使它超出了自然，科学也会将我们引向这个最优解释。我们很容易想象，在某些情况下，科学家能找到的最好的解释会超越自然世界。神子可能再临，耶稣可能会回到地球，死者可能被复活，最后的审判可能会进行。在这种情况下，面对通过感官获得的证据，那些还固执地坚持只考虑自然主义解释的科学家也难免太冥顽不化了。

科学与自然主义的关系不是科学*假定*了自然主义，而是科学目前的*结论*是，我们拥有的对这个世界的最优图景是自然主义。我们先列出所有能想到的本体论，向它们赋予某些置信度，尽可能地收集各种信息，然后以此为依据更新那些置信度。在这个过程的终点，我们发现自然主义最好地解释了我们拥有的证据，并向它赋予了最高的置信度。新证据有可能导致我们以后更改这些置信度，但目前为止所有自然主义的替代方案都难以望其项背。

科学利用经验主义的策略，通过观察世界来了解世界。有另一种传统与之势均力敌：*理性主义*，它认为我们能通过感官体验以外的方法来获得有关世界的真正知识。

“理性主义”听起来不错，谁不想做个理性的人？但这个词的这种特定用法的意思是单凭理性去了解世界，而不依靠任何来自观察的帮助。这有几种可能的实现方式：我们可能拥有先天知识；我们也许能在无可挑剔的形而上学原则的基础上推理出事物的性质；我们也可能拥有某种天赋，能通过灵性或者其他非物理途径来洞察事物。但在更细致的思考之下，我们发现这些途径对于了解世界来说都不太可靠。

没有人生下来就是一张白纸。我们有直觉，有本能，还有用于与环境互动的内部启发式方法，这些都是在进化的漫漫长路上发展出来的——可能某些人会相信是上帝向我们植入这些东西的。误区在于将任何这类想法当作“知识”。某些想法可能是正确的，但我们怎么知道这一点？同样确定的是，我们有关世界的某些自然本能经常被发现是错误的。信赖任何这样的天赋观念，唯一说得过去的理由就是我们曾以与经验对比的方式测试过这些观念。

理性主义的另一相关途径奠基于这样的信念：世界拥有潜藏的某种合理或者有逻辑的秩序，而通过这个秩序我们可以辨别出那些必然正确的先验法则，而不需要通过收集数据来进行验证。这样的例子大概有“每个结果都有其原因”和“无中不能生有”。这个观点的动机之一是我们拥有这样的能力，可以从在世界上观察到的单独事物之中抽象出一些适用范围更广的普遍规律。如果我们像数学家或者逻辑学家那样靠演绎推理来思考的话，我们会说个别的事实不足以推导出更普遍的原则，因为有可能下一个事实就会与之矛盾。但我们似乎仍然一直能这样做。这让像戈特弗里德·威廉·莱布尼茨这样的人提出，我们一定暗中依赖某种关于事物运转方式的内在直觉。

可能的确如此。要知道我们到底是不是这样，最好的方法就是将这个信念与数据比较，然后以此为依据调整我们的置信度。

让·加尔文（John Calvin）是一位对基督教宗教改革影响至深的神学家，他提出人类拥有一种被称为“神性感应”（sensus divinatis）的能力，也就是直接感知神性的能力。神学家阿尔文·普兰丁格

（Alvin Plantinga）在他的当代论述中重提这个概念，更进一步提出这种能力为全人类所有，但在无神论者中有缺陷或者被沉默了。

上帝有可能存在并与人类以绕过通常感官的方式交流吗？当然可能。普兰丁格正确地指出，如果有神论是正确的话，那么完全有理由认为上帝会将它存在的知识直接植入到人类当中。如果我们已经确信上帝是真实的并且眷顾着我们，那么这就是相信我们能通过诸如祈祷和沉思之类的非感官的途径了解上帝的绝佳理由。在这些假定下，有神论以及这类理性主义会组成一个完全自洽的信念星球的一部分。

但这并不能帮助我们决定到底有神论是否正确。我们有两个互相竞争的论题：一个是上帝存在，而超验的体验（至少部分）代表了我们那些更接近神性的时刻；另一个是自然主义，它解释这种体验的方法与对梦境、幻觉以及其他来自感官输入与物质大脑结合得出的类似印象的解释相同。要在二者中取舍，我们需要知道哪一个更吻合我们其他与世界有关的信念。

内在而个人的灵性体验能当作否定自然主义的确凿证据的方式之一是，这样的心理状态——与某种伟大之物接触的感觉、离开自己身体的感觉、自我边界消解的感觉、与非物质的灵魂交流的感觉、加入某种宇宙的大欢喜的感觉——能够被证明为不会或者不可能源自构成它的普通物质。就像有关意识和感知的许多问题那样，这个问题在某种意义上还没有答案，但有越来越多的研究指出了那些表面上的灵性体验与大脑中的生物化学之间的直接联系。

作家奥尔德斯·赫胥黎（Aldous Huxley）在他的纪实著作《众妙之门》（*The Doors of Perception*）中，描述了他对精神药物麦司卡林（mescaline）的体验，其中包括“神圣幻象”。类似的药物，比如说乌羽玉和死藤水，都曾被长时间用于诱发灵性状态，特别是被美国原住民使用，而也有人记录过类似的效应与LSD以及裸盖菇素（迷幻蘑菇）有联系。赫胥黎觉得麦司卡林的作用增进了他的意识，去除了那些将他的心灵与更伟大的意识隔绝的过滤器。他在一生中多次回归致幻剂的怀抱，直到人生尽头，他还让他的妻子劳拉给他注射LSD，以减轻咽喉癌带来的巨大苦痛。后来劳拉回忆道，他的医生说从来没有见过患有这种癌症的病人在生命的最后时刻如此没有痛苦和挣扎，而极度痉挛才是这些病人通常在这个时刻的标志。

近年来的神经科学研究表明，赫胥黎关于麦司卡林所谓的移除过滤器作用可能走在了正确的道路上。我们倾向于认为致幻剂会刺激幻觉以及感觉，但罗宾·卡哈特-哈里斯（Robin Carhart-Harris）和戴维·纳特（David Nutt）利用功能性磁共振成像（简称fMRI）证明了这些药物的作用实际上是抑制大脑中起过滤器作用的部分包含的神经元的活动。实际上，我们大脑中的某些部分每时每刻都在制造图像和感觉，然后其他部分会抑制这些内容，以维持我们意识本身的连贯性。具体的机理尚不明确，但有证据表明某些致幻剂有利于激活血清素的某种受体，血清素是一种能帮助我们调整心情的神经递质。在这个图景中，致幻剂并没有唤起新的幻觉，而只是让我们能在意识中感知到那些本来就在我们大脑中四处游走的东西。

这并没有解决我们是否同样会有与灵性现实的直接联系而引发

的感受和幻觉这个问题。可能某些药物的作用与真正超验的体验相似，但并非它们的真正解释。确实，也许药物或者对大脑的直接物理影响可以让我们获得类似的体验，让我们能接触更广阔的现实。但在另一方面，也可能存在对超验体验的简单而优雅的解释，它不需要在任何意义上依赖于自然以外的世界。

祈祷、冥想、沉思这些活动具有深刻而非常私人的特点，要将它们与致幻剂或者神经元的活动联系起来，似乎毫无意义或者说贬低了我们自身，甚至使人失去对其进行任何形式的科学探索的欲望。但如果我们想要以相配的学术诚信继续这段通向对世界最透彻理解的旅程，我们就必须一直拷问我们的信念，考虑那些替代方案，将它们与我们能获得的质量最高的证据进行对比。超验体验有可能来自与更高层次现实的直接接触，但确定它的唯一途径就是用通过观察世界获得的知识来衡量。

第 17 章
我是谁？

所有这些有关涌现、部分重叠的不同语汇以及适用范围的讨论不仅仅是枯燥的哲学思考。它密切关系着“我们到底是什么样的人”这个本质问题。

考虑性别和性向这个在我们的自我认知中占据中心地位的问题。当我输入这些文字时，世界各地对这些话题的思考正在发生令人头晕目眩的转变。这种转变的标志之一就是同性婚姻地位的改变。在美国，1996年大比例通过的《捍卫婚姻法案》(*Defense of Marriage Act*)曾经在与联邦政府有关的事务上将婚姻定义为一名男性与一名女性的结合。众议院的司法委员会也确定这项法案的意图是“表达对同性恋在道德上的反对”。在2013年，最高法院裁定这个定义违反宪法，于是联邦政府应当承认以往被任何州正式批准的同性婚姻；两年后，最高法院认为任何独立的州对同性婚姻的禁止同样违反宪法，实际上就是在全国范围内对其进行了合法化。这样美国就赶上了加拿大、巴西、大部分欧洲国家以及其他已经将同性婚姻合法化的国家。但此时在许多国家中，同性交往仍然会带来牢狱之灾甚至死刑。

如果说婚姻是个有争议性的话题，那么性别认同带来的就是更大的挑战。随着社会观念的改变，越来越多认为自己的性别与生理性别不同的人开始决定接受自己身份认同的这一侧面，而不是隐藏起来或者努力抑制自己。某些跨性别者选择了进行医疗程序来改变他们解剖学上的结构，而其他人则没有选择这样做；无论如何，他们在心理上对自我认同性别的归属感与那些“顺性别者”（性别认同与生理性别相同的人）同样强烈。如果第一次有一位你长年认知为女性，并且以“她”来称呼的朋友，突然要求从现在开始将她认知为男性，并且用“他”来称呼，这会是一次难忘的经历。

据斯坦福大学的神经生物学教授本·巴雷斯（Ben Barres）所说，在一个学术会议上，对于他作出的一次广受欢迎的报告，听众中的一位科学家作出了这样的评论：“本·巴雷斯的工作要比他姐妹的工作好得多。”问题是巴雷斯没有姐妹；那位科学家心里想的就是巴雷斯他自己，他以前曾经是一位被称为芭芭拉·巴雷斯（Brabara Barres）的女性。这位科学家评判的是同一项工作——只是出自男性时它似乎更能给人留下深刻印象。我们对某人的观点会强烈地被我们对这个人的性别认知所影响。

无论你对于这种事情的想法是前卫先锋还是忠于传统，这是个很难习惯的转变。你认识或者自以为认识的一个作为男性的人，怎么能突然就这样宣布她是女性？这就像某一天你突然决定自己身高两米四。有些东西就是你不能决定的，它们就是它们应有的样子。难道不是吗？

——

我们如何回应那些与我们不同的人，这部分取决于我们自身的社会取向以及思维框架的基本特征。有些人带有互相宽容互不干扰的基本态度，或者是坚定的社会自由主义者，他们的观点就是接受每个个体宣布自己是什么人的权利。其他人则自然更加保守或者持批判态度，会对那些于他们而言背弃传统的行为皱起眉头。

但在这里有些东西比个人的态度更深刻：这是个与本体论有关的问题。你会认为什么类别“真正存在”，在对世界的组成中扮演了主要角色？

对于许多人来说，“男性”和“女性”的概念深深植根于世界的构成之中。事物有自然的秩序，而这些概念是秩序中无法磨灭的一部分。如果消去主义是在敦促我们宣布尽可能多的事物都是幻觉，它的反面就是*本质主义*（essentialism）：它倾向于认为某些类别是现实最底层中不可移转的特征。在历史的这个时刻，绝大多数人对于性别持有本质主义的看法，但事情正在起变化。

宗教教义是本质主义的丰富源泉。看一下全国天主教生物伦理中心（National Catholic Bioethics Center）是如何谈论“性别认知障碍”的（粗体来自原文）：

> 我们要么是男人要么是女人，这是不可更改的……寻求此类手术的人显然对于他们实际上的身份感到不适……
>
> 一个人能改变他拥有的生殖器官，但不能改变他的性

> 别。接受相反性别的激素以及去除生殖器官并不足以改变一个人的性别。性别身份不能归结于激素水平或者生殖器官，而是植根于个人特有本性的客观事实……
>
> 一个人的性别身份不能由个人主观的信念、欲望或感受所决定。它是他或者她本质上的一种职能。正如几何证明中有着几何上的前提，性别身份也是一种本体论的前提。

宣称个人性别是“本质”的一部分，也是“他们实际上的身份”的一部分，大概很难找到比这更直白的性别本质主义宣言了。

宗教并不是这种立场的唯一来源。“性别认同障碍”（Gender Identity Disorder）这个概念在1980年美国精神病学协会的《精神疾病诊断与统计手册》中首次出现，其中它被看作一种在那些性别认同与生理性别相异的人群中诊断出来的疾病。在此之前相当长的一段时间，人们就一直对那些医生认为看上去或者感觉上不对劲的小朋友施予手术或者激素疗法。直到2013年，美国精神病学协会对其的诊断才转为“性别不安症”（Gender Dysphoria），这个概念指的是对于本身性别状态在心理上的不满，而不是与所谓客观判断中个人“真正”性别的矛盾。

诗性自然主义的看法则不太一样。诸如“男性”和“女性”这样的类别是人为创造出来的，我们这样说是因为它能帮助我们理解这个世界。现实的本质是一个量子波函数，或者是一系列粒子和相互作用——不管实际上最本质的材料是什么。所有别的东西都只是锦上

添花，只是我们为了某个特定的目的创造出来的词汇。所以，如果某个人有两条X染色体并且认同自己是男性，那又如何？

这也不是说我们应该消除性别的概念。一个生理性别男但心理性别女的人不会想："男和女只是任意划分的类别，我想要怎么样就怎么样。"这些人想的是"我是个女人"。仅仅因为某个概念是由人类创造的，不代表它是一种幻象。说出"我是个女人"或者仅仅是意识到这一点，绝对是有用而有意义的。

这可能会使我们回想起后现代主义的老口号"现实是社会的建构"。在某种意义上此言非虚。社会构建的是我们说明世界的方式，而如果某种特定的说明方式用到了有用而且与现实世界相当吻合的概念，那么我们有理由将这些概念视为"真实"。但我们不能忘记在所有讨论的背后都是同一个世界，而这个世界在任何意义上都不是社会的建构。它就这样*存在*着，而我们担起的任务是探索它以及发明用以描述它的语汇。

那些认为性别转换违反了自然规律的人有时候喜欢应用某种滑坡论证：如果性别和性向都能任君挑选，那么我们作为人类的基本身份认同又会怎么样呢？我们这个*物种*也是一种社会建构？

的确，存在一种被称为"物种不安症"（Species Dysphoria）的精神疾病。它与性别不安症类似，但特征是患者确信自己从属于另一物种。有些人会认为，即使他们的外表是人类，实际上他们是一只猫或者一匹马。另外一些人更极端，会将自己认同为某种实际上不存在的物种，比如说龙或者精灵。

即使对那些相对比较开明的人来说，碰到物种不安症时也会略显烦躁："如果诗性自然主义意味着我必须装着同意那个十几岁还觉得自己是独角兽的疯外甥的话，那还真是谢谢了，我还是回到舒适的物种本质主义吧。"

然而，问题在于某种有关世界的说明方式是否*有用*，而这总是相对于某个目的而言的。如果我们是科学家，我们的目标就是描述并理解在世界上发生的事情，而"有用"此时的意思是"给出了现实某个侧面的一个准确的模型"。如果我们关心的是某个人的健康，"有用"的意思可能就是"帮助我们理解如何让一个人更健康"。如果我们是在讨论伦理和道德的话，"有用"的意思更接近于"以没有矛盾的方式系统化我们关于对错的本能冲动"。

所以说，诗性自然主义对那些认为自己是龙的人不贸然加以臧否，对于认为自己是男性或者女性的人亦是如此。它更多的是帮助我们理解应该问的是什么问题：什么样的语汇能让我们更好地理解这个人的想法和感受？有什么能帮助我们理解令这些人快乐健康的方法？抽象有关这个情况的概念最有用的方法是什么？我们当然可以想象自己诚实地去思考这些问题，最后得出结论："对不起啊，凯文，你不是只独角兽。"

那些对自我的感知与社会对他们的希望不符合的人们，他们的现实生活可能非常艰辛，而他们遇到的障碍只有他们知道。无论多少学院派的理论论证，也无法用简单的方法解决这些问题。但如果我们坚持在过时的本体论的基础上谈论这些状况的话，很有可能最后我们造成的伤害远远大于帮助。

第 18 章
推审上帝

众所周知弗里德里希・尼采（Friedrich Nietzsche）曾宣称：上帝已死。这是哲学史上少数几句被印在市面出售的T恤衫和保险杠车贴上的话之一。如果你更喜欢那种一句回嘴噎死人的风格，你也能找到一些产品上面印着：尼采已死——上帝。

但许多人认为尼采是在庆祝上帝所谓的死亡，这并不完全正确。虽然他本人没有否定这个观点，但他的确担忧其后果。尼采的这句妙语出自一篇名为《疯人》（*The Madman*）的短篇寓言，其中标题中的角色一边号哭一边跑着穿过满是不信神的人的市场。

> 疯人跳到他们中间，用锐利的眼光刺穿了他们。“上帝到哪里去了？”他呼喊着：“我现在告诉你。我们已经将他杀了——就是你和我……”
>
> “难道我们感觉不到虚空的呼吸？难道它没有变冷？难道夜晚没有不断逼近我们？难道我们不需要在早晨燃起提灯？难道我们还没有听到正在埋葬上帝的掘墓人的喧嚣？难道我们还没有闻到神性的腐解？上帝也会腐解。上

帝已死，上帝没有复活，是我们杀了他。”

尼采和他虚构的疯人都不乐见上帝之死；如果说他们做了什么，就是在尝试让人们醒悟到真正留下来的还剩什么。

从19世纪开始，越来越多的人渐渐意识到旧秩序带来的令人安适的确定性正在开始土崩瓦解。随着科学发展出一套有关自然的统一视点，其中自然的存在和运转都不需要外部支持，许多人赞颂这一人类知识的胜利。其他人则看到了这个新纪元的黑暗一面。

科学能帮助我们活得更久、登上月球。但它能否告诉我们要去过什么样的生活，或者说明在思考天堂时淹没我们的那种敬畏感？如果我们不能依赖神灵来决定我们的意义和目的，那么这些意义和目的又会变成什么？

以严谨的方式思考有关上帝的问题，这不是什么简单的任务。上帝似乎不愿意在世界的运转中明确展露它自身的存在。我们可以争论那些被报道的神迹的真实性，但我们绝大多数会赞同神迹至少非常罕见。人们可能会觉得自己有一种内在而私密的神性体验——但这种证据除了体验过的人之外并不能说服其他人。

另外就是，人们对于上帝充满歧见。这是一个公认捉摸不定的概念。对于某些人来说，上帝很大程度上是一个人——一位全知全能全善的存在，他创造了宇宙，并且深切关注人类的命运，无论作为个体还是作为整体。其他人心中有关上帝的想法更为抽象，类似某种接近于解释性的概念，它在对世界的理解中扮演了重要的角色。

所有有神论者——也就是相信上帝存在的人——几乎一致同意的是上帝无比重要。个人的本体论中最重要的特征之一就是它是否包含上帝。对于他们来说，上帝是宏大图景的一部分。所以说，不管这个概念是否捉摸不定，我们都必须决定如何思考有关上帝的问题。

回忆一下贝叶斯推理的两个部分：在获得证据之前设定先验置信度，然后计算在相互竞争的想法下获得各种各样信息的似然度。在处理上帝问题时，这两个步骤都无比棘手。但我们没有别的选择。

为了不让问题复杂化，我们先将对上帝的各种可能想法分为仅仅两个类别：有神论（上帝存在）和无神论（不是，他不存在）。这些术语囊括了种种可能的信念，但在这里我们只想阐述一般的原则。为了确定起见，假设我们用谈论一位人物的方式谈论上帝，将他当作某种无比强大而关注人类生活的存在。

我们对有神论和无神论的先验置信度应该是多少呢？我们可以说无神论更简单：它比有神论少一种概念类别。简单的理论更好，所以这意味着我们对无神论的先验置信度应该更高（如果无神论实际上不能解释我们看到的宇宙，那么这些先验置信度会变得无关紧要，因为对应的似然度会很低）。从另一方面来说，即使上帝处于物质世界之外的某个类别之中，我们有希望利用这个假设来解释这个世界的一些特点。解释能力是件好东西，所以这可以得出有神论应该拥有更高的先验置信度。

我们就不纠结了。你可以自行设定你的先验置信度，但对于这里的讨论来说，假设我们对有神论和无神论的先验置信度几乎相同。于是所有的繁重工作都要交给似然度——也就是这两个想法在解释我们实际观察到的世界上做得有多好。

——

这就是这件事的奥妙之处。我们理应尽可能合理地想象这个世界在这两种可能性下各自会是什么样的情况，然后与世界的实际面貌相对比。这相当困难，无论是“有神论”还是“无神论”，它们自身都不是什么非常有预见性或者确切的框架。我们可以想象许多与这两个想法都不矛盾的可能宇宙。而且我们的想法已经被我们对世界有一定了解这个事实所沾染。这个重大偏见需要我们尝试去克服。

考虑有关罪恶的问题。一位大能而友善的上帝想必可以就这样阻止人类犯下罪恶，为什么他却让罪恶横行于世？这个问题有很多种可能的解答。通常的解释之一要依赖自由意志：也许对于上帝来说，人类能根据自己的意愿自由作出选择这一点更重要，即使他们最终选择了罪恶，也比强制他们一律善良要好。

然而，我们的任务不是对数据（罪恶的存在）与理论（有神论）单纯地进行调和，而是考虑这样的数据会如何改变我们对这两个竞争理论（有神论和无神论）的置信度。

现在考虑一个与我们的世界非常相似的世界，但那里不存在罪恶。那个世界里的人与我们相似，也能作出他们自身的选择，但他们总会选择从善而不是作恶。在那个世界里，相应的数据就是罪恶的缺失。对于有神论来说，这应该如何解释？

罪恶的缺失会是上帝存在的强大证据，这一点难以辩驳。如果人类单纯由自然选择演化而来，没有受到任何来自神灵的指引或者干预，我们会预计自己继承了各种各样的自然本能——有些不错，有些就不太妙。无神论难以解释世界中罪恶的缺失，但有神论却相对容易，所以这会成为上帝存在的证据。

但如果这没有问题，那么我们的确体验过罪恶这一事实就是反对上帝存在的确凿证据。如果在有神论的前提下不存在罪恶的似然度更高的话，那么在无神论的前提下罪恶存在的似然度也更高，所以罪恶的存在会增加我们对无神论正确性的置信度。

这样说来，我们很容易找到这个宇宙中的一些特点，它们能成为无神论而不是有神论的证据。想象一下在某个世界中神迹经常发生，而不是非常罕有或者完全不发生。想象一下在某个世界中全球各地的种种宗教传统都拥有完全相同的教义以及有关上帝的故事。想象一下在某个相当小的宇宙，只存在太阳、月亮和地球，没有别的恒星或者星系。想象一下在某个世界中所有的圣典都包含了准确、真实而违背直觉的种种科学信息。想象一下在某个世界中灵魂在死后仍然存活，并且经常访问生者的世界，与其互动，并讲述有关天堂生活的令人信服的故事。想象一下在某个世界中没有无常的苦难。想象在某个世界中我们拥有完美的公义，其中每个人相对的幸福状态都与他们的美德成正比。

在任何一个这样的世界中，对真正的本体论孜孜以求的人们会相当正确地将现实的这些方面看作上帝存在的证据。结论昭如日月：这些特点的缺失就是无神论的证据。

但这些证据的强度就完全是另一个问题了。我们可以尝试量化整体的效应，但我们面对着一个相当困难的障碍：有神论并没有明确的定义。以前人们曾经做出多次尝试，想法的方向大概是“上帝是我们能够想象的最完美的存在”或者“上帝是所有存在的基础，各种可能性的普遍条件”。这些想法听起来干脆而不含糊，但它们并不能给出类似“如果上帝存在，那么他会明确指引任何时代和文化中的人们如何得到恩惠的概率”这种似然度。即使有人宣称上帝这个概念本身有着明确的定义，这个概念与我们世界中的现实情况之间的关系仍然晦涩不明。

人们可以通过否定“有神论会对世界的应有之貌作出任何预测”来避免这个问题——上帝的本质是神秘的，不能被我们的头脑所理解。这并没有解决问题——只要无神论仍然能做出预测，那么证据仍然能在两者之间累积——但这的确会在某种意义上改善这个状况。然而它带来的代价高昂：如果某个本体论几乎不能作出预测，那么它最终也几乎不能解释任何东西，从而没有任何理由去相信它。

——

这个世界的某些特征能作为有神论的证据，也有些特征能作为无神论的证据。想象一下在某个世界中没有人考虑过上帝这个概念——这个想法就是从未出现过。在我们对有神论的定义下，如果上帝存在，世界就非常不可能是这样。千辛万苦创造了宇宙和人类，然后从来不让我们知道他的存在，对于上帝来说这似乎很可惜。所以完全有理由说人们对上帝的思考这个简单的事实能算作上帝真实性的某种证据。

这个例子有点奇葩，但还有更严肃的例子。想象一下在某个世界中存在着物质，但生命从未出现。或者是一个存在生命的世界，但却不存在意识。又或者另一个宇宙，它包含带有意识的生命，但这些生命在它们的存在之中找不到任何乐趣或者意义。粗粗看来，对于这些版本的现实，它们的似然度在无神论的假定下要比在有神论的假定下更高。这本书接下来的任务相当大的一部分就是解释为什么生命、意识、乐趣和意义这些特征在自然主义的世界观下其实相当可能存在。

在这里继续重复所有与有神论相关的证明或者否定也不会得到更多的结论。更重要的是理解在这个问题以及类似的问题上取得进展的基本方法。我们先列出先验置信度，确定在每个针锋相对的世界观下不同的事情发现的似然度，然后在观察的基础上更新置信度。无论对于上帝是否存在，还是对于板块漂移理论或者暗物质的存在，这个方法同样适用。

所有一切看上去很美，但我们只是容易出错、思维有限而且带有偏见的人类。有人会说拥有千亿个星系的宇宙正是上帝自然会创造的一切，而另一个人却会嗤之以鼻，并且质问道，在我们实际走到夜空之下用望远镜发现了这些星系之前，是否有人真正提出过这种预想？

我们有希望做到的就是仔细检查我们的信念星球，承认自己的认知偏差，并尝试尽可能进行纠正。有时候无神论者会指责宗教信徒只是一厢情愿——相信某种超越物质世界的力量，相信存在本身有着更高的目的，还特别相信死后的奖赏，就是因为自己希望这些事情会实现。这种认知偏差完全可以理解，而承认并尝试纠正也是明智之举。

但认知偏差在两个方面都存在。有一个大能的存在会关心自己的生活，并且决定对与错的终极标准，这个想法能抚慰许多人。但对我个人来说这不能带来丝毫安慰——我觉得这个想法非常讨厌。我宁愿生活在这样的一个宇宙里，其中无论是创造自己的价值观还是尽我所能根据这些价值观生活下去，都是我个人的责任，而我更不愿意生活在一个上帝将价值观下达到我们手中，并且下达的方式模糊得令人发指的世界里。这种偏好可能是我否定有神论的一种无意识的认知偏差。话分两头，人生总有尽头，而这个尽头（从宇宙的尺度上来说）快要到来，并且没有希望继续下去，对于这几点我也不太满意，所以这也许会带来我倾向于有神论的认知偏差。无论我拥有什么认知偏差，在尝试客观衡量各种证据时，我都要注意这一点。在宇宙中这一小小的栖身之所，我们能做到的就只有这些了。

3

本质

第 19 章
我们知道多少？

我十二岁的时候曾经沉迷于特异功能。谁没有过呢？仅仅利用自己的心灵，就能接触并推动物体，听到其他人的心声，或者预知未来，这个概念着实令人兴奋。

我阅读了能找到的所有关于超感官知觉、意念致动、灵视和未来预知的内容——也就是所有超越常规的心灵能力。我当时是个重度漫画迷，漫画里所有英雄都有超能力，我同样沉迷科幻和奇幻故事，更不消说那些据说是人类超常能力证据的更直接的“科学”解释了。我当时希望能揭开这个奥秘，搞清楚为什么真的能做到这种事情。我喜欢那些离奇古怪得能扭转我们思考的想法，那么又有什么比仅仅用思考就能实际上扭转物体的可能性更符合这一点呢？

我当时在内心深处也是个小科学家，所以最后我决定了要走上最显然的道路——自己来做实验。

我家房子一楼有间没人用的房间，房门紧闭，我当时就在里边，家里其他人则是在别的地方忙着（我并没有说过我是个特别勇敢的小科学家）。我先从像骰子和硬币这样的小东西开始，将它们仔细地放在光滑的桌面上。然后我就⋯⋯就这样*想着*它们。我尽可能集中精神，尝试利用心灵仅有的力量在桌面上推动这些小玩意儿。很可惜，什么事情都没有发生。我转向更容易的目标：应该不需要很大的力就能动起来的小纸屑。最后我必须承认：可能有些人能单靠思考来移动别的东西，但我不是这样的人。

作为实验来说，这算不上非常严谨，但足够说服当时的我。我放弃了用意念移动物品的想法，对那些宣称拥有这一能力的人也开始抱有相当的怀疑。我没有失去对离奇古怪的想法或者去揭示深刻奥秘的那种热衷。我还是希望真的只需要思考就能移动物品，这用处很大，更不用说在科学上的魅力了。

衡量心灵现象或者超常现象可能性的调查研究堆积如山，比我自己的小实验专业得多。约・班・莱因（J. B. Rhine）是美国杜克大学的教授，他曾进行过一系列的实验来证明特异功能是真实的，并因此闻名。他的研究一石激起千层浪，许多人尝试重复这些实验却未获成功，而莱因自身则被批评实验方法过于宽松，让实验对象可以在测试中作弊。在今天，超心理学已经不被大部分学者严肃对待。魔术师兼怀疑论者詹姆斯・兰迪（James Randi）设立了100万美元的奖金，奖给任何能在受控条件下展示类似能力的人，有许多人尝试挑战，但到目前为止还没有人成功。

也不会有人能成功。特异功能的定义是允许一个人在普通的物理方式以外观察或者操控世界的精神能力，然而它根本不存在。即使不去深挖这项或那项学术研究中的争议，我们也能很有信心地这样说。

理由很简单：我们对物理定律的了解足以排除真正特异功能的可能性。

这个断言非常有力，风险可不止一星半点。历史的废纸堆上有不少说得比实际知道的多，或者预计没有几天就能知道一切的科学家：

"[我们]大概接近所有我们能知道的天文学的边沿。"

——西蒙·纽科姆（Simon Newcomb），1888

"物理科学中最重要的基本法则与事实已被全部发现。"

——阿尔伯特·迈克尔逊（Albert Michelson），1894

"物理，就我们所知，会在六个月后走到尽头。"

——马克斯·玻恩（Max Born），1927

"'我们会在世纪末之前发现完整统一的万物理论'有百分之五十的可能性发生。"

——史蒂芬·霍金，1980

我的断言与此不同（当然每个人都这样说——但这次是真的）。我并不是在说我们已经或者接近知晓一切。我是在说我们知道一些东西，这些东西足以排除别的东西的可能性，包括用心灵的力量去弯曲勺子。我们能充满信心地这样说的理由非常依赖于物理定律拥有的特殊形式。现代物理学不仅告诉我们某些东西是真的，它自己还带有能划定这些知识界限的工具，也就是我们的理论不再可靠的界限。要知道如何做到这一点，在这一章我们要深入研究现代物理学宣称宇宙运转所依据的这些规则。

——

考虑到当时拥有的知识，12岁的我其实并不算过分乐观。我们的心灵能够触碰影响或者观察外部世界的这个想法看上去完全可行。我们每天都看见一个地方的东西会影响远处别的东西。我拿起遥控器按了几下按钮，我的电视就打开了然后转换了频道。我拿起电话，一下子就能与千里之外的人聊天。显然不可见的力量能透过技术的力量跨越千里——那么心灵的力量又有何不可呢？

人类的心智充满神秘。不是说我们对此一无所知；智者数千年来一直在沉思心智是如何运转的，而现代心理学与神经科学也给我们带来了可观的新理解。但要说悬而未决的问题比尘埃落定的事实要多得多，这也是现实。我们做梦的时候发生了什么？我们是怎么做决定的？我们是怎么记录回忆的？情绪和感觉是如何与我们的理性思考相互作用的？那些充满敬畏的超验体验又从何而来？

那么为什么特异功能不可能？我们应该持有正确的怀疑态度，尝试通过精心实验来确定某个特殊的断言能否经受严格的审查。一厢情愿的力量十分强大，对它的警戒也合情合理。但最重要的还是对于我们知道什么不知道什么保持诚实。表面看来，读心术或者用意念掰弯勺子都不比通过电话聊天更加疯狂，比起现代技术的各种伟大成就来说更加不值一提。

承认我们不知道心智如何运转，以及记住无论心智如何运转都必须与自然规律相容，这两者之间有一道巨大的鸿沟。有些东西我们仍不理解，比如说怎么去治疗普通感冒。但没有理由认为感冒病毒就不是原子遵循粒子物理规律组成的某种特定排列。这一点知识给病毒可以做的事情划下了界限。它们不能从一个人的身体瞬间传送到另一个人的身体中，也不能自发地转变为反物质然后引发爆炸。物理定律没有告诉我们所有我们想知道的有关病毒机理的事情，但它毫无疑问告诉了我们某些东西。

就是这些规律告诉我们，一个人不能直接看到拐角后面，也不能仅凭意念飞上天空。你在人生中看到过或者体验过的所有事物——物品、植物、动物、人——都由寥寥可数的几种粒子构成，它们通过少数几种力相互作用。仅靠这些粒子和相互作用不足以支撑那些使12岁的我着迷的特异功能。更重要的是，我们知道不存在可以支撑这些现象的、仍待发现的新粒子或者相互作用。不单是因为我们还没有找到它们，更是因为如果这些粒子的特点足以让我们拥有想要的那种力量的话，那么我们应该早就发现它们了。我们知道的东西足以得出非常有力的结论，给出我们能力的限制。

——

我们不可能绝对确定知道经验世界中的任何事物。对于在新信息面前改变我们的理论这一点，我们一定要保持开放态度。

但在维特根斯坦后期的精神下，我们可以对于某些陈述拥有足够的信心，以至于认为它们实际上已经解决。有可能明天中午万有引力的方向就会倒过来，而我们每个人都会从地球上飞出太空。这是可能的——我们实际上不能证明这件事不会发生。而如果某些令人震惊的新数据或者预料之外的理论洞察迫使我们认真考虑这种可能性的话，我们就应该这样做。但在此之前，我们不去纠结这种事。

特异功能也是这样。在实验室中用仔细的实验去搜寻那些拥有读心或者意念致动能力的人，这也无伤大雅。但这也没什么意义，因为我们知道这些能力并非真实存在，就像我们知道明天万有引力不会倒转方向。

大卫·休谟在撰写《人类理解论》（*An Enquiry Concerning Human Understanding*）时，考虑过我们应该如何处理那些关于奇迹的声明，他对奇迹的定义是“对自然规律的违背”。他的回答遵循贝叶斯的精神：只有在不相信比相信更困难的时候，我们才应该接受这种声明。也就是说，它的证据应该如此确凿，以至于与接受我们认为掌管世界的规律实际上被违反了这一点相比，否定这些证据会让我们显得更为轻信。这对于特异功能同样适用：只要支持特异功能的证据要比我们支持物理定律的证据更弱（当然如此），我们对于特异功能存在的置信度就应该非常低。

这不是说科学已经到了尽头，也不是说已经没什么东西我们仍未理解。我们拥有的每个科学理论都是世界的一种说明方式，我们讲述的某种特定叙事拥有特定的适用范围。牛顿力学对于棒球和火箭来说表现不错，在原子层面上它就崩溃了，这里我们需要援引量子力学。但我们仍然在牛顿力学能处理的范围内应用它。我们向学生讲授牛顿力学，也用它将宇宙飞船送上月球。只要我们理解它在什么范围内适用，它就是“正确”的。未来的新发现也不会突然让我们觉得它在那个适用范围里是错误的。

现在我们有一个有关粒子和相互作用的理论，它叫核心理论，似乎在非常广的适用范围内有着无可争议的精确度。它包括所有在你我之中发生的事情，还有你在此刻看到所有周围的东西。它也会一直保持准确。在千年甚至百万年后，无论科学会做出如何惊人的发现，我们的子孙都不会说："哈哈，这些21世纪的笨蛋科学家竟然相信'中子'和'电磁学'。"到那时我们大概会拥有更优秀更深刻的概念，但我们现在使用的概念在适当的适用范围内仍然是合理的。

而这些概念——核心理论的原则以及作为它基础的量子场论框架——足以告诉我们特异功能不存在。

有很多人仍然信奉特异功能，但他们绝大部分在正经的思想圈子里都不被接受。我们有时候将生而为人的意义诉诸那些所谓超越物质的层面，对于这种倾向，之前的说法同样成立。金星在你出生那一天处于天空的位置不会影响你未来爱情的前景。意识是粒子与相互作用力的共同行为中涌现出来的现象，而不是世界固有的特征。另外，没有能在肉体死亡之后仍然存活的非物质的灵魂。当我们死去，这就是终点。

我们是世界的一部分。理解世界运转的方式，以及它对我们施加的限制，这是理解我们自身如何融入宏大图景的重要部分。

第 20 章
量子王国

有时科学史会被讲述为各种革命的故事，为的是戏剧性的效果，而不一定重视准确性。我们有天文学的哥白尼革命，生物学的达尔文革命。物理学曾经见证了两次完全改变了整个学科基础的革命：描述了经典世界的牛顿力学，还有量子力学。

有个故事说道，中国总理周恩来在1972年被问及他对法国大革命的影响有什么想法，他回答："现在下结论为时尚早。"这深刻得令人难以置信，事实也是如此。后来一位翻译承认，根据那个问题的实际问法，周总理想说的明显是1968年的学生骚乱，而不是1789年的革命。

然而，如果他们谈到的是20世纪20年代的量子革命的话，这句妙语就完全适用。在1965年，物理学家理查德·费曼（Richard Feynman）表达了这样的观点："我认为可以说没有人理解量子力学"，而这种感受到今天仍然适用。对于一个在预测以及解释高精度实验的结果上取得了无可比拟的成功实践的理论来说，物理学家仍然不能宣称很好地理解了它*到底是什么*，这是个相当尴尬的事实。或者至少能说，即使有些人知道它是什么，他们的观点在同行中也没有得到广泛接受。

但我们不应该为了戏剧效果来夸大量子力学的神秘。我们对这个理论有着丰富的理解，否则也不可能做出那些曾以惊人的精度被证实的预言。如果你向接受过充分训练的物理学家提出一道有关量子力学在某些特定情况下会做出什么预言的明确问题，他们就会得出唯一的正确答案。但这个理论的本质、最终的正确表述以及最终的本体论到底是什么，这仍然有着相当的争议。

这是个不幸的处境，因为误解栖身之处，误用必然跟随。在科学史上，没有别的理论比量子力学受到更多科学妄想家以及江湖骗子的误用以及滥用了——还有与艰深的概念搏斗的那些诚实人的误解。我们需要尽可能清楚地知道这个理论到底说了什么没说什么，因为它是我们目前拥有的关于世界最深刻最基本的图景。在理解我们在这个世界中获得的人类体验时，量子力学包含了我们遇到的很多问题的相关信息：决定论、因果关系、自由意志、宇宙本身的起源。

——

我们先从量子力学中每个人都赞同的部分开始：你在观察一个系统时会看到的东西。

考虑一个氢原子。这是最简单的那种原子，原子核就是一个质子，而只有单个电子受它的束缚。当我们在脑海中想象它时，很容易将它看成电子围着质子转，就像太阳系中行星围着太阳转那样。这就是原子的“卢瑟福模型”。

这个模型也是错误的，原因如下。电子带有电荷，这意味着它们会与电场和磁场相互作用。当你令一颗电子振荡时，它会发射出电磁

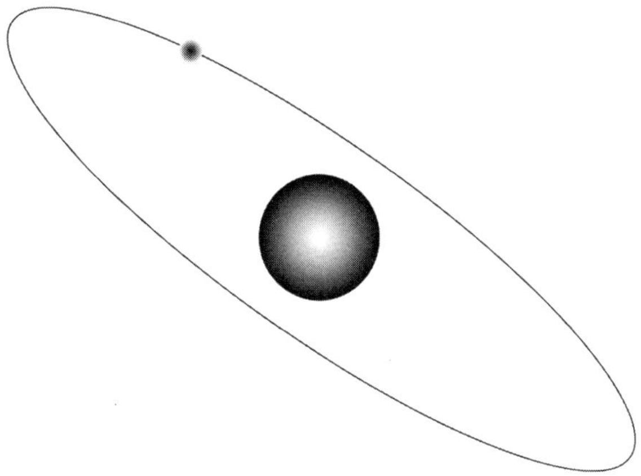

波——那就是在日常生活中实际看见的大部分光线的来源，无论这些光线来自太阳还是白炽灯。有些电子被加热，开始振荡，然后通过辐射出光线而损失能量。在我们的氢原子中，围着质子转动的电子携带一定的能量，具体取决于它离质子有多近——靠得越近，能量越低。所以远离质子的但仍被质子约束的电子会有相对更多的能量。而且它还在“振荡”，就是因为它正在围着质子转。于是我们会预期这颗电子会发射光线，在这个过程中损失能量，以螺旋运动逐渐靠近质子（我们对围绕太阳转动的行星也有同样的预测，它们会因为引力辐射而损失能量——但引力如此羸弱，总效应可以忽略不计）。

这个过程什么时候会停止？在牛顿力学的世界中，答案很简单：当电子着陆在质子上的时候。在每个原子中围绕每个原子核旋转的每个电子都应该很快螺旋式地到达中心，于是宇宙中的每个原子都应该在少于十亿分之一秒内坍缩到原子核的大小。不应该存在的除了分子，还有化学、桌子、人类和星球。

这就太糟糕了，也不是现实世界中的情况。

通过研究氢原子中的电子在什么情况下会实际通过释放电磁波丧失能量，我们能了解到底发生了什么。当你收集起它们发出的光时，你会立马发现有些古怪：你只会看到某些分立的波长。牛顿力学预言我们会看到各种可能的电磁波，它们带有我们想得到的任意波长。但我们观察到的却是每次跃迁只会释放出某些波长的光。

这意味着原子中的电子不可能沿着那种老式的轨道运动。它必定只能在某些特殊的轨道上运动，持有固定的能量。我们在它们释放出的光线中只看到某些波长，原因就是电子并没有螺旋式地缓缓向里靠近，而是从一个可以通行的轨道上自发地突然跳到另一轨道上，并且释放出一团光线来弥补轨道之间能量的差异。电子的这一行为就是“量子跃迁”。

——

好了，电子不能像经典力学的预言那样，以任意的能量围绕原子核旋转。出于某种原因，它们只会停留在某些可以通行的轨道上，拥有特定的能量。这个事实似乎举足轻重，它显然与此前在物理体系中根深蒂固的牛顿力学世界观格格不入。但数据无论何时都理应压倒我们的期望；如果要解释桌子以及原子构成的其他物体的稳定性，我们必须想象存在某些固定的电子轨道，那就这样做吧。

下一个问题是：是什么令一个电子从一个轨道跳到另一个轨道？

这在什么时候会发生？电子怎么知道时候到了？电子的状态是否还包含了所在轨道以外的信息？

花费了不少天才和努力，我们才搞清楚了这些问题的答案。在这里，物理学家被迫抛弃我们所说的物理系统的“状态”这个概念——也就是对于系统当前情况的完整描述——转而用截然不同的某种东西来代替。更糟的是，我们必须重新发明一个之前看起来相当直白的概念：*测量*，或者说*观察*。

我们所有人都以为自己知道这些术语的意义，但在经典力学中它们没有任何特殊之处。至少在原则上，我们能随心所欲地以任意精度测量有关系统的任何东西。在量子力学中就不行了。首先，在任何一次实验里只能测量某些特定的东西。比如说，我们要么可以测量粒子的位置，要么可以测量粒子的速度，但不能同时测量两者。而当我们进行测量时，只能获得某些特定的结果，具体结果依赖于物理上的具体场景。比如说，如果我们测量一颗电子的位置，它可以处于任何一个地方；但当它在原子中转动时，我们去测量它的能量的话，只能得到某些离散的值（这就是“量子”这个词的来源，因为在这个领域发展的早期，物理学家十分热衷于电子在原子中的行为；但并不是所有的可观测量都会得到分立的结果，所以这个名字有点不太恰当）。

在经典力学中，如果你知道系统的状态，你就能准确预测任何测量的结果。在量子力学中，系统的状态是所有可能的测量结果的*叠加*，也被称为系统的“波函数”。波函数是你进行测量可能得到的所有结果的组合，每种结果都有不同的权重。比如说，电子在原子中的状态就是所有能量固定的可行轨道的某种叠加。代表了某个量子态的叠加，它的权重有可能会聚集在特定的结果上——有可能电子几乎完美地位于某个拥有特定能量的轨道上——但原则上每个可能的测量结果都能成为量子态的一部分。

量子力学是从经典力学出发的一个深刻转变，由此，即使我们确切地知道系统的状态，也不再能够完美预测实验的结果。量子力学告诉我们的是，在观察某个拥有特定波函数的量子系统时，得到某个特定结果的*概率*。我们并不是因为只拥有系统不完全的信息才不能进行完美的预测；这单纯就是量子力学允许我们能做到的一切。

这种量子概率与平常的经典概率非常不同。我们回到玩扑克牌的例子。在某一局的结尾，你的对手赌了把大的，你需要决定到底你的手牌能不能击败他。你不知道他的手牌是什么，但你知道所有的可能性：什么都没有、一对、三条，等等。根据对手在对局至今的表现，以及一开始抽到各种手牌的可能性，你可以根据贝叶斯的法则，向对手手牌的各种可能性赋予不同的概率。量子态跟这个很类似，但有着关键的差异。在（经典的）扑克游戏中，你不知道你的对手手头上是什么，但他的手牌是*确定的*。当我们说某个量子态是叠加态时，我们的意思不是“它可以是这些可能性之一，我们不知道是哪个”。我们的意思是“它是所有这些可能性同时存在的一个加权组合”。如果你能想办法玩到“量子扑克”的话，你的对手有可能真的会同时拥有所有可能手牌的某种组合，只有他向你出示手牌让你观察时，他的手牌才会固定为某种特定的可能性。

如果这些东西让你头痛的话，不只你一个人如此。量子力学的建立花了很长时间，而我们现在还在争论它的含义到底是什么。

——

想象一下桌子上有个台球。通常你会觉得有种被称为“台球的位置”的东西。在量子力学中，不存在这样的事物。如果你想通过观察来确定它的位置，你的确会*看见*它位于这个或者那个地方。但当你没去看它的时候，台球没有位置；它只有一个波函数，是所有它的可能位置的叠加。这有点像真正意义上的波浪，它安坐在桌面上，波浪最高的地方，你观察时看到台球的机会也最大。如果你预先知道波函数是什么，你可以预测它位于此处或彼处的概率。对于像台球这样真实世界的大型物体来说，它们典型的波函数会在桌面上某个特定的位置有一个尖峰。这个“最有可能”的位置在随着时间演变时会遵守经典力学的法则，符合牛顿和拉普拉斯的想法。但也有可能当你去看它的时候，你会在别的地方看到它。

说得轻点，这个状况也不太令人满意。量子力学，或者至少是物理系学生学习的第一门相关课程上教授的那种量子力学，会说系统的状态有两种完全不同随时间演化的方式。

在我们没有观察系统时，发生的是第一种演化。这时波函数遵循一个方程——就是薛定谔方程，它的名字来自奥地利物理学家埃尔温·薛定谔（Erwin Schrödinger），他后来因为在思想实验中折腾猫而闻名于世（需要强调，那不是现实中的猫）。这个方程最一般的形式如下：

$$i\hbar\partial_t|\psi\rangle = \hat{H}|\psi\rangle$$

它有着独特的美丽。$|\psi\rangle$ 这个符号代表的是量子态。方程的左边问的是“量子态会如何随着时间变化”，而方程的右边提供了一个答案，是对量子态本身施行某种运算而得到的。这类似于牛顿赫赫有名的“力等于质量乘以加速度”，在这里，力决定了系统会如何随时间变化。

遵循薛定谔方程的演化与经典力学中系统状态的演化很相似。这种演化既平滑又可逆，而且是完全确定性的；拉普拉斯妖能毫无障碍地预测这个状态的过去与未来。如果这就是故事的全部的话，量子力学就没有那么麻烦了。

但根据教科书中的讲解，量子态还有另一种完全不同的演化方式，也就是量子态被观测时的演化。我们给本科生讲课时，会说在这种情况下，波函数会“坍缩”，而我们得到的是某个特定的测量结果。这样的坍缩很突然，而演化是非确定性的 —— 即使知道之前的状态，你也不能完美预测接下来的状态。你手头上只有概率。

尽管出现了概率，量子力学的预测可以无比准确。比如说，我们能用一类实验测量电磁相互作用的强度，比如说测量原子在放出电子时受到的反冲力。然后我们可以用这项测量来预言另一个实验的结果，比如说电子在磁场中的进动速度是多少。最后，我们可以将预测的结果与实际观察到的进行对比。结果的吻合程度简直叹为观止：

测量值 / 预测值 =1.000000002

观察与预测的结果不完全一致，因为实验有误差，还因为理论计算做了近似。但信息很明确：量子力学不是什么随随便便怎么都行的活计。它无比精准，毫不留情。

第 21 章 诠释量子力学

量子力学真正困扰我们的是在这个理论中竟然出现了“观察者”这个词。

到底什么才算是“观察者”或者“观察行为”呢？显微镜算不算，还是必须有一名有意识的人类去使用它才算？松鼠算不算？摄像机呢？如果我只是瞥了一眼，而没有仔细观察，那又如何？到底“波函数坍缩”在什么时候才会发生？（我没有吊你的胃口，现代几乎没有物理学家认为“意识”与量子力学有任何瓜葛。有几个不循常规的人这样想，但他们是绝对少数，不能代表主流意见。）

这些问题总称为量子力学的*测量问题*。即使对它进行了数十年的苦苦思索，物理学家仍然没有在如何解决这个问题上达成一致。

他们有些想法。其一就是提出，即使波函数在预测试验结果时扮演了重要的角色，它实际上并没有代表物理现实。可能在波函数以外，有一种方法能更深刻地描述这个世界，用这个方法描述的系统演化在原则上会是完全可以预测的。这种可能性有时候被称为“隐变量”诠释，因为它提出我们只是还没有确定能最好地描述量子系统状态的真正方法。如果这个理论正确，它必须是非定域性的——系统的某些部分必须与位于空间其他位置的部分有直接的相互作用。

更激进的做法是彻底否认存在一种底层现实。这就是量子力学的*反实在论*诠释，因为它仅仅将整个理论看作预测未来实验结果的记账工具。如果你问反实在论者量子力学的知识是*有关*当前宇宙的哪个方面的话，他们会告诉你这不是一个合理的问题。在这个观点下，量子力学并没有描述底层的什么"事物"；我们被允许讨论的只有实验测量的结果。

反实在论是一步险棋。然而它的拥护者至少有像尼尔斯·玻尔（Niels Bohr）这样的权威人物，他是量子力学的祖父。他的观点可以这样描述："并没有什么量子世界，有的只是一个抽象的物理描述。认为物理的任务就是发现自然到底*是什么*，这个想法有问题。物理关心的是我们能*谈论*关于自然的什么事情。"

可能反实在论最大的问题就是很难理解这个立场怎么能让我们保持前后一致。说我们对自然的理解仍不完全是一回事，但是说自然这种东西根本不存在，那就是另一回事了。不说别的，说这话的又是什么呢？即使是玻尔，在他上面的话里也提到我们能谈论"有关自然"的东西。这似乎暗示了存在某种叫"自然"的东西能供我们讨论。

幸运的是，我们还没有穷尽所有可能性，其中最简单的就是认为量子波函数不是什么记账工具，也不是众多量子变量之一；波函数就是直接代表了现实。就像牛顿或者拉普拉斯会将世界看成一系列粒子

的位置和速度那样，现代量子物理学家可以将世界看成一个波函数，完毕。

这种直白的量子实在主义可谓作风硬朗，但它的困难在于测量问题。如果万物都只是波函数，那是什么让量子态“坍缩”，而测量这一行为又是为什么如此重要？

在20世纪50年代，一位名为休·埃弗里特三世（Hugh Everett Ⅲ）的年轻物理学家提议了一个解决办法。他提出，只有一种量子本体，就是波函数，它也只有一种演化的方法，就是通过薛定谔方程演化。不存在坍缩，系统与观测者之间没有根本性的分隔，观测行为毫无特殊地位。埃弗里特宣称，量子力学与确定性的拉普拉斯式世界观契合无间。

但如果这是正确的话，为什么对于我们来说波函数似乎会在观察时坍缩呢？用现代的术语来说，这个关键可以追溯到量子力学的一个特点，叫量子纠缠。

在经典力学中，我们可以认为世界的不同部分都拥有自己的状态。地球在特定的位置以特定的速度围着太阳转，火星也有它自己的位置和速度。量子力学的叙事则大不相同。并不是地球自己有一个波函数，火星又有另一个，如此等等遍及整个空间。只有一个波函数同时描述了整个宇宙——我们毫无保留地将它称为“宇宙的波函数”。

波函数就是我们对每种可能的测量结果赋予的一个数值，这种测量结果可以是粒子的位置，而这个数值告诉我们获得相应结果的概率。具体的概率就是波函数值的平方[1]，这就是著名的玻恩定则，以德国物理学家马克思·玻恩（Max Born）命名。所以宇宙的波函数也就向宇宙中所有物体在空间中的所有可能的分布赋予了一个数值，对于“地球在这里，火星在那里”有一个值，对于“地球在另外的那个地方，火星又在别的某个地方”又有另一个值，如此等等。

所以说，地球的状态有可能与火星的状态纠缠。对于像行星那样的宏观物体来说，这种可能性不会以显眼的方式出现，但对于基本粒子等更小的物体来说，这时时刻刻都在发生。比如说我们有两个粒子甲和乙，每个粒子带有顺时针或者逆时针的自旋。宇宙的波函数可能会向甲顺时针自旋以及乙逆时针自旋赋予50％的概率，而对甲逆时针自旋以及乙顺时针自旋赋予另外50％的概率。如果我们测量其中一个粒子的话，我们不知道会得到什么结果；但我们知道，一旦测量了其中一个粒子，另外一个粒子必然拥有相反的自旋。它们之间互相纠缠。

埃弗里特说，我们应该以字面意义接受这一套量子力学的形式体系。波函数不仅描述了你将要观察的系统，它也描述了*你本人*。这意味着你可以处于叠加态之中。埃弗里特提出，当你对某个粒子进行了测量，看看它的自旋到底是顺时针还是逆时针的时候，它的波函数并没有坍缩为某种特定的可能性，而是平稳地演化进入了一个纠缠的叠加态。它的一部分是“粒子带顺时针自旋”以及“你看见了粒子顺时针自旋”，而另一部分则是“粒子带逆时针自旋”以及“你看见了粒子

---

1. 译者注：更准确地说，因为波函数的值可以是复数，在这种情况下，概率是波函数值的模（衡量复数“大小”的一种方法）的平方。

逆时针自旋”。这个叠加态的两部分都实际存在，而它们会继续存在并且随着薛定谔方程的要求而演化。

于是，最后关于“世界到底是什么”这个关键的本体论问题，我们拥有了一个终极答案的候选者。至少在更好的理论出现之前，它就是一个量子波函数。

——

埃弗里特对量子力学的这一单刀直入的处理手法——只有波函数和平滑演化，没有新变量，没有不可预测的坍缩，也没有对客观现实的否定——又被称为*多世界诠释*。宇宙波函数的两个部分，在其中一部分你看到了粒子顺时针自旋，在另一部分你看到了粒子逆时针自旋，它们随后会各自完全独立地演化。它们之间在未来不会有任何交流或者相互影响。这是因为你和这个粒子与宇宙的其他部分发生了纠缠，这个过程又叫*退相干*。波函数的不同部分就是不同的“分支”，所以为了方便，可以说它们描述了不同的世界。（在“自然世界”的意义上，还是只有一个“世界”，它被宇宙的波函数所描述，但这个波函数有很多不同的分支，而它们各自演化，所以我们将这些分支称为不同的“世界”。我们的语言还没有赶上我们的物理。）

量子力学的埃弗里特-多世界诠释有很多优点。它在本体论上简洁明了，只有量子态和它唯一的演化方程。它完全是确定性的，尽管单独的观察者在实际观察之前不能分辨他们到底处于哪个世界，因此人们做预测时必然会部分涉及概率。而它对类似测量过程的事物也没有遇到解释上的困难，同样也不需要有意识的观察者的参与才能完成类似的测量。万物都是波函数，而所有波函数都以同样方式演化。

当然，这带来的宇宙数量大得可怕。

很多人反对多世界诠释，就是因为他们不喜欢有大量的宇宙存在这个想法。特别是这些宇宙还不可观测——理论预言了它们的存在，但没有任何可行的办法能看到它们。这种反对意见不算深思熟虑。如果我们最优秀的理论预言某件事是真的，那么我们就应该对它现实中的真实性赋予相对高的贝叶斯置信度，直到有更好的理论出现。如果你对多重宇宙有着本能或者先验上的反感，那么请务必去研究量子力学更好的表述。感觉不爽并不是有原则的立场。

要心安理得地接受多世界诠释，关键在于要领会到这个诠释并没有先从量子力学的表述出发，再往里强加一个大得荒谬的多重宇宙。在量子力学的表述中，所有这些额外的宇宙都已存在，至少有潜在的可能性。量子力学将单个物体描述为不同测量结果的叠加。宇宙的波函数自然也包含了整个宇宙处于这种叠加态的可能性，然后我们选择将其称为"多重世界"。许多其他版本的量子力学需要花大力气才能摆脱这些多重世界——通过改变整个动力学，或者加入新的物理变量，又或者否认现实本身的存在性。但在解释和预言的能力上，这并没有带来多少好处，而且会使原本简单的框架变得不必要地复杂——至少对于埃弗里特的支持者来说。

这不是说我们没有充足的理由对埃弗里特式的量子力学感到忧虑。据埃弗里特所言，波函数分支为不同的平行世界，这并不是一个客观性质；它只是谈论底层现实的捷径。但到底是什么决定了划分各个宇宙界限的最优方法？为什么我们看到从中涌现的是一个非常接近经典力学规则的现实？这些问题完全值得认真对待——尽管对于多世界诠释的坚定支持者来说，这些都很好回答。

对于宏大图景而言，这场讨论带来的收获包含两件重要的事情。其中之一是，尽管我们还没有一个在最基本层面上对量子力学的完整理解，但在我们目前对它的理解中，没有什么东西必然会否证决定论（未来仅由现在决定）、实在论（存在一个客观的真实世界）或者物理主义（这个世界是纯粹物理的）。所有这些牛顿–拉普拉斯式如同钟表的宇宙拥有的特征，在量子力学里仍能就此保持正确——但我们并不完全确定。

另外一点要记住的，就是量子力学的所有诠释都拥有的共同特点：我们观察宇宙时看到的东西，以及我们没有观察宇宙时描述它的方式，两者其实截然不同。在数世纪以来人类知识的不断进步中，我们偶尔会被迫大幅度重构我们的信念星球，以容纳一幅物理宇宙的新图景。量子力学当然算得上这样的进步。在某种意义上，它是最终的大统一：其中最深层的现实不仅不包含像“海洋”或者“高山”这样的东西，连类似“电子”和“光子”这种东西也被排除在外。存在的只有量子波函数，其他一切都只是方便的说明方式。

第 22 章
核心理论

据我们目前所知，量子力学就是宇宙运作的方式。但量子力学不是有关世界的一个特定理论；它是一个框架，从中可以构建具体的理论。就像经典力学中包括了行星围绕太阳的运动理论和电磁学理论，甚至包括爱因斯坦的广义相对论，同样，有不可胜数的粒子物理模型也算得上是“符合量子力学”的。如果我们想知道世界的真正运转方式，我们就要问一个问题：“是*有关什么*的量子力学理论？”

你的第一个猜测可能是“有关粒子和力”。例如，当我们谈论原子时，位于中心的原子核就是一堆被称为*质子*和*中子*的粒子，而围绕原子核旋转的是被称为*电子*的粒子。质子和中子被一种力（核力）互相束缚在一起，而电子被原子核以另一种力（电磁力）束缚，最后每样东西被拉向所有别的东西，原因是又一种力（万有引力）。对于构成世界的东西，也就是有关现实的量子理论描述的基本构件来说，粒子和力算是合理的猜测。

这很贴近事实了，但还不完全是。我们有关世界的最优秀的理论——至少在包含日常体验的适用范围里——在大统一方面要更进一步，它宣称粒子和力两者都来自*场*。场是一种在空间中无限延伸，在每一点处都取某个特定数值的东西。现代物理学表明，组成原子的粒子和力都由场派生而来。这个观点被称为*量子场论*。正是量子场论让我们确信自己不能用心灵的力量去扭曲勺子，还有确信我们已经知道组成你我的所有部件。

——

那么场由什么组成？不存在这样的东西。正是场组成了所有别的东西。总有可能存在更深的层次，但我们还没有发现。

自然中的力来自充满空间的场，这一观点并不难接受。正是我们的老朋友皮埃尔-西蒙·拉普拉斯第一个证明了牛顿的万有引力理论可以被认为是描述了一个“引力势能场”，它被宇宙中运动的物体所推动，而反过来又拉动了这些物体。电磁学，也就是在19世纪被苏格兰物理学家詹姆斯·克拉克·麦克斯韦以及同时代人建立的那个理论，也统一描述了电场和磁场。

但粒子呢？粒子和场表面上南辕北辙——粒子只能处于一点，而场处于所有地方。肯定不会有人告诉我们像电子这样的粒子会来自某种充满空间的“电子场”，不是么？

然而你接下来看到的就是这样，而且这个联系来自量子力学。

量子力学的基本特征就是，我们观察某件事物时看到的东西与我们没有观察时描述它的方式截然不同。当我们测量围绕原子核旋转的电子的能量时，我们会得到确定的答案，而这个答案是特定几个被允许的结果之一；但当我们没有观察它的时候，电子的状态一般来说是所有这些可能结果的叠加。

场也是这样。根据量子场论，组成世界的是几种基本的场，而宇宙的波函数就是这些场能取的所有可能值的叠加态。如果我们去观察量子场——非常小心，使用足够精确的仪器——我们会看到单独的粒子。对电磁场来说，我们将对应的粒子称为"光子"；对引力场来说就是"引力子"。我们从未观察到单独的引力子，因为引力与其他场的相互作用过于微弱，但量子场论的基本结构向我们保证引力子是存在的。如果一个场在时间和空间中的每一点都取固定的值，我们不会看到任何东西；但当这个场开始振荡，我们就能以粒子的形式观察到这些振荡。

场以及相关的粒子有两种基本类型：玻色子和费米子。玻色子，例如光子和引力子，可以一个叠一个组成力场，比如说电磁相互作用和引力。费米子则会占据空间：每种费米子在同一时刻同一位置只能存在一个。费米子，例如电子、质子和中子，组成了像你我、椅子和行星这样的实体物质，也向它们赋予了固实这一性质。作为费米子，两个电子不能同时处在同一个地方；否则由原子组成的物体会就此坍缩到微观尺度。

无论你我、地球和其他身边能看到的东西，组成它们的普通物质实际上只牵涉三种物质粒子以及三种力。原子中的电子被电磁力束缚在原子核周围，而原子核本身由质子和中子构成，被核力维系着，而当然所有东西都能感受到万有引力。轮到质子和中子的话，组成它们的是两种更小的粒子：上夸克和下夸克。它们被强核力绑在一起，传递这

种力的粒子被称为胶子。质子和中子之间的“核力”是强核力溢出的部分。还有一种弱核力，传递它的是W和Z玻色子，它让其他粒子能与最后一种费米子——中微子——相互作用。而这四种费米子（电子、中微子、上夸克、下夸克）只是总计三代粒子中的一代。最后，背景中还潜伏着希格斯场，它负责向所有应该拥有质量的粒子赋予质量。

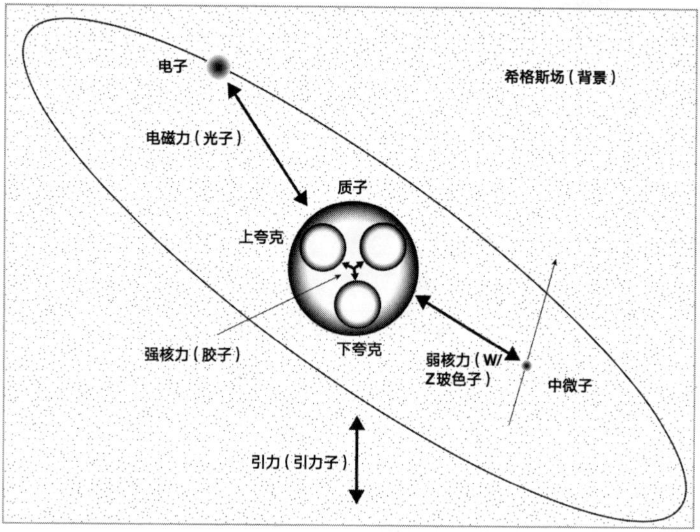

组成日常世界的所有场，以及相关的粒子

上图画出了最基本的一批场以及相关的粒子，这也是第20章的氢原子图示的一个更精密的版本。更重的另外两代费米子并未包含在内，因为它们倾向于非常迅速地衰变消失。我们在这里展示的粒子就是所有能够保持足够长时间来构成日常物品的粒子；全套粒子会在附录中谈到。

——

物理学家将我们对于这里粒子和力的理论理解分为两个宏大的理论：一个是*粒子物理学标准模型*，其中包含除引力以外所有我们谈到过的东西；另一个是*广义相对论*，就是爱因斯坦将引力看作时空曲率的理论。我们还缺少一个完整的“量子引力理论”——某个基于量子力学原则，但在经典的状态下与广义相对论吻合的模型。超弦理论是这类模型的一个有力候选，但现在我们还不知道应该如何用量子力学的语言来谈论那些引力极其强大的情形，比如说在大爆炸附近或者黑洞的内部。如何搞清楚这一点，这就是现在缠绕在世界各地理论物理学家心头的最大挑战。

但我们并未生活在黑洞之中，而大爆炸也过去很久了。我们生活在一个引力相对较弱的世界。只要引力不强，量子场论对于描述引力的效应就毫无问题。这就是我们对于引力子的存在很有信心的理由；它们是广义相对论和量子场论的基本特征无可避免的结果，即使我们还没有一个完整的量子引力理论。

我们目前理解的量子引力，它的适用范围包括我们在日常生活中体验到的所有事物。因此，我们没有理由让标准模型和广义相对论各行其是。如果只是有关你现在面前看到的东西，用一套量子场论就能确切地描述它的物理学。诺贝尔奖获得者弗兰克·维尔切克（Frank Wilczek）把它称作*核心理论*。这是有关夸克、电子、中微子、所有费米子家族、电磁相互作用、引力、两种核力以及希格斯场的量子场论。在附录中我们会有详细的介绍。核心理论不是物理学家头脑中冒出过的最优雅的构想，但它能非常成功地解释曾经在地球上的实验室中进行过的所有实验。（至少直至2015年中——我们应该随时准备迎接下一个惊人发现。)[1]

在前一章，我们得出“世界到底是什么”的答案就是“一个量子波函数”。波函数就是物质不同构型的叠加态。下一个问题是“波函数到底是有关什么东西的函数”？只要在我们日常生活的范围内，答案就是“核心理论中的费米场和玻色场”。

——

我们远远不需要整个核心理论就能描述我们几乎全部的日常生活。那些较重的费米子很快就会衰变消失。希格斯场潜伏在背景中，但要制造出一个真正的希格斯玻色子，也就是当希格斯场开始振荡时才会看到的粒子，那就需要一台造价百亿美元的粒子加速器，比如坐落在日内瓦的大型强子对撞机，而即使这样，这个粒子也会在大约一仄秒[2]内衰变。中微子四处包围着我们，但弱核力实在太弱，使得它们非常难以探测。太阳不停疯狂倾泻中微子，就这样每秒钟大概有上百万亿颗中微子穿过你的身体，但我猜你从未察觉。

几乎所有人类体验都可以用寥寥可数的几项要素来解释：元素周期表里能找到的各种原子核；围绕原子核旋转的电子；它们相互作用需要的两种长程力，也就是引力和电磁相互作用。如果你想描述在石头或者水坑、菠萝还有犰狳中发生了什么的话，你只需要这些东西。而我们也要接受一个事实，就是引力相当简单。每件东西都拉扯着所有别的东西。我们在世界上看到的所有真实结构以及复杂性都来自电子与原子核和其他电子的相互作用（还有它们不能互相堆叠的事实）。

1. 译者注：截至本书出版之时，仍未有明显违背核心理论的实验出现。
2. 译者注：一仄秒（zeptosecond）即10^{-21}秒。

例外当然存在。弱核力在原子聚变中发挥着重要的作用，这是太阳的动力，所以我们不希望它不存在。μ 子是电子质量更大的表兄，会在宇宙射线击中地球大气层时产生，它们有可能牵涉到DNA的突变率，也就是说与生命演化有关。对这些现象以及其他现象的关注非常重要，而核心理论能相当完美地解释它们。但生活绝大部分时间就是引力和电磁相互作用在不停推动电子和原子核。

在我们日常生活中体验到的物质和过程的解释上，我们很有信心核心理论是正确的。一千年之后我们可能会对物理最基础的本性有更多的了解，但我们仍然会用核心理论来谈论现实的这一层面。从诗性自然主义的角度来看，这就是我们在明确的适用范围内可以充满自信地讲述的一个有关现实的故事。我们对它并没有形而上学的确定性，这不是我们可以用数学证明的东西，因为科学永远不能严格证明什么东西。但在任何足够好的贝叶斯计算下，它正确的可能性似乎压倒一切。日常生活背后的物理定律已被全部掌握。

第 23 章
构成我们的物质

量子场论是个无比强大的框架。如果哥斯拉和绿巨人生了个孩子，而它又是描述某类物理理论的框架的话，那它就会是量子场论。

“强大”的意思不是“能把城市化为齑粉”（尽管量子场论也能做到这一点，因为它是我们手头上唯一能描述一种粒子如何转化为另一种粒子的方法，这是核反应以及派生的核武器的关键组成部分）。当我们谈及科学理论时，强大的意思实际上是*带有严格限制*——强大的理论也就是那些断定很多事情不会发生的理论。我们在这里谈到的强大，就是说能够从非常少的前提出发，在相应的范畴内得出可靠而且适用范围广泛的结论。量子场论不能摧毁它道路上的建筑；它摧毁的是我们对物质世界中可能发生的事情的种种猜测。

我们做出的断言相当大胆：

> 我们已经知道所有日常生活背后的物理定律。

类似这样的主张会引来诸多怀疑。这句话夸张自大，而且似乎不难想到一些言之成理的情况，其中我们的理解可能仍有显著的欠缺。

它听起来太像历史中俯拾皆是的那些宣言，总有这个或者那个伟大的思想家大言不惭地说追寻完美知识的旅程已经进入尾声，而每次我们都发现这些人草率得可笑。

但我们没有宣称已经知道所有物理定律，而只是知道有限几个定律，它们足以描述日常生活层面上发生的事件。即使这样听起来也太自大了。在核心理论中当然会有各种添加新粒子或者新力的方法，它们会对日常层面上的物理产生重大影响，或者甚至会有完全处于量子场论前提范围以外的种种新现象。难道不是吗？

还真没有。目前的情况的确与科学史此前发生过的情况有着实质性的不同。我们不仅拥有一个成功的理论，而且还知道它可以延伸到多远才会变得不再可靠。量子场论就是这么强大。

——

我们的大胆断言背后的逻辑相当简单：

1.我们所知的一切都说明量子场论是描述日常生活背后物理的正确框架。

2.量子场论的法则表明，不存在任何新的粒子、力或者相互作用会密切关系到我们的日常生活。我们已经把它们全找到了。

量子场论是否可能在相应的条件下不再适用？当然可能。作为忠实的贝叶斯主义者，即使是对于那些最极端的选项，我们也知道不应该将置信度一直下调到零。特别是量子场论也许不能完整描述人类的行为，因为物理本身也许就不能描述人类的行为。有可能存在某种神迹般的干预，又或者某种本身超越物质的现象会影响物质的行为。不管多少科学进展都无法完全否定这些可能性。我们能做到的就是说明物理本身已经完全足以解释我们看到的事物。

爱因斯坦的狭义相对论（与广义相对论相对）是一个将时间和空间融合，并将光速作为宇宙的一个绝对限制的理论。假设你想发明一个理论，它同时包含下面三个想法：

1. 量子力学
2. 狭义相对论
3. 只要离得足够远，空间中不同区域的行为各自独立

诺贝尔奖得主史蒂文·温伯格（Steven Weinberg）论证了，所有符合这些要求的理论在（相对来说）远距离和低能态的情况下看上去都会像是某个量子场论。不管在自然最基本最广泛的终极层面上发生了什么，在人类能探测的领域中，量子场论能准确描述世界。

所以说，如果我们关心如何描述我们周围的低能态日常世界，而又想纯粹依靠物理的话，我们就应该在量子场论的框架下钻研。

——

我们先接受量子场论在日常情境中有效的这个想法，然后要问的就是为什么不可能存在仍未被发现但会影响我们日常生活的粒子。

首先我们要确立的，就是不可能有别的实体粒子在我们周围横冲

直撞，并且以某种方式影响已知粒子的行为。然后我们要保证没有任何新的*虚粒子*或者新的相互作用能以类似方式影响已知粒子。在量子场论中，虚粒子就是那些在量子涨落中忽起忽灭的粒子，它们会影响正常粒子，但自身却不会被探测到。我们会在下一章探讨第二个问题，现在我们暂时只关心实体粒子的可能性。

我们知道不存在新的场或者粒子会在日常生活背后的物理中起到重要的作用，原因来自量子场论中被称为*交叉对称*的重要性质。这个惊人的特性能帮助我们确定某些种类的粒子不可能存在，否则我们早就应该发现它们了。交叉对称基本上就是说，如果一个场可以与另一个场相互作用（例如通过散射），那么在合适的条件下，后者可以*创造*前者对应的粒子。我们可以将它看作每个力都对应着一个反作用力这个原则的量子场论类比。

假设存在一种新粒子*X*，你怀疑它会在日常生活的世界中导致难以察觉但却无比重要的物理效应，无论是用心灵弯曲勺子的能力还是意识本身。这意味着这个*X*粒子必定与夸克和电子等一般的粒子有相互作用，不管直接还是间接。如果它不符合这一点，那么它也不可能对肉眼可见的这个世界产生任何效应。

量子场论中粒子之间的相互作用可以用*费曼图*这个优美的机制来展示。想象一下*X*粒子与电子通过交换某种别的新粒子*Y*而发生碰撞。这个示意图从左到右能看到X粒子和电子进场，交换了一个*Y*粒子，然后各奔东西。

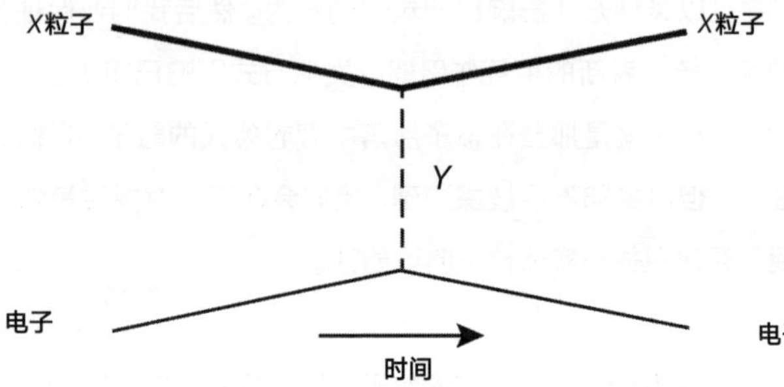

这个示意图并不仅仅画出了可能发生的事情，它还附有一个数值，告诉我们这个相互作用有多强大，在这里就是X粒子与电子发生散射的可能性大小。交叉对称告诉我们，对于某一个这样的过程，都存在另一个强度相等的过程，可以通过将费曼图旋转90°，然后将时间方向改变的线从粒子换成反粒子来得到。下一幅图展示了交叉对称的结果之一。

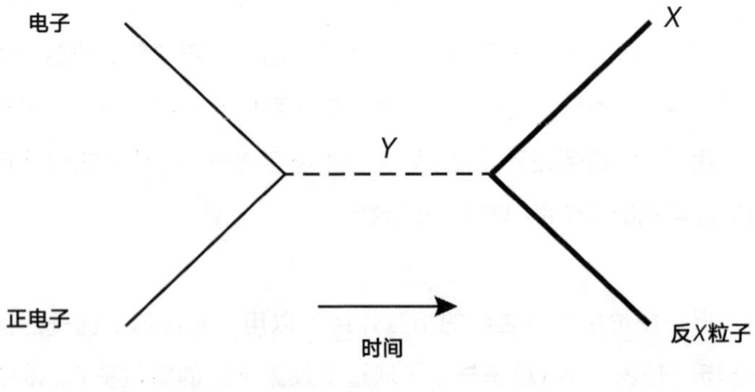

展示了电子与正电子（电子的反粒子）湮灭为Y粒子，然后Y粒子衰变为X粒子和反X粒子的费曼图。这个图与前一个图通过交叉对称发生联系。

在场论中，每个粒子都有一个电荷相反的反粒子。电子的反粒子名为正电子，它带有正电荷。交叉对称说明，第一个X粒子与电子散射的过程意味着电子与正电子湮灭后生成这个X粒子以及相应反粒子的关联过程同样存在。

接下来就是回报。我们已经做过电子与正电子的碰撞，次数不少而且做得认真细致。从1989年到2000年，一台被称为大型正负电子对撞机（今天大型强子对撞机的前身）的对撞机在日内瓦郊外的地下一直运行。在它的实验中，电子与正电子以庞大的能量相互碰撞，而物理学家谨小慎微地记录了所有的结果。他们满心希望发现新的粒子；发现新粒子，特别是预料之外的新粒子，正是让粒子物理学一直激动人心之处。但他们什么都没看到，只有核心理论已知的粒子，它们的产量数不胜数。

在质子和反质子的碰撞以及其他类型的碰撞上我们也做过同样的事情。结论清清楚楚：我们已经找到了当前最优秀的技术允许我们找到的所有粒子。交叉对称向我们保证，如果存在某些在我们身边游走的粒子，它们与普通物质的相互作用强大到会在日常事物的行为中产生影响的话，那么这些粒子应该很容易就能在实验中产生。但那里什么也没有。

很可能还有更多的粒子仍未被发现，只是它们与我们日常的世界毫无瓜葛。我们还没有找到这种粒子的事实告诉了我们这些粒子许多应有的性质，这就是量子场论的力量。任何我们仍未探测到的粒子都必须拥有下列特性之一：

1.要么它与普通物质的相互作用非常弱，以至于几乎不会现身；

2.要么它的质量非常大，导致产生它所需的碰撞能量高于现有最好的粒子加速器能达到的能量；

3.要么它的寿命非常短，导致它产生之后会旋即衰变为其他粒子。

如果任何我们仍未发现的粒子能存活足够长的时间，与普通物质相互作用的强度也足以影响日常生活中的物理的话，我们早就应该在实验中制造过它了。

我们相信存在但尚未发现的粒子之一就是暗物质。天文学家在研究恒星和星系的运动以及宇宙的大尺度结构时，逐渐相信绝大部分物质都是"暗的"——某种不在核心理论中的粒子。暗物质粒子的寿命一定很长，否则它早就衰变消失了。但它不可能与普通物质有强烈的相互作用，否则物理学家现在正在执行的众多暗物质探测实验之一早就应该发现它了。无论暗物质是什么，在决定地球上的天气时它必定不起任何作用，对于与生物学、意识或者人类生活相关的事物也是如此。

——

在这个分析中有一个明显的漏洞。有这样一个粒子，我们认为它存在，但却从未直接探测到，那就是引力子。它足够轻足够稳定，可以在实验中生成，但引力是如此的弱，我们在粒子加速器中产生的任何引力子都会被淹没在巨量的其他产生出来的粒子之中。即使这样，引力的确影响了我们的日常生活。

引力对我们而言很重要的基本原因，是因为它是一种能累积的长程力——你拥有越多能产生引力的东西，它的影响就越强大。（换个例子，对于电磁相互作用来说这就不一定对，因为正电荷和负电荷可以相互抵消，但引力总是相互叠加。）所以即使我们没有希望通过粒子的对撞制造或者探测到单个的引力子，整个地球合起来的引力效应也创造了可观的地心引力。

有没有可能存在别的力同样钻了这个漏洞，如果只看几个粒子它很弱，但很多物质一同作用下就能累积起来？当然可能，物理学家多年以来就一直在寻找这样的“第五种力”。目前他们还没找到。

追寻全新的力的有力支持来源于一个事实：普通物体仅由三种粒子构成，就是质子、中子和电子。量子场论的另一特点就是你不能随意打开或者关闭来自独立粒子的力，与之关联的场一直存在。你可以用合适的方法排列正负电荷，用以创造宏观上的力，电磁铁就是如此，但对于每个粒子而言，场总是存在。所以我们只需要寻找这三种粒子之间的力。物理学家尝试过的正是这样：他们构造了无可挑剔的精确实验，将组成各异的物体凑到一起然后再将其分开，从中搜寻自然已知的力以外任何影响的蛛丝马迹。

图中粗略地展示了直至2015年为止的结果。在两种给定类别的粒子之间任何可能的力都可以用两个数值描述：它的强度，还有它能越过的距离（引力和电磁相互作用都是长程力，本质上可以无限延伸；强核力与弱核力的力程很短，比单个原子还要小）。最容易测量的就是强大而且能越过长距离起作用的力。这就是我们已经排除的可能性。

结论就是，如果新的力能延伸超过1毫米的距离——如果你想以它弯曲勺子或者在你出生的当时当地接受土星的影响，它就必须满足这个条件——它必须比引力弱得多。这听起来也不算太弱，但要记得，引力极端微弱；每当你跳离地面，你身体内的微小电磁力就成功克服了整个地球加起来的引力。我们说某种力与引力差不多弱，就是说它的强度是电磁相互作用的十亿分之一的十亿分之一的十亿分之一的十亿分之一。比这更弱的力在日常情景中完全可以忽略。

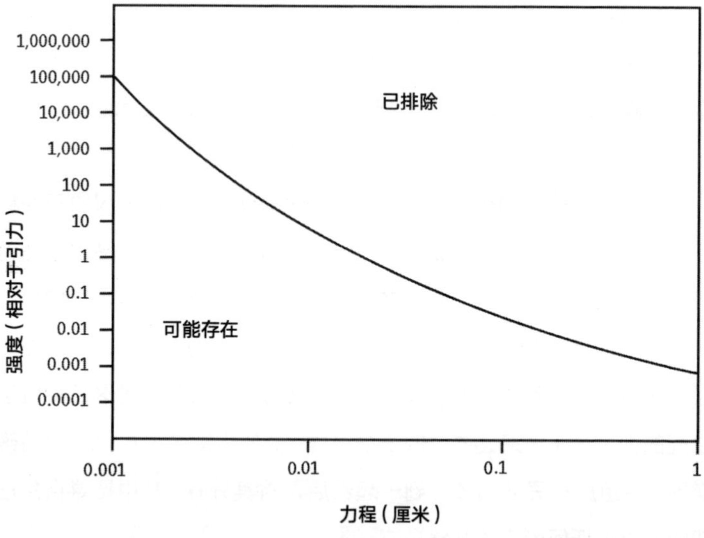

对有可能影响日常物质的新力用实验得出的限制的粗略图示。要避开目前为止的探测，新的力必须要么足够弱，要么只能在非常短的距离上起作用。

在我们日常的环境，也就是充满人群、汽车和房子的世界中，我们列出了一张完整的清单，上面有组成世界的粒子和那些足够强大可以给事物带来任何可见效应的力和相互作用。这是巨大的智力成就，整个人类种族有理由为此骄傲。

第 24 章
日常世界的有效理论

所有这些关于粒子和量子场的讨论，它们可能看似与宏大图景中有关人类的部分——那些对我们个人以及社交生活的关怀与担忧——相隔无比遥远。但我们是由粒子和场组成的，它们遵循滴水不漏的物理法则。我们想要思考的有关人类的方方面面都必须与构筑我们部件的本性和行为相容，即使这些部件并非故事的全部。理解这些粒子和场是什么以及它们之间的相互作用，这是对何为人类存在的理解中必不可少的一部分。

量子力学和相对论带来的限制让量子场论成为了一个非常具有约束力的严格框架。我们可以用这种刚性来绘测出我们对核心理论，也就是操控我们周围环境的那一组特定的场和相互作用，已经进行过什么程度上的测试。答案是它通过了相当深入的测试，足够使我们确信已经知道在它的管控下存在的所有重要的粒子和场，以及任何新发现只可能关于那些在别的地方——高能量、短距离以及更极端的条件下——出现的现象。

但即使我们不能直接看到新的粒子或者场，我们又怎么知道它们不能对我们的确观察到的那些粒子施加某种微弱但重要的影响呢？

问题的回答可以追溯到量子场论的又一个特点：名为*有效场论*的概念。在量子场论中，“有效”这个形容词的意思不是“能很好地符合数据”，而应该说，有效理论是更深层理论的一种涌现近似。有效场论是一种明确、可靠、受控的近似——这都归功于量子场论的威力。

给定某个物理体系，其中某些东西你会关心，而别的东西你不关心。有效理论就是一个单单依据你关心的那些系统特征来建模的理论。你不关心的那些特征要么太细微以致难以察觉，要么以某种方式来回变化使得所有效应平均起来被抵消了。有效理论描述的是那些从囊括更多东西的微观描述中涌现出来的宏观特征。

有效理论在各种各样的情况下都非常有用。当我们将空气描述为气体而不是一堆分子的集合时，我们实际上就是在应用有效理论，因为我们不关心单个分子的运动。想一下围绕太阳运动的地球，它包含大约10^{50}个不同的原子。要描述某种如此错综复杂的物体如何在空间中穿行，这应该是近乎不可能的事——我们怎么可能以现实的方式跟踪所有这些原子呢？答案在于我们不需要这样做，我们只需要跟踪感兴趣的唯一变量，也就是地球质心的位置。每当我们谈论大型宏观物体的运动时，我们几乎总是隐含地使用了关于它们质心运动的有效理论。

有效理论这个概念无处不在，但只有在我们处理量子场的时候它才真正大展身手。其中原因可以用诺贝尔奖获得者肯尼斯·威尔逊（Kenneth Wilson）的一项洞见来解释，他对量子场论关于“场”的本质有着深刻的思考。

威尔逊将焦点聚集在物理学家熟悉的一个事实上：对于一个不断振荡的场，你总是有办法将这些振动分解为不同波长上的贡献。当我们将一束光送入棱镜，将它分解为不同颜色时，我们做的实际上就是这一点；红光就是电磁场中波长较长的振动，而蓝光则是波长较短的振动，对于两者之间的所有颜色亦是如此。在量子力学中，对于波长较短的振动，它们振荡的速度更快，从而比波长较长的拥有更多能量。我们关心的是能量较低、波长较长的振动，在日常生活中更容易制造出来以及观察到的就是它们（除非你的日常生活将你暴露在粒子加速器或者高能宇宙射线下）。

威尔逊说，这样的话，量子场论就自动拥有一种能非常自然地创造有效理论的方法：只需要考虑场中的那些长波低能级的振动。短波高能级的振动仍然存在，但在有效理论关心的范畴内，它们所做的一切就是影响波长较长振动的行为。有效场论捕捉的是世界的低能级行为，而对于粒子物理的标准来说，我们在日常生活中看到的所有东西都发生在低能级。

比如说，我们知道质子和中子是由被胶子束缚的上夸克和下夸克构成的。夸克和胶子在质子和中子内部以高能量快速运动，它们是场的短波长振动。我们并不需要了解它们才能谈论质子和中子以及它们的相互作用。我们有一个关于质子和中子的有效场论，只要我们没有把镜头拉近到可以看到单个夸克和胶子的地步，它就完全适用。

这个简单的例子突出了有效场论有效性的重要侧面。首先要注意到我们谈论的实体——理论的本体论——在有效理论中可以与囊括更多东西的微观理论中的完全不同。微观理论里有夸克，有效理论只有质子和中子。这就是涌现的一个例子：我们在谈论流体时用到的语汇与有关分子的语汇完全不同，即使它们两者都指向同一个物理系统。

有两个特征刻画了有效理论的简洁与强大。首先，对于任何有效理论，都可能存在许多能导出这个理论的不同微观理论。这就是量子物理语境下多种实现方式的存在性。从而我们不需要知道所有微观上的细节，就能有信心对宏观行为作出断言。其次，给定任何有效理论，它能拥有的那些动力学一般来说有着严苛的限制。量子场在低能级上就没有多少种可能的行为。一旦你告诉我在你的理论中有什么粒子，我需要做的就是测量寥寥几个参数，比如说粒子的质量以及相互作用的强度，然后这个理论就被完全确定了。就像围绕太阳公转的行星那样，木星是个灼热的气体行星，火星是个冰冷的岩质行星，这些都无关紧要，它们二者都运行在使得它们的质心遵循牛顿三定律的轨道上。

这就是为什么我们对核心理论在它的适用范围内基本的正确性如此自信。即使在微观层面上发生的事情与此截然不同——可能根本不是场论，也许连我们目前理解中的空间和时间都不是——涌现出来的有效理论仍然会是普通的场论。现实最基本的构成可能与现在还活着的物理学家想象过的任何东西全然不同，但在我们的日常世界中，物理会始终依据量子场论的法则运转。

——

如果你是一位想要构建万有理论的物理学家，所有这些东西都非常令人沮丧，但反过来说就是我们对于“低能级部分物体的理论”有着非常好的掌握，特别是关于那些我们在日常生活中会碰到的东西。

我们知道核心理论不是最终的答案。它并未考虑支配整个宇宙物质密度的暗物质，也没有描述黑洞或者大爆炸时发生的事情。

因此，我们可以想象如何通过添加某种未知的“新物理”来改进核心理论，这就足以解释天体物理以及宇宙学上的现象。然后我们可以用在第12章探讨过的那种维恩图来描述不同理论的适用范围。天体物理学的需要超出了核心理论，但我们的日常体验确实在核心理论的适用范围之内。

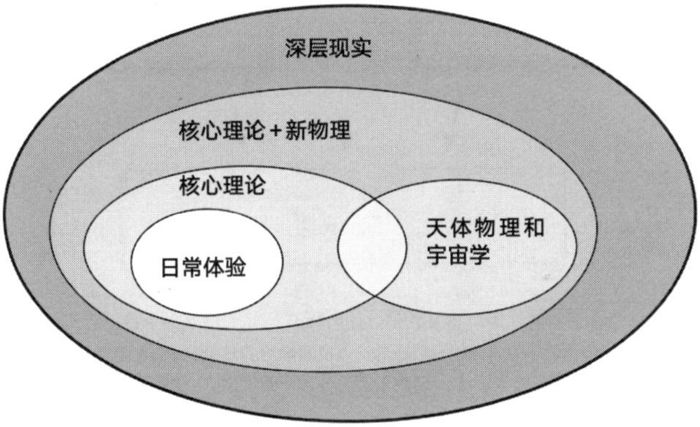

另一种表达相同概念的方法是考虑什么现象依赖于别的什么现象——用哲学家的话来说，就是什么*随附*（supervene）了什么。下图展示了这一点。天体物理的现象依赖于核心理论，但同样依赖于新物理。当然，所有事物都依赖于同一个深层现实。但关键在于，我们在日常生活中看到的涌现现象*并不*依赖于暗物质或者其他新物理。此外，它们只通过对核心理论中的粒子和相互作用的依赖来间接依赖于深层现实。这就是有效场论的力量。所有微观上量子引力的疯狂之处也许会在深层现实的深处肆虐，但所有这些都与椅子、汽车或者中枢神经

系统的行为无关，它们都已被纳入核心理论这一有效场论之中。

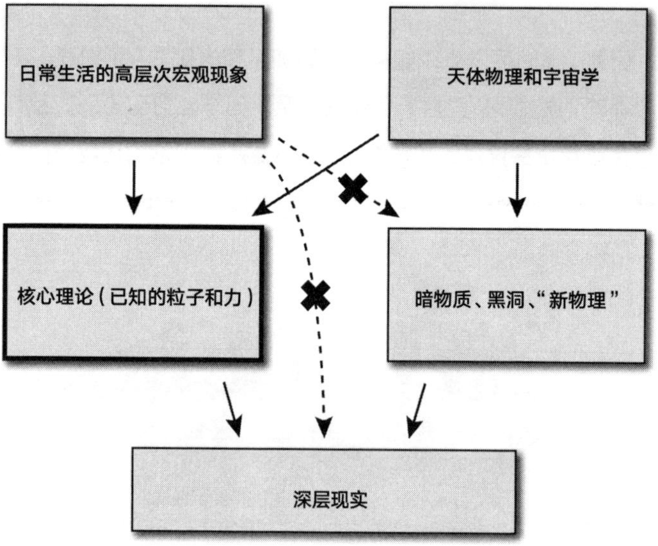

说明世界的不同方法，以及它们之间的联系。实线箭头表示理论如何相互依赖；例如天体物理学同时依赖于核心理论以及暗物质和暗能量。虚线箭头表示那些可能发生但并不存在的依赖性；日常生活不依赖于暗物质，它仅仅通过核心理论依赖于深层现实。

正是有效场论的力量，让我们大胆断言有关日常生活的物理法则已被全部知晓时，可以断定“这次情况不同了”。当牛顿和拉普拉斯沉浸在经典力学的荣耀之中时，他们很可能也考虑过它有一天会被更丰富的理论所取代的可能性。

最终的确如此——经典力学被狭义相对论、广义相对论和量子力学所取代。牛顿的理论在某个适用范围内是个不错的近似，但最终它会失效，而我们需要对现实的一个更好的描述。

新的情况就是，即使牛顿和拉普拉斯想到过他们的想法只在某个范围内是准确的，他们当时也没有办法知道这个范围能有多大。牛顿的万有引力理论对于地球或者金星来说相当适合；当我们考虑水星的轨道时，它就逐渐开始崩溃，而水星的微小进动成为了有利于爱因斯坦广义相对论的最强大证据之一。但牛顿不可能知道他的理论到底到什么地步还是准确的。

然而，通过有效场论，我们能知道这一点。有效场论描述了一组特定的场会发生的所有事情，只要涉及的能量低于某个特定的截止值，而涉及的距离大于某个特定的下限（由实验确定）。一旦我们确定了有效理论的参数，我们就知道在它的适用范围内的任何实验中这些场会发生什么事情，即使具体的实验还没有进行。

正是量子场论的这个特殊性质让我们有自信去做出有关我们知识范畴的大胆断言。

有一百万种办法可以误解“有关日常生活的物理理论已被完全知晓”这句话。这个断言的确非常大胆，尽管这一点无可辩驳，但很容易将它看成比实际内容更夸张的东西，然后否定那个被夸张的断言。它肯定不意味着我们已经知道了所有的物理学。

任凭想象力疯狂延伸，这也并不意味着我们已经知道日常层面上的所有东西如何运作。思维正常的人不会觉得我们已经或者接近完成有关生物学、神经科学或者天气的理论，哪怕是电流如何流经一般材料的理论也是如此。这些现象需要与核心理论相容，但现象本身是涌现而来的。正如我们在第12章的讨论那样，对涌现现象的理解相当于发现新知识，也就是寻找一些规律（如果存在），能允许我们描述从底层众多零部件中涌现的简单行为。与底层理论相容的这一简单要求有时也能告诉我们许多东西，就像围绕太阳运转的行星这个例子那样，动量守恒立刻告诉我们地球不会突然倾侧到某个随机的方向上，而引力以及电磁相互作用之外的长程力的缺失告诉我们不可能用心灵去弯曲勺子。然而在大多数情况下，对某个层面上理论的理解，以及对经由粗粒化与之联系起来的涌现理论的理解，两者之间有一道鸿沟。

核心理论的成功以及借助有效场论的原则对它适用范围的理解，这两者意味着我们非常倾向于（也就是以非常高的贝叶斯置信度）尝试通过与深层物理规律相容的语汇来理解宏观现象。当然例外总可能存在，但用大卫·休谟的话来说，如果你相信任何一个特定情况是真正违背核心理论的例子，对其有利的证据需要足够强大，以推翻堆积如山的否定证据。

科学永远不能完全证明任何东西，而且意料之外的事情中有可能发生，即使接受了这两点，在我们论证日常生活背后的物理法则已被完全知晓的过程中，仍然有一些微小的漏洞。不承认这些漏洞的存在会是一种智力上的不诚实，所以我们就来考察一下吧。

最直白的漏洞就是量子场论在包含日常生活的范畴中根本就是错的，比如存在某种物理作用能从一个粒子延伸到另一个，而无须通过任何类似量子场的东西。总的来说，这看似几无可能，一旦你接受了相对论以及量子力学的基本原则，你多多少少就必须接受量子场论。

在引力非常强的地方，比如说大爆炸或者黑洞处，场论很有可能失效。幸好你的客厅里没有黑洞。但为完整性起见，我们应该承认这总是有可能的。

第二个可能的漏洞可以说比第一个更合情理，那就是我们仍未完全理解量子力学这个潜在问题。有可能我们手握量子本体论的所有基本构件（波函数、薛定谔演化方程），而剩下的基础性工作就是诠释这个形式系统如何描述真实世界。在这个情况下，这个漏洞"啪"的一下就能堵上。事实上，所有量子力学的流行诠释在这里并没有什么漏洞；量子动力学没有违背有效场论的一般原则。

但因为我们对于量子力学的正确定义方式没有达成一致，可以想象所有这些流行的方案都不正确的可能性。比如说，我们可以想象量子力学的正确理论最终会告诉我们波函数并不会真的随机坍缩；可能量子测量存在某些微妙的特征，它们避开了目前为止的实验探测，但最终会在我们对生物学或者意识的理解上扮演重要的角色。这些都有可能。

另外一个漏洞就是"新物理"不仅会带来新的动力学法则，而且还有我们仍未意识到的有关宇宙初始条件的某些知识这种可能性。那是某种预先安排，而不是前定宿命。早期宇宙似乎曾是一个非常简单低熵的地方，这意味着（根据波尔兹曼对熵的定义）它可能的状态没有多少选择。但至少可以合理地想象它当时处于某种非常特别的状态，拥有某种格外微妙的相关性，而且会对我们今天的世界产生影响。我们没有直接的理由去相信这是正确的，但它值得在我们的漏洞列表中拥有一席之地。

最后，有一个更明显的漏洞，就是仅仅用物理的语言去描述这个世界可能并不足够。现实可能还有物理世界之外的东西。我们会把这种可能性的严肃讨论留到第41章。

未来进步中最有可能的场景，就是核心理论在它的适用范围内仍然能作为一个非常优秀的模型，同时我们会在更高和更低的层面，甚至别的侧面上推进，更好地理解这个世界。我们曾经认为原子由一个原子核以及一些围绕它旋转的电子所构成；现在我们知道原子核由质子和中子构成，它们又是由夸克和胶子构成。但当我们认识到质子和中子后，不会就此不再相信原子核的存在；在认识到夸克和胶子之后，也不会就此不相信质子和中子的存在。同样，即使经过了百年或者千年的科学进步，我们仍会相信核心理论，还有它的场以及场之间的相互作用。但愿到那时我们会拥有更深层次的理解，但核心理论永远不会被取代。这就是有效理论的威力。

第 25 章
宇宙为何存在？

我在很小的时候就爱上了宇宙。夜晚躺在床上准备入睡的时候，我经常会思考空间的膨胀，以及大爆炸之后不久的情况，还有可能存在的其他种类的宇宙——直到我出现这个想法：如果我们的宇宙从未存在，那会怎么样？如果不存在任何东西又会怎样？好了，这晚睡不着了。

这些问题很经典，背后潜藏着一个信念，就是宇宙的存在需要某种解释。在1697年一篇名为《论万物的终极起源》（*De rerum originatione radicali*）的短文中，戈特弗里德·莱布尼茨——他被我们记住的，是作为充足理由律以及最优原则支持者，以及微积分发明者之一的身份——他论证道我们应该惊叹于竟然有事物存在。毕竟虚无要比任何一个特定的实在事物更为简单；只有一种虚无，但却有很多种实在。离我们更近的英国哲学家德里克·帕菲特也深有同感，他说："可能看似惊人的是竟然有东西存在。"

仅仅因为这些问题很常见，并不意味着它们就是正确的问题。悉尼·摩根贝瑟（Sidney Morgenbesser）是哥伦比亚大学一位备受喜爱的哲学教授，他以格言式的智慧而闻名。有一次他被问道："为什么会有东西存在，而不是什么也没有？”

“如果什么也没有，”摩根贝瑟立即回答，“你还是会发牢骚。”

不提这些担忧和妙语，摆在我们面前的有两个有趣的问题，听起来差不多但在重要的地方有分歧。

1.宇宙是否*有可能*就这样存在？我们是否至少能想象一些合理的场景，其中宇宙就这样只依靠自身*存在*，还是为了解释它的存在，我们必须想象宇宙之外的某种东西？

2.宇宙存在的*最合理解释*是什么？如果我们需要利用宇宙之外的东西来解释它的存在的话，那件东西又是什么？如果不利用任何额外的东西，这样会不会更好或者更简单？

从亚里士多德开始，宇宙存在的这个事实经常被引用为支持上帝存在的证据。这个论证说，宇宙是独一而偶然的存在，它完全可能不存在。所以必定有什么东西可以解释这个宇宙，它又有自己的解释，由此在因果链条上能不断追溯。要避免跳进无限回退的无底深渊，我们需要引用一个必然的存在——它必然存在而没有别的可能性，于是无须解释。这个存在就是上帝。

当谈到宇宙时，诗性自然主义者不喜欢谈到什么必须。他们更喜欢将所有可能性摆在台面上，然后尝试找出对于每一个可能性的置信度应该是多少。也许存在一个终极的解释；也许存在一条解释的无限锁链；也许根本不存在什么终极解释。现代物理学和宇宙学的进展传递了一个相当明确的信息：不借助外力存在的宇宙没有任何问题。为什么它以目前的特殊状态而不是别的状态存在，这很值得探索。

——

让我们从相对直接而更偏向于科学的问题开始：宇宙能够就此存在，还是需要某些东西来使它开始存在？

就像伽利略教导我们的那样，现代物理学的基础特征之一就是物体可以无须任何外部原因或者推动者而移动，并且会倾向于继续移动下去。粗略地说，这对宇宙同样适用。我们应该问的科学问题不是“是什么导致了宇宙的存在”或者“是什么使宇宙继续存在”。我们想要知道的一切其实是：“宇宙的存在是否符合某些牢不可破的自然法则，或者我们是否需要寻找那些法则以外的东西才能解释它的存在？”

由于我们仍未知道宇宙的终极法则到底是什么，这个问题变得更为复杂。考虑这个与宇宙为何存在密不可分的问题：宇宙是永恒存在的，还是从某个特定的时刻开始——很有可能是大爆炸——才存在？

没有人知道。如果我们是皮埃尔-西蒙·拉普拉斯，相信牛顿的经典力学而讥讽上帝会干预自然运作的这个想法的话，答案就很简单：宇宙永恒存在。空间和时间都是固定而绝对的，并且空间中四处运动的物体发生什么事情都与此无关。时间从无限的过去延伸到无限的未来。当然你总能考虑别的理论，但在原本的牛顿物理学中，宇宙没有起点。

然后在1915年出现的是爱因斯坦和他的广义相对论。空间和时间被纳入了同一个四维时空之中，而时空并不是绝对的——它是动态的，因应物质和能量而延伸弯曲。此后不久，我们知道了宇宙正在膨胀，这让我们预测过去存在一个大爆炸的奇点。在经典的广义相对论中，大爆炸就是宇宙历史的第一个瞬间。它是时间的起点。

然后在20世纪20年代我们遇上了量子力学。量子力学中"宇宙的状态"并非只是时空和物质的某个特定的构型。量子态是许多不同的经典可能性的叠加。这完全改变了游戏规则。在经典广义相对论中，大爆炸是时空的起点；在量子广义相对论中——不管这会是什么，因为还没有人能完整地构建出整套理论——我们不知道到底宇宙有没有起点。

有两种可能性：宇宙永恒，或者宇宙有起点。这是因为量子力学的薛定谔方程其实有两种非常不同的解，对应着两种不同的宇宙。

可能性之一是时间是最基本的变量，而宇宙随着时间流逝而转变。在这种情况下，薛定谔方程的答案非常明确：时间是无限的。如果宇宙的确在演化，那么它从前也在演化，以后也会演化下去。这里没有起点也没有终点。可能曾有过一个时刻看上去像我们的大爆炸，但它可能只是一个暂时性的阶段，而在这个时间以前，宇宙可能还有更多历史。

另一种可能性就是时间并非最基本的变量，而是涌现现象。那么，宇宙可以有起点。薛定谔方程的一些解描述了从未演化的宇宙：它们就这样待在那里，毫无改变。

你可能会认为这只是数学上的一种有趣的特殊情况，与我们真实的世界无关。毕竟似乎时间显然的确存在，而它在我们所有人中间缓缓流淌。在一个经典的世界中，你会是正确的。时间要么流动，要么静止；因为时间似乎在我们的世界中流动，时间静止的宇宙这种可能性在物理上并不重要。

量子力学就不一样了。它将宇宙描述为各种经典可能性的叠加，那就像是只要将经典世界的不同可能性一个接一个叠在一起就能创造一个量子世界。想象一下，我们采用非常特殊的一组可能出现的世界：一个普通的经典宇宙的构型，但取自时间中不同的瞬间。整个宇宙在12:00的状态，整个宇宙在12:01的状态，整个宇宙在12:02的状态，如此等等——但每个瞬间之间的距离要比1分钟短得多。我们取这些构型，然后将它们重叠在一起，构筑成一个量子宇宙。

这是一个没有随时间演化的宇宙——量子态本身就是这样*存在*，永远存在不会改变。但量子态的每一个部分都*看似*正在演化的宇宙之中的某个瞬间。量子叠加态中的每个元素看上去都像是一个经典宇宙，来自某处而又去向某处。如果有人在那个宇宙中，在叠加态的每个部分，他们都会觉得时间正在流逝，就像我们现在认为的那样。时间就是可以用这种方法在量子力学中涌现。量子力学允许我们考虑这样的宇宙，它们本质上没有时间，但在对粒度更大的层次的描述中时间会涌现出来。

如果这是对的，那么时间的第一个瞬间不存在也就毫无问题了。无论如何，整个“时间”的概念也只是一种近似。

我并没有胡编乱造——这正是物理学家史蒂芬·霍金以及詹姆斯·哈特尔（James Hartle）早在20世纪80年代早期就考虑过的一类场景，当时他们帮助开拓了“量子宇宙学”的课题。他们展示了构筑这样的宇宙量子态的方法，其中时间并不是真正基本的变量，而大爆炸代表了我们所知的时间的起点。霍金接下来撰写了《时间简史》，成了现代最有名的科学家。

宇宙有起点的这个想法——无论时间是基本的还是涌现的——对于某些人来说都暗示了必定存在某种东西启动了它，而这个东西通常被看成是上帝。这种直觉被归纳为上帝存在的宇宙论论证（cosmological argument），这个想法至少可以追溯到柏拉图和亚里士多德。近年，神学家威廉·莱恩·克雷格（William Lane Craig）再次为其辩护，他将其表达为三段论的形式：

1.任何存在有开端的事物，都有原因。

2.宇宙的存在有开端。

3.所以，宇宙有一个原因。

正如我们看到的那样，论证的第二个前提可能正确也可能错误；我们就是不知道，因为我们当前的科学理解并不足以解决这个问题。第一个前提是错误的。在思考宇宙在深层次上如何运转时，“原因”不属于可以正确使用的语汇。我们要问自己的，不是宇宙是否有一个原因，而是宇宙是否有与自然规律相容的第一个瞬间。

当我们度过生活时，我们不会看到有东西突然随机出现。认为宇宙本身也不应该就这样出现的，或者至少对这个想法赋予很高的置信度，这大概情有可原。但在这个听起来人畜无害的想法背后潜藏着两个实质性的重大错误。

第一个错误就是，说宇宙有一个开端并不等同于说它突然出现。后一种说法在日常生活的观点中非常自然，但却严重依赖于某种思考时间的方法。要某种东西突然出现，这意味着在此前的时刻它并不存在，而在此后的时刻它存在。但当我们谈论宇宙时，这个"此前的"时刻根本不存在。没有这样的时刻，不会有一个时刻宇宙不存在，而在另一个时刻宇宙存在；时间中的所有时刻必然联系着存在中的宇宙。问题在于是否存在第一个这样的时刻，在时间的这个瞬间之前没有其他的瞬间。我们的直觉根本不足以处理这个问题。

换一种说法，即使宇宙有最初的时刻，说它"从虚无而来"也是不对的。这种说法在我们心中埋下了一个想法，就是有一种存在的状态叫作"虚无"，然后它转化成了宇宙。这是不对的，没有被称为"虚无"的存在状态，而在时间开始之前，也没有能叫作"转化"的东西。存在的只有一个时刻，在它之前没有别的时刻。

第二个错误在于断言了事物不会就这样突然出现，而不去思考为什么在我们体验到的世界中这种情况不会发生。是什么让我们觉得不会有一碗冰淇淋突然就在我面前出现，即使我很希望这件事发生？答案就是这会违反物理法则。这些物理法则包括守恒定律，它们说的是某些东西在时间流逝中不变，比如说动量、能量和电荷。我可以相当确定不会有一碗冰淇淋突然在我面前实体化，因为这会违反能量守恒。

顺着这些想法思考，似乎很有理由去相信宇宙不可能就这样开始存在，因为它里边有很多东西，而这些东西必须来自某个地方。将这些翻译成物理用语的话，就是宇宙拥有能量，而能量守恒——它不能被创生也不能被消灭。

这就将我们带到了一个重要的领悟，让宇宙有开端这个想法变得完全可行：据我们所知，所有刻画了宇宙的守恒量（能量、动量、电荷）都恰好是零。

宇宙的电荷是零这一点并不令人惊讶。质子具有正电荷，电子具有等量但相反的负电荷，而宇宙中质子和电子的数量似乎相等，加起来的总电荷就是零。但宣称宇宙的能量是零就完全不同。宇宙中当然有很多东西拥有正能量。所以，要总能量为零，必须存在某些拥有负能量的东西——那会是什么？

答案就是“引力”。在广义相对论中，有一个公式一下子表达了宇宙全体的能量。结果就是在一个均一的宇宙中——其中物质在大尺度上均匀散布在空间中——能量精确为零。像物质和辐射这类“东西”的能量是个正数，但与引力场（时空曲率）相关的能量则是负数，刚好足以抵消所有东西的正能量。

如果宇宙的某些类似能量和电荷的守恒量拥有非零值的话，它就不可能在时间上拥有最早的瞬间——如果不违背物理法则。这样的宇宙的第一个瞬间中会存在能量或者电荷，但它们此前并不存在，这违背了物理法则。但据我们所知，我们的宇宙并非如此。我们的宇宙就这样开始存在，在原则上似乎没有什么障碍。

——

对于宇宙是否可能不依靠外部帮助独自存在这个问题，科学提供了一个明确的答案：当然可以。我们还不知道终极的物理法则是什么，但我们对这样的法则运作方式的了解中，并没有什么东西暗示宇宙需要什么帮助才能存在。

然而，对于这样的问题，科学的答案不总能说服每一个人。他们会说："好，我们明白有一个物理理论描述了一个自给自足的宇宙，不需要外部动因来导致或者维持它。但这没有解释*为什么它实际的确存在*。要回答这个问题，我们需要放眼科学以外。"

这个攻击的角度有时候会援引基础的形而上学原则，据说它们比物理法则还要基本，而且不能被合理地否定。特别是苏格拉底之前的希腊哲学家巴门尼德（Parmenides）提出了著名的格言ex nihilo, nihil fit——"无中不能生有"。即使是卢克莱修这位在古典世界中比几乎任何人都要接近现代自然主义的罗马诗人，他也持有类似的信念。根据这种想法，物理学家能炮制出一些独立理论，其中宇宙能拥有第一个瞬间，这一点根本不重要；这些理论必然是不完全的，因为它们违反了这个备受珍视的原则。

这也许是宇宙历史上最恶劣的窃取论点的例子了。我们问的是宇宙是否有可能不需要别的东西作为原因就能开始存在。回答是“不，因为没有东西可以在没有原因的情况下开始存在”。我们怎么知道这一点？原因不可能是我们从未看见这种情况发生；宇宙本身不同于我们在生活中实际感受到的宇宙内部的种种事物。原因也不可能是我们不能想象这种情况发生，或者是不可能构造一个这种情况会发生的合理模型，因为显然已经有过这样的想象和建模。

在斯坦福哲学百科全书（Stanford Encyclopedia of Philosophy）这个由职业哲学家撰写编辑的网上资源中，“虚无”这个条目的开头就是一个问题：“为什么存在某种东西，而非虚无？”紧接着的就是回答：“有何不可？”这是一个好答案。宇宙没有任何理由不能在时间中拥有第一个瞬间，它也没有理由不能一直持续运转下去，即使它并没有得益于任何提供原因或者维护的外部影响。我们的工作一直都是考虑各种竞争理论对于我们在观察实际的宇宙中积累的信息能做出多好的解释。

换句话说，我们的工作就是从第一个问题“宇宙可以就此存在吗？”（的确可以）转到第二个更难的问题：“宇宙存在的最合理解释是什么？”

答案当然是“我们不知道”。时间可以是涌现现象，物理定律也与一个在时间上拥有第一个瞬间的宇宙完全相容，理解到这两点，也许能帮助我们解释宇宙是*如何*开始存在的，但它基本上没有告诉我们宇宙*为什么*存在。它没有告诉我们为什么这些特殊的物理定律会存在。

为什么是量子力学而不是经典力学？为什么我们似乎拥有三个空间维度和一个时间维度，还有这一堆我们发现的粒子和力？

其中的一些问题有可能从更广阔的物理语境中能得到部分答案。比如说，现代的引力理论会考虑宇宙在不同的部分拥有不同的时空维度这类场景。也许有某种动力学机制会选出4作为特殊的数字。

但这不可能是完整的答案。为什么一开始会存在这样的动力学机制？物理学家有时会幻想他们发现物理法则在某种意义上是唯一的——也就是说当前的物理法则就是唯一存在的可能性。这很可能只是不现实的白日做梦。不难想象物理法则存在的各种不同的可能性。也许宇宙是经典的而不是量子的。也许宇宙就像一个网格，一个棋盘，当时间以离散的单元经过时，每个点会忽明忽灭。也许现实的总和就是一个点，没有空间也没有时间。也许存在一个根本没有任何规律的宇宙，其中不存在任何能被认为是“物理法则”的东西。

也许这个“为什么”不存在终极的答案。宇宙就是这样，以这种特别的形式存在，这是一个天然事实。一旦我们搞清楚宇宙在最广泛的层面上的行为，就不存在任何更深的层面留待发掘。

有神论者认为他们有一个更好的答案：上帝存在，而宇宙以这种方式存在的原因就是因为上帝希望它是这样。自然主义者倾向于觉得这一点没什么说服力：为什么上帝存在？但这个问题有一个答案，或者至少说是给出回答的一种尝试，我们在这一章的开头就扼要提到过。根据这个推理思路，宇宙是偶发的；它并非必须存在，而它可以不存在，所以它的存在需要一个解释。但上帝是一个必然的存在；他的存在没有选择，所以不需要进一步的解释。

问题是上帝不是一个必然的存在，因为根本没有“必然的存在”这种东西。现实的所有这些版本都是可能发生的，其中有些拥有可以被合理推认为上帝的实体，另外一些则没有。我们不能通过对先验原则的依赖来绕过确定我们身处哪种宇宙的这个困难任务。

公平对待双方非常重要。给定一个对“上帝”含义的传统理解，宇宙竟然展现出规律这一事实，以及它展现的规律允许人类存在的这一点，在有神论下这些事情的似然度似乎要比在自然主义下更高。一位慈爱的神灵要比一个作为天然事实的宇宙更可能提供宜居的条件。如果存在一个由物理定律掌控的宇宙就是我们拥有的唯一信息，那么这项证据会将我们推向有神论的方向。

当然，这不是我们拥有的唯一证据。就像我们在第18章看到的那样，自然主义者在宇宙中发现了许多与有神论并不那么契合的地方，它们能作为对有神论的强烈否定。有神论一方如果能从“上帝会希望宜居的宇宙存在，而我们正处于这样的宇宙之中”延伸到物质世界更具体的方面，特别是那些我们仍未发现的方面的话，他们的论证会变得更有力。如果你希望断言我们所处的这类宇宙的属性为上帝的存在提供了证据，你需要相信你足够了解上帝的动机，才足以说上帝更有可能创造这一种宇宙而不是另一种。而且如果那是正确的话，我们自然会有更多的问题。上帝会希望创造多少个星系？上帝会用什么来制造暗物质？

这些问题可能会有答案，无论是在自然主义还是在有神论中。也有可能我们只能接受宇宙的本来面目而生活下去。我们不能做的就是向宇宙索求那些它可能无法给予我们的解释。

第 26 章
身体与灵魂

在与我们这个世界稍有不同的另一个世界中，我们所知道的波西米亚的伊丽莎白公主也许会是一位流芳百世的哲学家或者科学家。然而在现实中，我们所知的她的想法主要来自她与同时代的伟大思想家之间的信件往来，特别是与勒内·笛卡儿的通信。她品行高洁而虔诚，在生命的尾声担任着萨克森一个重要修道院的活跃领袖。但她还是主要以开放的思想以及提问的智慧而著称，这让她能挑战笛卡儿最有名的立场之一：身心二元论，也就是心智或者灵魂是某种身体以外的非物质实体的这个观点。她坚持要知道，如果这个观点正确的话，这两种实体是如何互相交流的呢？

今天我们可以这样表述这个问题：我们的身体由原子组成，它们又由基本粒子组成，而基本粒子遵守核心理论的方程。如果你想说心智是另一种实体，而不是一种关于所有这些粒子群体效应的说明方式，这种实体又是如何与这些粒子相互作用的呢？核心理论的方程出了什么问题，而我们应该如何改正它们？

——

在17世纪早期，神圣罗马帝国是处于现代德国中心的一个松散的城邦联盟。其中最有影响力的城邦之一就是普法尔茨选侯国，一组散落在莱茵河沿岸的城市。伊丽莎白・锡门・范・帕兰特（Elisabeth Simmern van Pallandt）于1618年在那里出生，她是普法尔茨选帝侯腓特烈五世（Frederick V, Elector Palatine）和伊丽莎白・斯图尔特（Elizabeth Stuart）的女儿，斯图尔特本人是英格兰国王詹姆士一世（James I）的女儿。在我们看来，伊丽莎白的成长过程一片动荡，但也许这就是当时中欧皇室成员的典型童年。

普法尔茨的伊丽莎白，黑尔福德修道院院长，波希米亚公主，1618—1680

伊丽莎白并没有在波希米亚长大。她的双亲在作为波希米亚统治者的一段短暂而失败的历程后，逃到了荷兰寻求庇护。伊丽莎白有一段时间由她在海德堡的祖母抚养，之后在9岁时与她流亡家庭中的其他成员搬到了海牙。在流离之中她仍努力接受了内容广泛的教育，其中包括哲学、天文学、数学、法学、历史和古典语言，她流畅的古典语言为她在兄弟姐妹中赢得了“希腊人”的绰号。她的父亲在她12岁时去世了，把她留给了一位对她漠不关心的母亲，这位母亲甚至会取笑伊丽莎白诚挚而好学的举止。她将诚实摆在宫廷派头之上的倾向大概没有给她在家中的生活带来多少和谐。

尽管以公主的标准来说，伊丽莎白并没有过上轻松或者奢华的人生，但她仍然勉力在学术和政治上保持活跃与关注。她致力社会公平，成了威廉·佩恩（William Penn）以及其他有影响力的贵格会成员的朋友和支持者，即使他们与她所属的加尔文宗有着神学上的分歧。在记录中她收到过一项缔结婚姻的邀请，来自年长的波兰国王瓦迪斯瓦夫四世（King Władystaw Ⅳ），此前她从未与他见面。波兰议会拒绝通过这项婚事，除非伊丽莎白皈依天主教，伊丽莎白不从，于是婚约就被取消了。

在1667年，她进入了黑尔福德修道院，她最终在那里晋升成为修道院院长。伊丽莎白不是那种与世隔绝的修女，而是一位活跃的慈善家和人道主义者，她将修道院贡献出来作为任何因良心而受到迫害的人的庇护所，还实质上管治了修道院周围的城镇。她在1680年去世，之前已经患有重病，但还来得及整理好她的事务，以及给她的妹妹路易丝写好一封辞别的信。

在我们这个世界，勒内·笛卡儿成为了一位流芳百世的哲学家和科学家。正如此前看到的那样，他在对物质世界的怀疑主义上走得很远，最终依靠他对自身（以及上帝）存在的信念将自己一步步引导出来。但在这里我们关心的是笛卡儿的身心二元论。

正是在《第一哲学沉思集》，也就是他确立他自身存在的同一本著作中，笛卡儿论证了心智独立于身体的想法。这个想法并非完全荒谬。生物和没有生命的物体二者显然都包含“物质”，但具有意识的生物与那些没有意识的物块之间显然有着重要的差异。一眼看来，心智或者灵魂似乎是某种与身体本身非常不同的东西。

笛卡儿的论证非常简单。他已经建立了这样的观点：我们能够怀疑许多东西的存在，包括我们正坐着的椅子。所以怀疑你自己身体的存在并没有问题。但你不能怀疑你自己心智的存在——你在思考，所以你的心智必然真实存在。而如果你能怀疑你身体的存在而非你心智的存在，它们就必须是两种不同的事物。

笛卡儿接下来解释道，身体就像机器那样工作，有着物质的各种性质，遵循运动的种种法则。心智却是完全独立的另一类实体。它不仅并非由物质组成，连在物质位面上也没有一个确定的位置。无论心智是什么，它肯定是某种与桌子椅子相当不同的东西，某种占据了一个全然不同的存在领域的东西。我们将这个观点称为*实体二元论*，因为它宣称心智和身体是两种不同的实体，而不仅仅是背后同一种东西的两个不同方面。

但心智和身体当然会相互影响。我们的心智当然会与我们的身体交流，推动身体做出这样那样的动作。笛卡儿觉得这种影响在另一个方向上也存在：我们的身体可以影响我们的心智。当时这是一个少数派立场，尽管一眼看去似乎相当难以辩驳。当我们踢到脚趾时，是身体第一个受到影响，但我们的心智当然也会体验到痛楚。对于笛卡儿二元论者来说，心智和身体并存于一场影响和回应的持续舞蹈之中。

——

伊丽莎白在1642年读到了笛卡儿的《第一哲学沉思集》，就在它被发表之后不久。她对此深深着迷，但仍有怀疑。对她来说幸运的是，(一)笛卡儿本人当时生活在荷兰，(二)她是一位公主。事情没有拖得太久，她很快就能向这位哲学家本人提出她的疑问了。

伊丽莎白的父亲在1631年逝世，留下了她的母亲伊丽莎白·斯图尔特作为这个负债累累而难以驾驭的家庭的一家之主。这位母亲经常组织招待政治家、科学家、艺术家和冒险家的沙龙。笛卡儿参加了其中一次活动，当时伊丽莎白也在场，但这位好学的年轻女士并没有提起足够的勇气去与这位著名的思想家进行直接的交谈。她后来确实向一位共同的好友谈及过她对笛卡儿最近著作的兴趣，这位朋友后来向笛卡儿传达了她的话。

拥有来自皇室的盟友总是好事，即使这个皇室家庭不再掌权而且相对贫穷。于是，在他下一次到访海牙时，笛卡儿又一次在波希米亚流亡皇后的宅邸稍作停留。然而造化弄人，当时伊丽莎白不在。但在数天之后，笛卡儿收到了她的一封信，这也是一段信件往来的开端，直至他在1650年去世。

伊丽莎白的信糅合了熟练的正式礼节以及知识分子对于拐弯抹角的反感。在几行礼貌的开场白后，她直接切入对笛卡儿的身心二元论所怀有的问题。她的行文紧迫而尖锐：

> 人的灵魂怎么能够支配他身体的精气，从而做出主动的行为呢(考虑到灵魂只是会思考的实体)？因为似乎运动的所有决断都是要么由某个移动物体的推动而做出的，要么它被移动它的东西所推动，要么被那东西表面的性质或者形状影响。前两个情况中，接触是必须的，第三种情况则需要延伸。对于接触，你完全排除了你有关灵魂的概念；延伸依我来看与非物质的东西不相容。这就是为什么我请你给出一个灵魂的定义，要比你在《第一哲学沉思集》中的更为具体。

这个问题直插心智与身体区分的核心。你说心智与身体彼此作用，这没问题。但具体如何作用？到底在细节上发生了什么？

这不单是"我们不知道故事的这一部分，但我们最终会搞明白"的问题。伊丽莎白想必不是一位物理主义者，也就是那种认为世界纯粹由物理上的物质构成的人。在1643年，没有多少人这样想。她是一位虔诚的基督教徒，非常可能会毫无疑问地相信生命中有比目视可及的世界更丰富的东西。但她同样诚实得谨小慎微，不能理解非物质的心灵到底应该如何操纵物质的身体。当一件东西推动另一件东西，两件东西需要处于同一位置。但心灵并没有"处于"什么位置上——它不是物质位面的一部分。你的心灵会有想法，比如说"我明白了——我思，故我在"。这个想法又应该如何令身体拾起一支钢笔并在纸上写下这些词语的呢？怎么才能想象某种没有范围或者位置的东西会影响一个平常实在的物体？

笛卡儿一开始的回答同时带有过分的谄媚以及某种居高临下。他希望继续与公主保持良好关系，但一开始并没有认真看待她的问题，于是给出了一个敷衍了事的说法，就是“心灵”在某种意义上就像“重量”，尽管不完全一样。他的论证如下（大意如此）：

· 我们希望知道类似灵魂这样非物质的实体能够如何影响类似身体这样物质对象的运动。

· 好了，“沉重”是一个非物质的特质，它本身不是一个物质对象。但在我们的谈话中，似乎它对物质对象发生的事情有着影响——“我不能抬起这个包裹，因为它太沉重了”。这就是说，我们向它赋予了作为原因的力量。

· 他立刻又说，当然，心灵并不就是这样的，因为心灵实际上是单独的一种实体。尽管如此，也许心灵影响身体的方式在某种意义上与我们说“沉重”影响物体的方式相似，尽管它们一个是真正的实体，另一个却不是。

如果你觉得大惑不解，这就对了，因为笛卡儿的叙述没有道理。但讽刺的是，这几乎是正确的。对于诗性自然主义者而言，“心灵”只是一种有关某些实体物质集合拥有行为的说明方式，就像“沉重”那样。问题在于笛卡儿不是任何类型的自然主义者。他的义务是解释为什么某些非物质的东西能影响某些物质的东西，而他提议的解释完全做不到这一点。

伊丽莎白不为所动。在接下来的信件中，她继续在这个话题上逼问笛卡儿，解释说她完全知道沉重的概念是什么，但无法揣摩这如何能够帮助她理解物质的身体和非物质的心灵之间的相互作用。她问，为什么一个完全独立于身体的心灵会受到身体如此大的影响——比如说，为什么“瘴气”能够影响我们逻辑思考的能力。

笛卡儿从未给出令人满意的答案。他相信心灵与身体的关系不像是船长和船的关系，其中心灵指挥着物质对象；而应该说两者“紧密相连”或者“相互交融”。而他猜想这种交融发生在解剖学上一个非常特别的位置：松果体，脊椎动物脑中非常微小的一部分，（我们现在知道）它生产褪黑素这种激素，关乎我们的睡眠节律。他关注这个具体的器官，原因在于它似乎是人类大脑中唯一融合而非分为左右两半的部分，而他相信心灵在同一时间只能体验一个想法。笛卡儿提出，松果体这个物质对象能同时被身体的“动物本能”和非物质的灵魂本身推动，并能作为两者相互影响的中介。

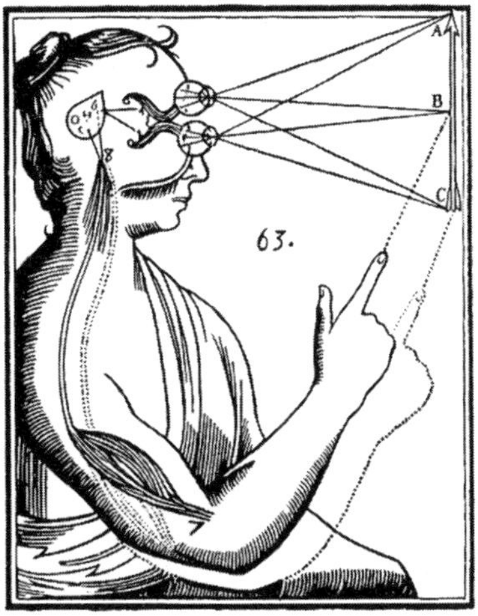

有关松果体作用的示意图，来自笛卡儿的《论人》（*Treatise of Man*），由笛卡儿本人绘制

松果体作为“灵魂的主要居所”的这个想法，即使是在那些同情笛卡儿二元论其他方面的思想家之间，也从未真正广为流传。人们一直在尝试理解心灵和身体如何相互作用。尼古拉·马勒伯朗士（Nicolas Malebranche）是一位法国哲学家，仅仅在伊丽莎白和笛卡儿开始信件往来之前几年出生。他提出上帝是世界上唯一能成为原因的客体，而所有心灵和大脑的相互作用都经由上帝的干预作为中介。就像艾萨克·牛顿后来在有关视觉的讨论中提到的那样：“要确定光是通过何等的方式或作用在我们心灵中产生颜色的幻影，这并非易事。”

——

非物质的灵魂应该如何与物质的身体互动，即使对于今天的二元论者来说，这仍然是一个富有挑战性的问题，而看清楚如何解决这个问题的确已经变得无比艰难。尽管伊丽莎白指出了这个想法的某些困难，她并未提出一个无可争议的论证去说明灵魂和身体不能以任何方式相互作用。她只是注意到了二元论世界观中的一处关键难点：很难想象某种非物质的东西如何影响某些物质的运动。宗教信徒有时会指出自然主义的某些方面仍然没有完整的解释，比如说宇宙的起源或者意识的本质，然后坚称自然主义被打败了；这样的论证被有理有据地嘲笑为“缺口中的上帝”推理，在我们对物质世界理解的缺口中寻找上帝的证据。与此类似，笛卡儿和他的后继者不能解释灵魂和身体相互作用的方式，这也没有彻底削弱二元论；假装事实如此的话，就算是沉湎于“缺口中的自然主义”之中了。

但它的确突出了二元论必须面对的一些难点。在今天，这些难点比笛卡儿的任何设想更为困难。现代科学对物质行为的了解要比17世纪的科学多得多。当代物理的核心理论以毫发无遗的方式描述了组成我们大脑和身体的那些原子和力，用的是一组严密无情的符号方程，没有给来自非物质的影响留下任何介入的余地。与此同时，我们对于非物质灵魂的说明方式却没有上升到这样的精密程度。我们当然可以合理想象灵魂以一种我们仍未探测到的方式操纵我们身体内的电子、质子和中子，但这意味着现代物理学出现了某种形式的错误，而这个错误逃过了所有进行过的受控实验。我们应该怎么修改核心理论的方程（见附录）才能允许灵魂对我们身体内的粒子产生影响？要跨过的这个台阶可是相当可观。

目前为止，伊丽莎白的问题还未得到回答。20世纪的英国哲学家吉尔伯特·赖尔（Gilbert Ryle）就曾批评过被他称为“‘机器中的幽灵’教条”的概念。对于赖尔来说，将心灵看成与身体独立的一类物体，这是个非常大的错误，不仅仅在于心灵运作的方式，还关乎它的本质。我们当然对于物质运动如何导致思想和感受这一点还没有详尽的理解。但从我们已有的理解来看，这个任务似乎要比搞清楚心灵怎么能成为另一种完全不同的存在类别要简单得多。

那些自封的二元论者采取的另一个策略就是放弃直白的笛卡儿式“实体二元论”，其中心灵和物质是两种不同的实体，然后采纳某种更微妙的立场。*性质二元论*是这样的概念：只存在一种东西，就是物质，但它可以同时拥有物理性质和精神性质。我们可以想象伊丽莎白公主对此会有什么样的反应：“那么精神性质又是如何影响物理性质的？”我们之后会更深入地处理这个问题，但不难理解为什么向性质二元论的转移仅仅将问题往后推了一步，而没有实际解决问题。

除了她对心灵与身体相互作用孜孜不倦的质疑之外，伊丽莎白还对笛卡儿后来的工作有着深厚的影响。他们的通信谈到了科学问题的技术细节，就像她写下的这段文字展示的那样：

> 我相信你会公正地收回你对我的理解的过高看法，一旦你发现我不理解水银是如何构成的，它同时如此充满活力以及如此沉重，与你给出的关于沉重的定义相反。而且，第255页插图中，当它在上面时物体E挤压它，为什么当它在下面时会抵抗这个相反的力，更甚于空气在被挤压时离开容器？

更重要的是，她有力地向笛卡儿论证了他的道德伦理哲学过于冷漠疏离，而他需要对人类日常的现实以及“激情”（我们今天所说的“情绪”）进行更深入的解释。笛卡儿将最后的著作敬献给了伊丽莎白，这本书题为《论灵魂的激情》（*The Passions of the Soul*），可以被认为是对她劝说的回应。

伊丽莎白是一位宗教改革后期的虔诚基督徒，不是一位现代的自然主义者。是她的态度和方法论，而不是她的信仰，让她成了这本书中的英雄。她不满足于认定一幅有吸引力的世界图景，比如说身心二元论，然后不加质疑继续向前。它会怎么运作？这个是怎么让那个移动的？我们是怎么样知道的？这都是些应该问的好问题，不管你对现实最基础的本性最终有什么看法。

第 27 章
死亡即是终点

核心理论关乎日常生活背后的物理，它最令人印象深刻的特点之一就是它的刚性。我们先指定一个特定的物理场景，比如说你大脑里的一个神经元中所有原子和离子的排列方式，然后这个理论就能以极高的精确度预测这个场景会如何演化。在微观尺度上，量子力学表明独立的测量结果是概率性而不是确定性的，但这些概率由理论明确确定，而当我们考虑许多粒子的总和时，整体的行为会变得无比容易预测（至少在原则上，如果拥有与拉普拉斯妖同等的智慧的话）。没有任何模糊或者未确定的部分仍待补充，这些方程预测了物质和能量在任何给定的状态下会有什么样的行为，不管是围绕太阳公转的地球，还是穿过你中枢神经系统的级联电化学脉冲。

这种刚性令伊丽莎白公主问题的现代版本比它在17世纪时更加无法忽视。无论你是相信我们自身除了核心理论的粒子别无他物的物理主义者，还是认为人类中存在某个关键的非物理部分，每个人都承认粒子是我们自身的一部分。如果你想说还有别的东西，你需要解释这种别的东西如何与粒子相互作用。换句话说，也就是核心理论在什么方面是不完全的，需要如何更改。

要严肃地解决这个问题，我们不一定需要拥有一个像物理的核心理论那样严密而发展完善的“灵魂理论”。然而，我们会需要明确定量地考虑核心理论可能做出改变的具体方式。“灵魂成分”需要有方法与组成我们的那些场相互作用，比如电子光子，等等。这些相互作用满足能量守恒、动量守恒和电荷守恒吗？物质也会作用于灵魂，还是会违背作用力与反作用力的原则？会不会在“实体灵魂成分”以外还存在“虚灵魂成分”，而灵魂成分的量子涨落会不会影响普通粒子的可测量性质？又或者这些灵魂成分不会直接与粒子相互作用，而只会影响与测量结果相关的量子概率？灵魂是不是某种在量子本体论中扮演重要角色的“隐藏变量”？

如果你想成为一位二元论者，认为非物质的灵魂在我们作为人类的存在中扮演了任何角色，那就无法避开这些问题。我们并不是在要求你给出有关灵魂本身的一个完整数学理论，以此来拉偏架；我们只是在问灵魂应该如何影响我们已有的有关量子场的数学理论。

——

我们暂时先放下非物质灵魂或者其他有可能影响我们在地球上生活的非物理效应存在的可能性，先考虑目前知识最直接的识解：核心理论构成了我们在日常生活中见证的所有事情的基础，包括我们自身。这个图景对于我们作为人类的能力，以及我们关于自己在宇宙中位置的思考有什么推论呢？

我们已经间接提到过核心理论最明显的后果：你不能用心灵弯曲勺子。实际上你可以这样做，但只能通过传统的方法：从你的大脑发出信号，经由手臂到达双手，然后双手拿起勺子来弯曲它。

这个论证相当简单。你的身体，包括你的大脑，仅仅由少数几种粒子（电子、上夸克、下夸克）构成，通过几种力（引力、电磁相互作用、强核力以及弱核力）相互作用。如果你不伸手触碰勺子的话，你对它的影响就只能通过四种力之一施行。这不可能是两种核力之一，因为它们只能跨越微观尺度上的短距离。而且也不可能是引力，因为引力太弱了。（如果你不理解核心理论的话，你可能会认为你能想象引力强度可以就这样增加，或者有别的操纵它的方法。在现实世界中，这不可能发生。一组粒子，比如说你的大脑，制造出的是一个非常容易预测的引力场，由总能量决定。我们并非生活在科幻电影之中。）

我们只剩下电磁相互作用了。与引力不同，来自你身体潜在的电磁力实际上足够强大到可以弯曲勺子——的确，这就是当你用手弯曲勺子的时候发生的事情。整个化学实际上都来自作用在电子和离子（拥有的电子个数不等于质子个数的原子）上的电磁力。将相应的复杂的生理过程大大简化来说的话，当钙离子刺激一种蛋白质（肌球蛋白）开始利用储存在三磷酸腺苷（ATP）分子的能量拉动另一种蛋白质（肌动蛋白）时，肌肉就会收缩。这是一组相对贫乏的电子、离子与电磁场之间的相互作用，但足以提供你弯曲勺子所需要的力量。

我们可能会想，大脑有可能以某种方式聚焦电磁能量来创造施加于远处物体的力量而无需接触它们。虽然大脑里的确挤满了带电粒子，但它们关联的电场绝大部分会相互抵消，因为电荷为正的质子与电荷为负的电子数目相等。可以想象，这些粒子可以到处移动，以正确的方式排列起来，创造一个足以弯曲勺子的电场或者磁场。（静止的带电粒子四周围绕着电场，而运动中的带电粒子还会产生磁场。）毕竟类似的事情在无线电发射器和接收器上也会发生：当带电粒子的运动制造出电磁波时，信号就这样发出，然后它会让接收器中的带电粒子开始运动。

让大脑像某种电磁牵引光束那样运作，这不违反物理定律，但有更平凡的理由说明它不可行。大脑本身精微而复杂，所以我们可以想象创造出一个很大的电磁场。但一旦创造出来，这个场就只是一个笨重的工具。勺子既不精微也不复杂；它就是一块不动的金属。任何大脑制造的电磁场不仅没有什么理由能以我们希望的方式聚集在勺子上，它也会因为别的原因很容易被觉察到。它附近的所有金属物体都会因为这个力场而飞来飞去，利用传统的方法也能进行直接测量。无须赘言，这样的场从来没有被探测到过，而有好几个会让人觉得勺子像是魔法般地被扭弯的魔术已经被揭开底细。

同样的道理也适用于诸如占星术的现象。唯一能从另一个行星到达地球的场就是引力和电磁相互作用。引力还是太弱不足以产生任何效应；火星对地球上物体的引力与一个站在旁边的人的引力相当。电磁相互作用的情况甚至更清晰；任何来自别的行星的电磁信号都会被更加平凡的信号源所淹没。

花大力气进行双盲实验研究来寻找超心理学或者占星学效应并没有错，但这些效应与已知的物理规律不相容的事实意味着你测试的假设是如此不可能发生，以至于基本不值得这样去投入。

——

接受核心理论作为在世界上日常体验的基础，这有着更深刻的后果，那就是不存在死后的生活。我们作为活着的生命只有有限的时间，而当这段时间完结，那就是完结。

这样一个彻底的断言背后的论证比否定隔空移物或者占星术的还要简单直接。如果核心理论的粒子和力构成了每个生物，不存在非物质灵魂的话，那么构成“你”的信息就包含在构成你身体包括大脑的原子的排列组合之中。这些信息除了你的身体以外无处可去，也没有任何保存它们的办法。不存在什么粒子或者场可以储存这些信息并带走它们。

这个视角可能看似奇怪，因为表面上似乎存在某种与生命相关的“能量”或者“力量”。的确，当某个生命死亡时，似乎有某种*东西*不再存在了。我们似乎自然要问，当我们死亡时，与生命相关的能量到哪里去了？

关键在于要将生命看成一个*过程*，而不是一种实体。当蜡烛燃烧时，有一点火苗明显携带着能量。当我们把蜡烛熄灭，这些能量并没有“离开”到哪里去了。蜡烛仍然在原子和分子中包含着能量。实际上发生的是燃烧的过程停止了。生命就像这样：它并不是一种“东西”，而是一组正在发生的事情。当这个过程停止，生命也就此完结。

生命是关于一些适当排列的原子和分子中发生的一系列特殊事件的一种说明方式。这并不总是那么显然；19世纪见证了一个名为*活力论*（vitalism）的学说的蓬勃发展，根据这个学说，生命联系着某种特殊的火花或者能量，它被法国哲学家亨利・贝格松（Henri Bergson）

称为*生命冲动*（élan vital）。这个想法自此与其他类似的提出了新实体的19世纪学说走上了相同的道路，而我们现在将它们单纯地看成关于普通物质运动的说明方式。比如说，人们假设"燃素"是一种包含在可燃物中的元素，它在燃烧过程中被释放出来。今天我们知道燃烧其实就是一个迅速发生的化学反应，分子在其中与氧气相结合。类似的还有"热质"，这是一种假想中的流体，代表着物体中包含的热量，会从热的物体流向冷的物体。现在我们对热的理解就是包含在原子和分子的随机热运动中能量的度量。

我们曾经认为是另一种实体的东西一次又一次被发现是运动中的普通物质的一种特定性质。生命也没什么不同。

——

人们曾经以濒死体验或者甚至是轮回转世的形式提出过死后生命的直接证据。这种断言经常说接近死亡的病人看见了他们绝不可能看到的东西，或者年幼的孩子回忆起了他们不可能知道的来自前世的事件。在更仔细的审视下，这些证言绝大部分并没有原来认为的那么有戏剧性。有一个著名的例子就是亚历克斯·马拉基（Alex Malarkey，原名如此，真的[1]），他和他的父亲凯文写了一本书叫《天使守护的男孩》（*The Boy Who Came Back from Heaven*）。在这本书成为畅销书并被改编为一部电视电影之后，亚历克斯承认他关于在濒死体验中访问天堂并面见耶稣的故事是彻头彻尾编造出来的。

没有任何所谓的死后体验的例子接受过精心设计的科学实验。人

---

1. 译者注：姓氏的Malarkey在英语中意为"谎言和对事实的夸大"。

们尝试过这样做；他们进行过几项研究，尝试在那些曾经濒死的病人身上寻找离体体验证据。研究人员会访问医院病房，在病人或者医务人员不知情的情况下，在一个病人需要离开身体自由漂浮才能看见的地方设置某种视觉刺激。直到今天，还没有这样的视觉刺激被清晰看到的例子。

在判断这类声明的真实性时，我们需要将它们与我们在更好的控制条件下得到的科学知识互相衡量。有可能已知的物理定律出现了戏剧性的错误，能允许人类意识在物质身体死亡之后仍然留存；然而，那些处于濒死这一极端条件的人也许更有可能产生幻觉，而对于前世的报告也可能存在夸大甚至捏造。我们每一个人都应该选择自己的先验置信度，然后尽我们所能以最好的方式更新我们的置信度。

——

要从量子场论这样特殊偏门而深奥的东西得出有关人类能力与限制的广泛结论，可能看似执迷不悟。然而量子场毫无疑问是组成我们的一部分。如果它们就是我们全部的组成，那么从中得出有关我们生命的事实应该没有任何问题。如果在量子场以外还有别的东西的话，像我们对场论那样寻找对这个“别的东西”精确严谨的理解（以及证据）也非常合理。

如果我们只是一堆相互作用的量子场，这一点的个中意义非常深远，不仅是我们不能用心灵弯曲勺子，也不止于当我们死亡时我们的生命会真正完结。掌管这些场的物理法则绝对是客观和非目的论的。我们作为物质宇宙一部分的这个地位，意味着人类生命不存在什么高于一切的目的，至少对于我们本身以外的宇宙来说不存在任何固有目的。“个人”的这个概念最终正是对底层现实中某些侧面的一种说明方式。它是一种很好的说明方式，而我们很有理由认真对待这种描述衍生的所有后果，包括人类有着各自的目的并且可以为自己做出决定的这个事实。但当我们开始想象那些与物理法则矛盾的能力或者行为时，我们就走上了歧路。

如果说我们在实验中看到的世界只是更大的现实中微小的一部分，现实余下的部分必须以某种方式对我们的确看到的世界产生某种作用，否则它就无足轻重。如果它的确对我们起作用，这意味着有需要改动我们所知的物理法则。我们不仅没有强烈的证据支持这样的改动，而且我们连这些改动会以什么形式出现都没有很好的提议。

与此同时，自然主义者的任务就是证明，一个由相互作用的量子场组成的纯粹物质的宇宙的确可以解释我们体验到的宏观世界。我们是否能理解，在一个不存在超验目的的世界中，面对着热力学第二定律带来的不断增加的混乱，秩序和复杂性又是如何出现的呢？我们能不能在不牵涉超越纯粹物质的实体或者性质的前提下理解意识以及我们的内在体验？我们能否给我们的生命带来意义和道德，同时合理地谈论什么是对，什么是错？

让我们试试。

4

复杂

第 28 章
咖啡杯中的宇宙

威廉·佩利（William Paley）是英国的一位神职人员，在18世纪与19世纪之交写下的作品中，他邀请你想象自己在英国如画的原野上散步。突然你的沉思因为脚趾踢到了石头而中断。佩利认为，你会觉得很恼火，但你不会接下来寻思这样的一块石头可能来自何处。石头属于那类人们在漫步田野时自然认为会碰到的东西。

现在想象你在漫步中碰到的是一只安躺在地面上的怀表。现在你就遇到了一个谜题——它是怎么来到这里的？当然，这不是什么难题，可能是某个人在和你一样的散步时不小心弄丢的。佩利的论点就是你永远不会想象这只怀表有可能从洪荒之初就一直躺在那里。石头只是一块简单的材料，但怀表是一件精密而带有目的的机械装置。很明显是有人制造了它；怀表暗示着钟表匠的存在。

佩利接下来说，自然中的许多事物亦是如此。他论证道，我们在自然世界中作为生物而看到的东西，是“设计的种种显现”——不仅是复杂性，还有那些显然为某些特定目的而调整过的结构。佩利总结道，自然需要一个钟表匠，他认为这个设计者就是上帝。

这是一个值得考虑的论证。如果你发现地上有一块怀表，你的确会猜测有人设计了它。而在我们身体中也存在特定的机制能帮助我们完成例如确定时间的任务（在这些机制中有一个蛋白质被巧妙地命名为CLOCK，它的生产在日常昼夜节律的调节中起到了关键的作用）。当然人类的身体要比机械钟表复杂得多。得出生物机体来自设计的结论，这看上去并不算什么逻辑上的跳跃。

关于可以在具体什么地方进行逻辑跳跃，我们应该小心谨慎。大卫·休谟在他的《自然宗教对话录》（*Dialogues Concerning Natural Religion*）中，相当令人信服地做出了如下论证——比佩利推广"钟表匠类比"版本的设计论证还要早——就是在"设计者"和我们关于上帝的传统观念之间有着实质性的差异。尽管如此，佩利的论证拥有不小的说服力，直到今天仍然流行。

伊曼纽尔·康德（Immanuel Kant）在1784年写出了他的沉思："永远不会出现解明草叶的牛顿。"你当然可以发明一些不变的机械规则，它们能管辖行星以及钟摆的运动，但要解释生物世界，你需要超越刻板的规律。一定存在某种东西能解释生物带有目标的本性。

今天我们知道得更多了。我们甚至知道解明草叶的牛顿是谁，他的名字叫查尔斯·达尔文（Charles Darwin）。在1859年，达尔文出版了《通过自然选择的物种起源》（*On the Origin of Species by Means of Natural Selection*），其中阐述了现代演化理论的基础。达尔文理论的巨大成功不仅在于它解释了化石记录中揭示的生物史，而且在解释中还不需要借助任何目的或者外部引导——生物学家弗朗西斯科·阿亚拉（Francisco Ayala）将它称为“没有设计者的设计”。

基本上每个做研究的职业生物学家都接受了达尔文提出的有关生物机体中复杂结构存在性的解释。用狄奥多西·多布赞斯基（Theodosius Dobzhansky）的名言来说就是：“生物学的任何东西只有在演化之光下才有意义。”但演化能发生在更广阔的情景中。达尔文以能够生存、繁衍以及随机演化的生物作为起点，然后证明了自然选择如何能够作用在这些随机改变上以产生设计的幻象。那么这种生物一开始又来自何处呢？

——

在接下来的几章，我们的目的就是在宏大图景中解决复杂结构来源的问题，其中包括但不限于生物。宇宙是一组量子场，它们遵守的方程连过去和未来都不能辨别，更不要说包含任何长远目标了。在这个世界里，像人类这样组织严密的事物到底是如何出现的呢？

简短的答案包含两部分：熵和涌现。熵提供了一个时间箭头，涌现给出了一种说明方式，能解释那些可以生存和演化，并有着目标和渴望的集体结构。我们先来关注熵。

熵在复杂结构的发展中起到的作用一开始似乎违背直觉。热力学第二定律说孤立体系的熵会随时间流逝而增加。路德维希·玻尔兹曼向我们解释了熵是什么：它计算的是系统中的物质有多少种从宏观角度来看无法分辨的可能微观排列。如果有很多种重新排列系统中粒子的方法不会改变基本外观，系统就是高熵的；如果方法数量相对较小，它就是低熵的。“过去假设”声明，我们的可观测宇宙起始于非常低熵的状态。从这点出发，第二定律很容易理解：随着时间流逝，宇宙从低熵变为高熵的原因就是熵更高的可能性更多。

不断增加的熵与不断增加的复杂度并非水火不容，但表面看上去可能如此，这源于某些将专业术语翻译为日常口语的方式。我们说熵是“无序性”或者“随机性”，还有它在孤立系统（比如说宇宙）中会一直增长。如果物质的总体趋势就是变得更为随机而混乱，而且没有任何幕后的力量去指引的话，出现高度有序的子系统这件事似乎相当奇怪。

对于这种担忧有一种常见的回应，虽然它完全正确，但没有准确抓住背后的忧虑。这种回应大概是：“第二定律是有关孤立体系中熵的增长的陈述，就是那些与外部环境没有交流的体系。而在开放体系中，它们与外部世界交换能量和信息，熵当然可能降低。当你把一瓶酒放在冰箱里，它的熵就会降低，因为它的温度下降了，而当你清理房间时，房间的熵也会降低。这些都没有违背物理法则，因为总体的熵仍然增加——冰箱从背面放出热量，而人类在清理房间时会出汗、会抱怨、还会放出辐射。”

这个回应虽然在字面上解决了这个担忧，但它回避了问题的核心。在类似地球表面的这种地方涌现出复杂结构，这与第二定律完全相容，对这一点的反对相当可笑。地球是一个非常开放的系统，向宇宙发出辐射，无时无刻不在增加它总体的熵。问题在于，虽然这解释了为什么地球上能够出现有组织的系统，却并没有解释为什么它们的确出现了。冰箱会降低它里面东西的熵，但只是通过降温，而不是通过让这些东西变得更精巧或者复杂来实现这一点。房间可以被清理，但在我们的体验中，这似乎恰好需要佩利说的那种东西，也就是完成这项工作的外部智能。房间不会自发地自我清理，哪怕允许它们与环境相互作用。

我们仍然需要理解物理法则是通过什么方式，以什么理由带来了像你和我这样复杂精巧、具适应性、充满智慧、反应敏捷、不断演化、相互关心的造物。

我们所说的“简单”和“复杂”是什么意思，它们又是如何与熵联系起来的呢？从直觉上来说，我们将复杂性与低熵联系在一起，而将简单性与高熵联系在一起。毕竟，如果熵是“随机性”或者“无序性”，那么它听起来就像是处于对立中的一方，而另一方是我们对于手表或者穿山甲中能找到的那些精巧机制的观感。

我们在这里的直觉有些不对。想一下在玻璃杯中咖啡与牛奶的混合。因为我们是在做一个物理实验而不是进行早晨例行的仪式，让我们先将牛奶轻轻倒在咖啡上面，然后才用勺子将它们慢慢混合。（勺子是个外来影响，但并没有起引导作用，也没有智慧。）

在一开始，系统的熵很低。重新排列牛奶和咖啡的原子而不改变整体宏观表象的方法相对不多；我们可以相互交换单独的牛奶分子，或者单独的咖啡分子，但一旦我们开始交换牛奶和咖啡的分子，我们的玻璃杯看起来就不一样了。在最后，所有东西都混合在了一起，熵也相对较高。我们可以将混合物中的任何一部分与另外一部分交换，整个系统看上去还是基本相同。在这个过程中熵上升了，就像热力学第二定律引导我们得出的预期那样。

牛奶与咖啡混合。初始状态低熵而简单，最终状态高熵而简单，处于中间熵值的状态展示出了有趣的复杂性。

但并不是说随着熵的增加，复杂度就下降了。考虑第一个状态，其中牛奶和咖啡完全分离；它的熵很低，但它显然也很简单。牛奶在顶上，咖啡在底下，没什么别的事情发生。而在最后的状态中所有东西都混合在一起，它也相当简单。它能被完全刻画为“所有东西都混合在一起”。正是中间的阶段处于低熵和高熵之间，看起来也更复杂，丝丝缕缕的牛奶以纷繁而美妙的方式延伸到了咖啡之中。

牛奶-咖啡这个系统展示的行为相当不同于将“熵的上升”和“复杂度的下降”盲目联系起来得到的结论。熵不断增加，正如第二定律所言，但复杂度是先上升，再下降。

至少看上去是这样子。我们还没有精确定义我们所说的“复杂度”，就像我们对于熵的定义那样。部分原因是不存在一个在任何场景下都有效的定义——不同的系统能以不同的方式展示出复杂性。这是一个特性，而不是问题；复杂性能以多种形式展现。我们可以思考某个被设计用于解决某一问题的给定算法的复杂度，或者是一台会回应反馈的机器的复杂度，又或者某个静止图像或者设计的复杂度。

在这里，我们暂且用“看到了就知道了”的态度来面对复杂度，当情况需要时，也要准备好发展出一些更正式的定义。

——

不仅是在咖啡杯中复杂度才会随着熵的增加而先增加再减少，宇宙作为一个整体也同样如此。在靠近大爆炸的早期，宇宙的熵非常低。这个状态同样极端简单：它炽热稠密，平滑而处于急速膨胀中。这就完整地描述了所有发生的事情；宇宙各处的情况并没有实际差异。在遥远的将来，熵会变得非常高，但状况会再一次变得简单。如果我们等待的时间足够长，宇宙会变得冰冷寂寥，重回平滑状态。我们目前看见的所有这些物质和辐射都会被空间的膨胀所稀释，离开我们的可观察视界。

正是在遥远过去和遥远未来之间的今天，宇宙拥有中等的熵，但却高度复杂。原本平滑的状态在过去数十亿年间变得越来越不均匀，原因是物质密度中微小的扰动逐渐生长为行星、恒星和星系的这个过程。它们不会永恒不变，正如我们在第6章中看到的那样，最终所有恒星都会燃尽，黑洞会将它们吞噬，然后即使是黑洞也会蒸发殆尽。呜呼哀哉，我们的宇宙当前享有的这个复杂行为的状态不过是暂时的。

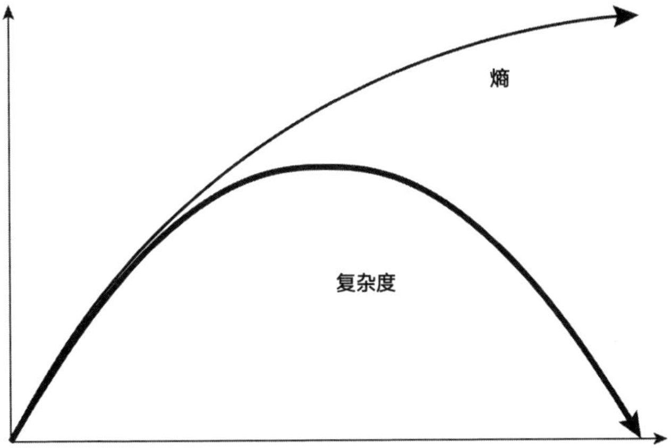

孤立系统中熵与复杂度随着时间的演变

在咖啡杯以及宇宙中，即使熵不断上升，复杂度发展方式的相似程度也发人深省。有没有可能存在一条仍未被发现的自然法则，它像热力学第二定律那样总结了复杂度随时间的演变？

简短的答案是“我们不知道”。长一点的答案是“我们不知道，但有可能，如果是这样的话，有很好的理由相信它会恰如其分地很复杂”。

———

在我自己的研究里，我正好曾经钻研过这个题目，当时的合作者是斯科特·阿伦森（Scott Aaronson）、瓦伦·莫汉（Varun Mohan）、劳伦·韦莱特（Lauren Ouellette）和布伦特·维尔尼斯（Brent Werness）。一切都始于在北海航行的一条船上，这是一次不寻常的跨学科会议的一部分，主题是时间的本性，会议的范围在字面意义上遍及国际：从挪威的卑尔根开始，在航行中继续进行，然后在丹麦的哥本哈根完结。我进行了开幕演讲，而斯科特在听众之中。我谈到了一点有关复杂度看上去是如何在孤立系统中随着演化先出现再消失的，用的例子正是咖啡和宇宙。

斯科特是“计算复杂度”领域的世界级专家之一，这个领域做的是将不同的问题根据解决它们的难度归类。他对此深感兴趣，想将问题提得更加具体。他找来了当时是麻省理工学院本科生的劳伦，让她编写一段简单的计算机代码来表达一个模拟牛奶和咖啡互相混合的自动机。在我们写下论文的第一份草稿并将它张贴到网上之后，布伦特给我们写了封邮件，指出结果中的一个漏洞——这个漏洞并没有破坏基本的想法，但表明我们考虑的那个特殊例子并不恰当。为了推动科学的发展，我们没有为了惩罚他的鲁莽而尝试阻碍破坏他的科学生涯，而是承认了布伦特是对的并且把他拉进来合作。斯科特又找到了另一位麻省理工学院的本科生瓦伦，让他更新代码并进行更多的实验，直到我们最终解决了问题。这又是科学迈出的庄严一步。

—

在探索中，我们特别感兴趣的是在咖啡杯中被我们称为*表观复杂度*（apparent complexity）的东西。它与计算机科学家所说的二进制串的“算法复杂度”或者“柯尔莫哥洛夫复杂度”有关（比如说，任何图像都能在数据文件中表达成一串二进制数字）。想法就是选择某种能输出这样的二进制串（比如说01001011011101）的计算机语言。一个二进制串的算法复杂度就是在运行时会输出这个二进制串的最短程序的长度。简单的模式拥有低复杂度，而完全随机的串拥有高复杂度——

唯一输出它们的办法就是包含这个串本身的一个打印语句。

对于刻画牛奶和咖啡混合的图像这个目标来说，随机噪声应该算作“简单”，而不是复杂。所以，类比玻尔兹曼对熵的处理手法，我们通过粗粒化定义了“表观复杂度”。与其观察在我们的模拟中每一个粒子的位置，我们转而观察在一小块空间中粒子的平均数。然后表观复杂度就是牛奶和咖啡在粗粒度分布上的算法复杂度。对于“图像看起来有多复杂”这一直觉概念，这是个将其形式化的好方法。较高的表观复杂度对应的粗粒化（抹平后的）图像包含更多有趣的结构。

不幸的是，没有办法能直接计算一幅图像的表观复杂度。但有一个相当好的近似：只要将图像塞给一个文件压缩算法就可以了。每个人的电脑里都有能做到这一点的程序，于是我们就搞起来了。

在模拟的开头，表观复杂度很低：完整的描述就是“顶上牛奶，底下咖啡”。在最后，表观复杂度再次变得很低：我们要说的就是在每一点处都有相同数量的牛奶和咖啡。在两者之间，当混合正在进行时，事情就变得有趣起来了。我们发现的是复杂度*并非必然*会产生——它是否产生依赖于牛奶和咖啡如何相互作用。

粗略地说，如果牛奶和咖啡的分子只会与附近的其他分子相互作用，那么你就看不到多少复杂度产生。所有东西就这样均匀地混合在一起，而不是形成丝丝缕缕参差不齐的结构。

如果我们引入长程效应——类似于搅拌咖啡的勺子——这时事

情就变得有趣了。一改之前的缓慢模糊混合，牛奶和咖啡之间的界面出现了分形的要素。得出的图像拥有很高的表观复杂度，要精确地描述它，你必须指定咖啡——牛奶界面那精微繁复的形状，这需要相当大量的信息。

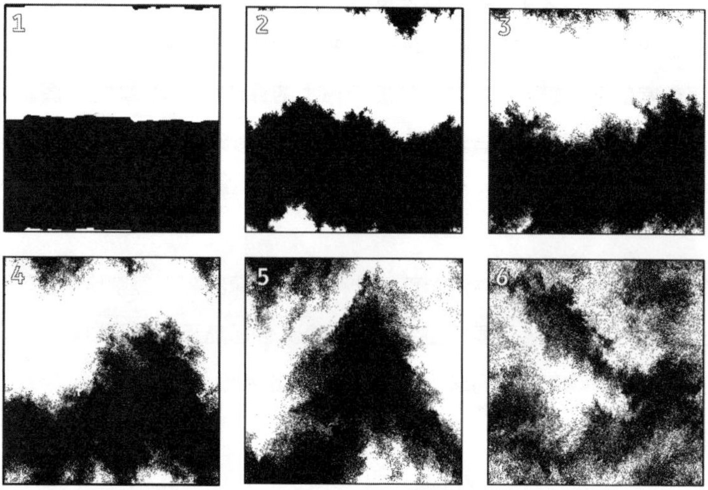

牛奶与咖啡混合的简单计算机模拟。构型一开始简单，但逐渐变得复杂；进一步的演化表明它会因为黑和白完全混合起来而重新变得简单。

“分形”和“复杂”并非只有外观上的联系。分形是一个在无论放大多少倍看上去都差不多的几何形状。在牛奶和咖啡中，我们在分子的排列方式之中能模糊看到分形图案，之后它们就会在均衡中消失。这是复杂性的特征标志；无论是靠近仔细观察系统，还是观察少数的组成部分，还是将系统作为整体来观察，都能看到有趣的事情在发生。

——

在物理学和生物学中，复杂性常常以层级的形式出现：小部件结聚成更大的单元，这些单元接下来又汇聚成更大的单元，如此等等。

较小的单元一边保持着完整性，一边在整体内部参加相互作用。以这种形式建立的网络会展示出由简单的底层法则涌现而来的整体复杂行为。咖啡杯自动机作为一个系统过于简单，不能用于建立忠实描绘这个过程的模型，但分形形状的出现提醒我们复杂性可以是多么的强健而自然。

继续看下去，表观复杂度就会消失。所有这些牛奶和咖啡就这样混合在一起。如果我们等的时间足够长，任何孤立体系都会达到均衡，在那里没有任何有趣的事情发生。

所以说，没有任何自然规律断定当系统从低熵态演化为高熵态时复杂性一定会出现。但它可能出现——是否出现要看你考虑的系统的细节。单从这个简单的计算机模拟看来，关键之处似乎是需要存在跨越长距离的效应，而不是只有涉及相邻粒子之间的效应。

真实世界中既有短距离的相互作用，比如说粒子的互相撞击，也有跨越遥远距离的相互作用，比如说引力或者电磁相互作用带来的影响。当我们在宇宙膨胀冷却的过程中看到复杂结构的出现时，我们看到的是相互竞争的影响力之间的互动。宇宙的膨胀让物质互相远离，物质相互之间的万有引力又将它们拉在一起，磁场将它们推到一边，而原子之间的碰撞随意推动了物质，让它们冷却下来。如果在一个除了白点和黑点之外什么都没有的计算机模拟中都可以产生有趣的复杂结构，那么这些结构在膨胀中的宇宙这种如此多面的事物中出现了也不足为奇。

复杂度的出现不仅与熵的上升相容，实际上它依赖于熵的上升。想象一个没有任何过去假设，一开始就处于高熵均衡态的系统。其中复杂性永远不会出现，整个系统会一直维持没有特征而平凡的状态（除了稀少的随机涨落以外）。复杂结构形成的唯一理由就是宇宙正处于从极端低熵到极端高熵的演化过程之中。“无序”不断增长，正是它允许了复杂性的出现和长期存在。

物理的微观法则并不区分过去与未来。所以事物在时间的一个方向上的行为与相反方向上不同的任何倾向——不管是生死，还是生物演化，或者是复杂结构的出现——最终必定能追溯到时间箭头，当然还有第二定律。正是熵随着时间的增长给宇宙带来了生命。

表观复杂度并不能捕捉到人们在赞叹钟表或者人眼的精细运作时会想到的所有东西。让这些东西引人注目的，是它们的部件能协调运转，达成某种意义上的目的。我们要更加深入思考，才能明白这种行为如何能够出现在遵守简单规律的无意识物质之中。不出意料，答案可以再次追溯到熵的增长和时间箭头。

—

当我们的研究对象从量子场和粒子开始逐步上升到人类，我们要处理的主题会越来越难，而我们的陈述也会相应地越来越模糊。物理是科学中最简单的，而基础物理——也就是对现实最深层面构件的研究——又是其中最简单的。“简单”的意思不是说像作业题那种简单，而是伽利略忽略摩擦力和空气阻力来进行简化的技巧那种简单。我们可以研究一个电子的行为，而至少在相当好的近似条件下，可以毫不关心甚至无须深知中微子或者希格斯玻色子又是如何。

我们世界涌现层次丰富多样的侧面对于好奇的科学家来说不太友好。一旦我们开始考虑化学、生物或者人类思想和行为，所有这些侧面都变得很重要，而且会同时产生影响。我们在对这些问题的完整理解上，进展比核心理论之类要相应更少。物理课看上去很难的原因不是因为*物理*很难——而是因为我们对其了解非常深入，所以有很多东西要学，而这又是因为它在本质上相当简单。

我们的目标是给出一个合情理的概述，说明在自然主义的基础上能够最终理解世界。我们不知道生命如何起源，意识又是如何运转，但我们可以论证，为了寻找正确的解释，没什么理由把眼光放到自然世界以外。我们当然有可能误信这个想法，但话说回来，我们也可能误信任何想法。

要求我们对人类生活的理解与我们对底层物理的知识相容，这对生命的本质和运作设下了一些有趣的限制。关于构筑我们的粒子和力的知识能让我们以很高的可信度得出个体生命长度有限的结论；我们最好的宇宙学理论，虽然远远没有核心理论那么确定，也指出“生命”作为一个更广泛的概念也是有限的。宇宙似乎很可能到达一个热力学均衡的状态，到那时不再可能有任何生物能存活；生命依赖于熵增，而在均衡中不再有熵能被制造出来。

牛奶咖啡混合中的那些漩涡呢？那就是我们。朝生暮死的复杂性模式，乘着从简单起点到简单终点的熵增浪潮前行。我们应该享受这场旅程。

第 29 章
光与生命

意大利天文学家乔瓦尼·斯基亚帕雷利（Giovanni Schiaparelli）会作为“火星运河”的发现者在历史上留名。在1887年，斯基亚帕雷利在通过望远镜观察我们的行星邻居之后，报告了火星的表面纵横交错着又长又直的线条，他用意大利语将其称为*canali*。这个想法激发了世界各地人们的想象力，其中包括美国天文学家珀西瓦尔·洛厄尔（Percival Lowell），他在亚利桑那的新天文台中观览了这些构造，并且对火星进行了无数的观察。基于对他观察结果的想法——一个由运河连接起来的互相关联的绿洲系统，似乎还会随着时间的脚步变化——洛厄尔发展出了一套关于这个红色行星上存在生命的精巧想法，其中包括一个在水分稀少珍贵的环境中挣扎求存的高等文明。他在后来影响巨大的一系列著作中普及了这个想法，它们成为了H. G.威尔斯（H. G. Wells）的《世界之战》（*The War of the Worlds*）的灵感。

但这有两个问题。第一个是，即使斯基亚帕雷利也对火星生命的可能性很感兴趣，他从未宣称那里有什么“运河”。意大利语中的canali翻译成英语应该是channels（沟渠），而不是canals（运河）。沟渠是自然产生的，但运河却是人工开凿的。第二个问题是斯基亚帕雷利其实也没有观察到什么沟渠。他描述的特征是一种伪影，源于利用相对原始的设备观察远处行星时产生的困难。

今天，我们已经对火星进行过相当仔细的勘查，其中包括由美国、苏联、欧洲和印度发射的数个轨道飞行器和着陆器（在撰写本书时，火星是唯一已知仅由机器人居住的行星）。我们没有发现任何废弃城市或者古代建筑地标，但对生命的搜索仍在继续。也许形态不会是洛厄尔想象的垂暮文明或者威尔斯想象的邪恶三足机械，但我们当然有可能最终会在太阳系别的地方找到微观的生命形态——如果不是在火星上的话，那么有可能在木星的卫星木卫二的海洋里（它包含的液态水比地球上所有海洋加起来都多），也有可能是在土星的卫星土卫二或者土卫六上。

问题在于，当我们碰见它的时候，我们会不会知道它是生命？“生命”到底又是什么？

没有人知道。并不存在一个达成共识的单一定义可以将“活着”的东西与其他东西明确区分开来。人们曾经尝试过。美国国家航空航天局（简称NASA）对于地外生命的搜寻有着相当大的投入，他们在工作中对生物体采取了如下定义：一个能进行达尔文式演化的能够自我维持的化学系统。

我们可以对“达尔文式演化”这一点吹毛求疵。这是地球上的生物实际形成过程的一个特点，而并不是对每一个生物个体*是什么*的刻画。当你碰到一只受伤的松鼠然后问：“它还活着吗？”没有人会回答：“我不知道，先看看它能不能进行达尔文式的演化吧。”定义的用处在于帮助我们判定那些困难的情况，比如说科学家有可能在某一天创造出来的人工生命形态。在这个标准下，这样的造物不经过深思熟虑就会自动被判定为非生命，这种情况对我们没什么帮助。但对于我们当前的目的来说，这的确是在吹毛求疵；当谈及我们所知所爱的真实生命时，演化扮演了中心角色。

生命的"正确"定义，也就是我们尝试通过仔细的研究去发现的那种定义，其实并不存在。我们熟悉的生命形态共同拥有一系列性质，其中每一个都饶有趣味，而许多性质也很令人瞩目。我们所知的生命会运动（如果不是在外部就是在内部）、会新陈代谢、会互动、会繁衍、还会演化，所有这些都以层级递次而相互关联的形式发生。这显然是宏大图景中独特而重要的一部分。

我们可以从一般原则开始，慢慢向地球这里生命的特定起源推进；在那里我们可以再次拓展我们的视野，看看生物是如何演化以及相互作用的。

——

生命的多个推测中的定义之一正是由帮助阐述了量子力学基本原则的埃尔温·薛定谔提出的，在他的著作《生命是什么》（*What Is Life*）中，薛定谔从物理学家的观点审视了这个问题。对他来说，最基础的问题与平衡有关。一方面来说，生物总是处于不断的变化与运动之中。不管是猎豹在追逐瞪羚，还是缓缓流淌在红杉枝条中的树液，在生物中总有一些事情正在发生。从另一方面来说，生物同样会维持它们的结构；在变化之中它们仍保持着某种基本的完整性。他寻思着，什么样的物理过程才能设法一直游走在分割稳态和变化的细线上呢？

这个问题促使薛定谔提出一个生命的定义，它看似与NASA的定义相当不同：

> 什么时候能说一件物质是有生命的？当它一直在“做某种事情”，与外界环境交换物质，如此等等，而它这样做的时间要远远长于我们对于无生命的物体在类似的情景下“维持运转”时间的预计。

薛定谔关注的是NASA定义中“自我维持”的那一部分，而我们绝大部分人都会一扫而过。毕竟有很多东西似乎都能自我维持：瀑布、海洋，说来还有威廉·佩利脚趾踢到的那块一动不动的石头。

这里关键的想法是生物会在“比我们的预计长得多的时间”内“继续运转”。这种说法有点模糊；薛定谔并没有打算提出关于某个精确概念的一个一劳永逸的定义；他尝试的是抓住我们对于生命是什么的某种直觉。石头也许可以在很长时间内维持它的形状，但它永远不能修复自己。比如说，如果山崩让它向下滚动的话，石头也不是不能移动；但一旦到达山脚它就会停止运动，就这样待在那里。它不会像动物那样，拍拍身上的灰尘然后爬回山上。

这就是生物机体看似——但不是真正——违反热力学第二定律的另一面。它们不仅作为有序结构而形成，之后还能在长时间维持这种秩序。

正如最初复杂性的形成一样，真相与我们最朴素的预期刚好相反。

并不是说即使熵在增长，复杂结构也能形成；而是*正因为*熵在增长，复杂结构才能形成。生物机体能维持它们结构的完整性，这并不违反第二定律，而正是因为有第二定律。

每个人都知道太阳为地球上的生命提供了一项很有用的服务，就是以可见光光子的形式存在的能量。但我们从太阳得到的真正重要的东西其实是熵非常低的能量——也被称为*自由能*。这些能量之后被生物体使用，然后以高度退化的形式回到宇宙中。“自由能”的英语是free energy，对于说英语的人来说是个令人迷惑的术语，它实际的意思是“有用的能量”——要将“free”看成“做某件事的自由”。它与“free”的另一个意义“免费”没有关系——能量的总量仍然不变。

热力学第二定律说明孤立体系的熵会不断上升，直到体系的熵达到最大值，之后它就这样停留在均衡之中。在孤立体系中，能量的总和维持定值，但能量的形式会由低熵变为高熵。想一下燃烧的蜡烛。如果我们跟踪所有蜡烛产生的光和热的话，能量总量随时间流逝会维持不变。但蜡烛不能永远燃烧下去；燃烧能维持一段时间，然后就会停止。固定在蜡烛内部的能量从一种低熵形态转变成了高熵形态，而不能变回原样。

自由能可以用来做物理学家所说的*功*。如果我们取某个宏观物体然后将它四处移动，我们就在对它做功。“功”的定义就是我们让物体运动所施的力乘以它移动的距离。要将山脚的石头托举到山顶需要做功。本质上，任何你用能量能做的有用的事情都是某种功，无论是将火箭送上轨道还是轻轻抬起眉毛以示怀疑。

自由能就是处于可以被使用的形态的那种能量。剩下的高熵部分就是“无序能量”，等于系统的温度乘以熵。热量从一个系统流到另一个系统会使无用的无序能量增加。确实，阐述第二定律的一种方式就是在孤立体系中自由能会随时间转变为无序能量。

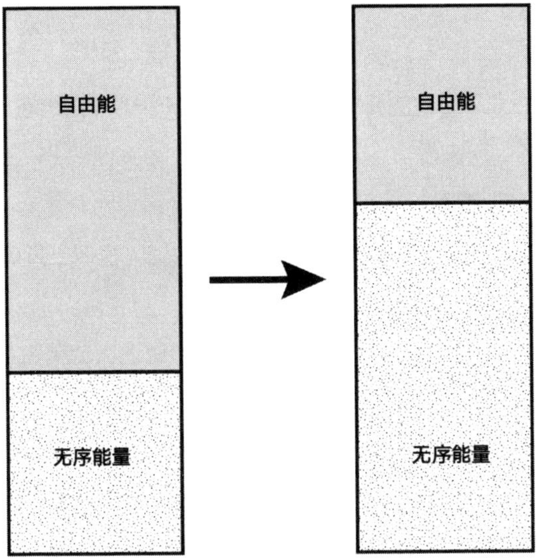

另一种思考热力学第二定律的方式。随着时间流逝，能量从“自由”（可以用来作功）转变为“无序”（耗散而无用）

薛定谔的想法就是，生物系统通过利用环境中的自由能来维持移动以及维护它们的基本结构。它们吸收自由能，用它来做需要做的任何功，然后以某种更无序的形式将能量返还给世界。（在他这本著作的第一版中，他花了很长的篇幅来避免使用“自由能”这个术语，因为他觉得这个概念可能比较难搞清楚。我对你的要求比薛定谔对他读者的要求要稍微高那么一点点。）

——

某些能量到底是“自由的”还是“无序的”，这依赖于它身处的环境。如果我们有一个充满热气体的活塞，我们可以用它做功，只要让气体膨胀推动活塞就行了。但这假定了活塞不是身处拥有同样温度和密度的气体之中；否则，活塞受到的合外力为零，而我们不能用它做功。

我们从太阳得到的光相对于它的环境来说处于低熵态，所以包含自由能，可以用来做功。这个环境就是天空的其他部分，其中点缀着星光，充斥着宇宙微波背景辐射，它的温度只比绝对零度高几度。太阳发出的光子一般来说拥有比微波背景辐射的光子多一万倍的能量。

想象一下，如果没有太阳，整个天空会像现在的黑夜那样。在地球上，我们会很快达到平衡态，温度变得与夜空一样冰冷。不会有什么自由能量，生命也会逐渐停滞[起码是绝大多数生命。那些“无机化学自养”(chemilithoautotroph)的微生物消耗的是固定在矿物中的自由能。即使没有太阳，地球仍然不会处于完美的热平衡]。

但现在想象一下我们周围都是太阳——整个天空都在洒下如同现在的太阳那般耀眼的光子。地球会很快到达平衡，但温度也会变成太阳表面的高温。到达地球的能量比现在要多得多，但这些太阳温度的辐射都是没有用处的无序能量。在这些条件下，生命的存在就与没有太阳时同样不可能。

对生命来说，最重要的就是在地球这里的环境与平衡态相去甚远，而且这种情况会保持数十亿年不变。太阳是冰冷天空中的一个热点。

因此，我们以太阳光子的形式接收到的能量几乎都是自由能，可以被转化为有用的功。

这就是我们所做的事情。我们从太阳接收光子，它们主要来自电磁波段的可见光部分。我们处理这些能量，然后将它们以低能态的红外光子形式返还给宇宙。一堆光子的熵大概就是这堆光子的总数。对于从太阳接受到的每个可见光光子，地球都会向太空辐射出大概二十个红外光子，每个拥有原来大概二十分之一的能量。地球放出的能量与吸收的基本相同，但我们在将太阳辐射返还宇宙之前将它的熵提高了二十倍。

当然，地球这里的总能量并非绝对不变。自从工业革命以来，我们一直用能够阻挡红外线的气体污染整个大气层，使能量更难逃离，从而加热了这个星球。但这又是另一个故事了。

第 30 章
能量逐级传输

这些宏大的物理理论推导如何在生物实际运转中落到实处，这值得一看。

地球上生命的基本电池是一种被称为*三磷酸腺苷*或者说ATP的分子。我们这里说的是广义上的“电池”，意思是某种能为以后的使用而储存自由能的东西。要将ATP看成一个压缩了的弹簧，当被释放的时候它会向外推，将能量花在（大概）有用的事情上。而它的确有用：储存在ATP中的自由能会被用于收缩肌肉、在身体中运输各种分子和细胞、合成DNA和RNA还有蛋白质、在神经细胞中传输信号，还有完成生命必不可少的其他生化功能。在生命体到处移动以及维持自身的过程中，ATP扮演了关键的角色，这正是薛定谔强调的，生命的决定性特点。

ATP往往会在水（H_2O）的存在下释放能量。三个磷酸基团之一——也就是图左侧被氧原子（O）包围的磷原子（P）组成的集团——会从ATP上脱落，留给我们的是二磷酸腺苷（ADP）。之后这个磷酸就会与来自附近水分子的氢原子结合，让剩下的羟基（-OH）与ADP结合。

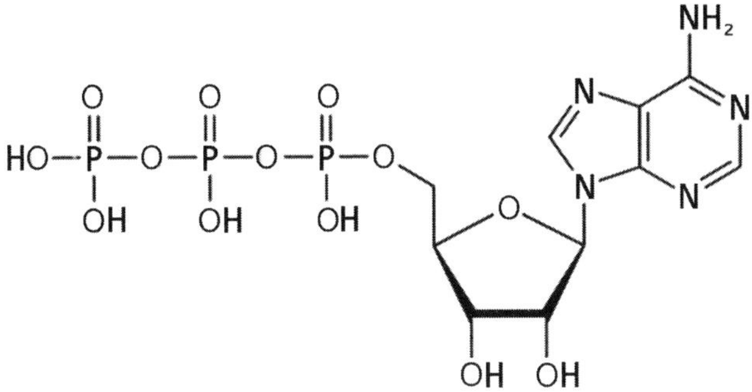

三磷酸腺苷（ATP）的化学结构。它包含氢原子（H），氧原子（O），磷原子（P），氮原子（N），还有碳原子。遵循化学中的传统，碳原子没有特别注明，但处于图中每个没有标记的顶点或者弯折处上

这些最终产物的总能量要比原来ATP分子的能量要低；因此这个过程同时释放自由能（可以用来进行有用的生化过程）和无序能量（热量）。幸而ATP是一个能充电的电池；之后身体会利用外部的能量来源，比如说阳光或者糖类，来将磷酸和ADP重新转化为水和ATP，然后它们就能再次用于做功。

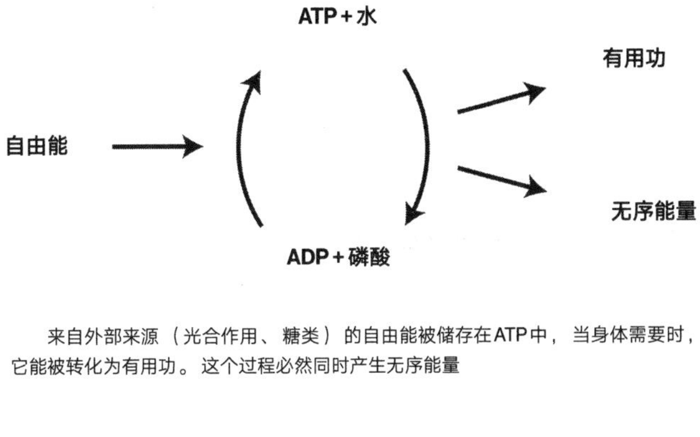

来自外部来源（光合作用、糖类）的自由能被储存在ATP中，当身体需要时，它能被转化为有用功。这个过程必然同时产生无序能量

所有这些在你身体中进行的能量流转要用到不计其数的ATP；一

个人每天要用上的ATP的量往往和身体总质量相仿。当你收缩你的二头肌来举起杠铃或者一杯酒时，用于收缩肌肉的力量来自ATP的分解，它们让你肌肉纤维中的蛋白质相互滑动。构成ATP的每个原子并没有被耗尽，只是每个分子都被分解然后重新合成，一天发生成百上千次。

———

从低能量的ADP创造所有这些ATP的自由能从何而来？追根溯源都来自太阳。在植物或者某些微生物中的叶绿素分子吸收一个可见光光子的时候，光合作用的过程就会发生，这时光子的能量会从叶绿素分子上敲下一个电子。这个充满能量的电子会通过一系列被称为*电子传递链*的分子穿梭通过一层膜产生电势，一侧的总电荷为负，另一侧则为正。

这就是生命传输能量的基本方式：膜一侧的质子互相推挤，其中一些会通过一个叫*ATP合酶*的酶逃脱。这些尝试逃脱的质子会使ATP合酶旋转，赋予了它用于从ADP合成ATP的能量，这个过程被称为*化学渗透*（chemiosmosis）。这些能量的一部分会不可避免地变为无序能量，以低能量光子和周围原子热运动（热量）的形式释放。

你我自身都不进行光合作用。我们的自由能并非直接来自太阳，而是来自葡萄糖以及其他糖类，还有脂肪酸。被称为线粒体的微小细胞器，作为细胞的发电站，利用固定在这些分子内的自由能将ADP转化为ATP。但我们摄入的这些糖类和脂肪酸中的自由能一开始还是通过光合作用的途径来自太阳。

这个基本布局似乎普遍存在于地球上的所有生物之中。*质子动*

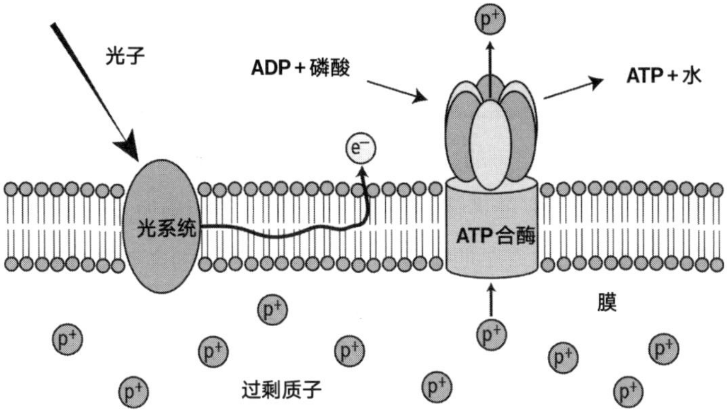

光合作用在ATP中储存来自太阳的自由能的方式。光子击中嵌入生物膜的光系统，放出一个电子（e⁻）。这个过程在膜的另一边留下了过剩的质子（p⁺）。静电排斥力将质子推开，直到有质子通过ATP合酶逃脱。ATP合酶利用质子的能量将ADP转化为ATP，它们可以将能量带到别的地方

力（proton-motive force）这个术语就是为了描述质子流经ATP合酶为其提供能量这个过程才提出的。这个机制在20世纪60年代由英国生物化学家彼得·米切尔（Peter Mitchell）和珍妮佛·莫伊尔（Jennifer Moyle）发现。米切尔是个很有趣的人物。当他的工作压力带来了严重的健康问题于是被迫辞职之后，他最终在一个叫"格林住宅"（Glynn House）的地方建立了一个私人实验室。他被授予了1978年的诺贝尔奖，获奖理由是他提出了质子动力通过化学渗透使ATP合成得以进行的想法。

——

细胞是生命的基本单元，那就是一组细胞器，也就是带有功能的子单元，它们悬浮在一种黏稠的液体中，外面再包上一层细胞膜形成的。沉浸在技术社会中的我们倾向于将细胞想象成微小的"机器"。但真正的生物系统与我们熟悉的人造机器之间的差异与它们的相似之处

同样重要。

这些差异很大程度上来源于一个事实，就是机器通常是为了某个特定的目的而制造出来的。正因为这种来源，机器通常能完成给定的功能，但做不了更多的事情。它们的设计倾向于明确但没有韧性。当问题出现时——你汽车的轮胎扎了，或者手机上的电池没电了——这些机器就不能工作了。而生物机体，它们通过经年累月没有特定目标的发展后，通常更加灵活，功能更多，还能修复自身。

细胞不仅能容忍混乱，还能利用混乱。在微生物面对的环境下，它们没有多少选择。

我们人类尺度的世界相对平静而容易预测。在天气好的时候扔出一个球，你多多少少能预计它会飞多远。运转在纳米（十亿分之一米）尺度下的细胞则恰恰相反。那个世界的环境被随机运动和噪声所统治，生物物理学家彼得·霍夫曼将它称为“分子级风暴”。仅仅由于热运动，每秒钟我们身体内的分子就互相撞击上万亿次，这样的狂风暴雨让平常的风暴相形见绌。如果放大到人类的尺度的话，在等同于细胞内部的分子级风暴中生活，就像是一堆球在持续狂轰滥炸，每个球携带的能量是你手臂能投出的万亿倍，而你还要在其中尝试投出一个球。

对于任何微观体育活动，或者对于作为细胞生态系统一部分的那些精细操作来说，这看起来并不是什么优越的环境。细胞是如何在这样的条件下仍然能进行那些有秩序的活动的呢？

分子的狂风暴雨有着巨大的能量，但都是无序能量，不能直接用于收缩肌肉或者在身体中传输营养这些任务。环境中的分子处于几乎均衡的状态，相互之间随机碰撞。但细胞能利用捆绑在ATP中的低熵自由能，不仅能直接用于进行工作，还能用于在周围的介质中将那些无序能量聚集起来。

考虑一个棘轮，也就是齿往一个方向倾斜的齿轮。我们将它置于随机的往复运动中——这是某种*布朗力*，以植物学家罗伯特·布朗（Robert Brown）命名。在19世纪早期，正是他注意到水中悬浮的微小尘粒倾向于以无法预测的方式到处移动，我们现在对这个现象的解释是因为它们被单个原子和分子不停轰炸。一个布朗棘轮自身不倾向于往其中某个方向移动；它会无法预测地来回漂移。

但想象一下，我们棘轮的齿并没有固定，而是某种能在外部控制的东西。当棘轮向我们需要的方向移动时，我们降低齿的角度，使它变得易于转动；当它往另一个方向移动时，我们增加齿的角度，让它难以转动。这会让我们能够将随机无方向的布朗运动转化为有方向也有用的运输过程。当然，这需要某种自身低熵而远离平衡态的外部客体的干预。

这种布朗棘轮是活细胞中许多分子马达的一个简单模型。这里没有外部的观察者去改变分子的形状以适应特定的目的，但有ATP携带的自由能。ATP分子可以与细胞机构之中的运动部件结合，在正确的时间释放它们的能量，允许一个方向上的涨落，而禁止另一个方向上的涨落。要在纳米尺度下完成一项工作，精髓就在于利用其周围的混乱。

生物体通过利用自由能来维持它们结构上的完整性，薛定谔描绘的这幅图景在现实世界的生物学中展现得淋漓尽致。太阳以相对高能的可见光光子的形式给我们送来了能量。这些光子被植物和利用光合作用的单细胞生物用来给自己制造ATP，还有糖类和其他可以食用的化合物，这些化合物储藏了可供动物使用的自由能。这些自由能被用于维持机体内的秩序，还有让机体能够移动、思考和作出反应，这些都是将生物与非生物区分开来的行为。一开始来自太阳的能量就这样逐步退化，转换为以热量形式存在的无序能量。这些能量最终作为相对低能的红外光子被辐射到太空。热力学第二定律万岁！

我们很熟悉这个故事的基本构成，它们都来自核心理论：光子、电子和原子核。尽管我们的日常生活似乎与现代物理的细节远隔千里，但对于我们如何饮食、呼吸、生存的理解将我们带到了位于一切事物底层的粒子和力面前。

第 31 章
自发组织

17世纪的法兰德斯（今比利时）化学家扬·巴普蒂斯特·范·海耳蒙特（Jan Baptist van Helmont）是最早明白除了空气以外还有别的气体的科学家之一，他还发明了“气体”这个术语。但人们记住他最大的原因永远会是他那些创造生物的配方。据范·海耳蒙特说，从无生命物质中创造老鼠的方法就是将一件脏衬衫放到开口容器中，再放上几颗麦子。他写道，在大约21天后，麦子就会变成老鼠。如果出于某种原因，你想创造的不是老鼠而是蝎子的话，他推荐在一块砖头上刮出一个洞，用罗勒叶填满，用另一块砖头盖住，然后将它们放在阳光下。

要这么容易就好了。我觉得，如果范·海耳蒙特遵循了正确的贝叶斯推理的话，他也许能够想出他那个放着脏衬衫的容器里出现老鼠的另一种可能的解释。一旦我们超越了活力论，理解了“生命”是我们向某类过程贴上的标签，而不是某种寄宿于物质中推动它们的实体，我们就会开始领会到它是一种如何纷繁复杂相互勾连的过程。明白生物机体为何能够利用自由能来维持它们自身以及到处移动是一回事，理解生命到底如何产生又是另一回事。直到写作之时，我们拥有的问题比答案多得多。

曾经有一段时间，似乎理解生命的起源，或者说*自然发生*[1]，并不是太困难。查尔斯·达尔文在《物种起源》中并没有怎么谈及这个问题，但他简短地猜测过一个“温暖的小池塘”可能见证了蛋白质的形成，然后它们可能“经历了更为复杂的变化”。达尔文对于化学或者分子生物学并没有多少了解，但在1952年的一场著名实验中，斯坦利·米勒（Stanley Miller）和哈罗德·尤里（Harold Urey）取了一个烧瓶，里面装满了一些简单的气体——氢气（H_2）、水（H_2O）、氨气（NH_3）和甲烷（CH_4）——然后用电火花对其进行电击。他们的想法是，这些化合物可能在地球早期的大气层中存在，而电火花模拟了闪电的效应。利用一个相对简单的实验设置，在没有特殊调整的情况下运行仅仅一个星期之后，米勒和尤里发现他们的实验产生出了几种不同的氨基酸，这是一种有机化合物，在有关生命的化学中扮演了重要的角色。

今天我们不认为米勒和尤里为地球早期状态建立的模型是正确的。即使如此，他们的实验也证明了一个关键的生物化学事实：要制造氨基酸并没有那么困难。要创造生命，下一步就是组装蛋白质，它们担起了生化功能的重任——在身体中运输物质、催化有用的反应，还有帮助细胞相互交流。结果发现这个事情没那么简单。

一开始制造氨基酸的步骤看似相对简单，这固然可喜，但现在我们知道，如果科学家想搞明白接下来的步骤是如何进行的话，那就需

---

1. 译者注：“自然发生”有两种指代。其中一种是指代现代生物学发展之前，认为很多生物可以在特定的环境中凭空出现，其中包括那些较为复杂的生物，例如本章开头的例子。这种自然发生被巴斯德的著名实验否定了。另一种就是现代生物学研究的，生命从没有生命的无机物环境中通过自然的过程产生出来的途径。本书接下来谈的都是后一种指代。

要更多的智慧。

对生命起源的研究聚合了生物学、地质学、化学、大气科学、行星科学、数学、信息论和物理。有几个颇有前途的想法，它们不一定相互兼容。我们可以勾勒出生命一开始可行的起源方式，还有这个过程是如何与宏大图景的其他部分相容的。

——

让我们关注以下三个在我们所知的生命中似乎无处不在的特征：

1. **区室化**。细胞，也就是构成生物机体的砖块，它们被膜围住，用以将它们的内部结构与外部世界隔绝。

2. **新陈代谢**。生物吸收自由能，然后利用它维持自身形态以及进行活动。

3. **带有变异的复制**。生物会创造自身的复制品，将它们结构的信息传递下去。这些信息中微小的变异让达尔文的自然选择能够进行。

生命当然还有别的方面的特征，但如果我们能解释上面这些特征的话，我们就已经在理解生命如何起步上取得了重大的进展。

在这些特征当中，我们发现区室化相对容易理解。无机材料在合适的环境中很容易就能产生薄膜相互区分。当系统远离平衡态时，这些自发生成的结构有助于自由能的利用，特别是让新陈代谢和复制能够进行。不消说，魔鬼藏于细节之中。

细胞膜和其他种类区室的外表就是更广泛的自组织现象的一个例子。这个术语描述的现象就是，对于一个由许多小的子系统组成的大系统，即使这些子系统各行其是，没有特定的目标，但整个系统在形态或者行为上仍然出现了有序的规律。自组织的概念已经卓有成效地应用在了许多风马牛不相及的现象上，比如计算机网络的增长、动物皮毛上条纹和斑点的出现、城市的扩张，还有交通堵塞的突然形成。群游现象是一个经典例子：在鸟群或者鱼群中，每只动物只对最接近自身的邻居的行为做出反应，但结果令人印象深刻，展现了人人看了都会以为是精心编排的行为。

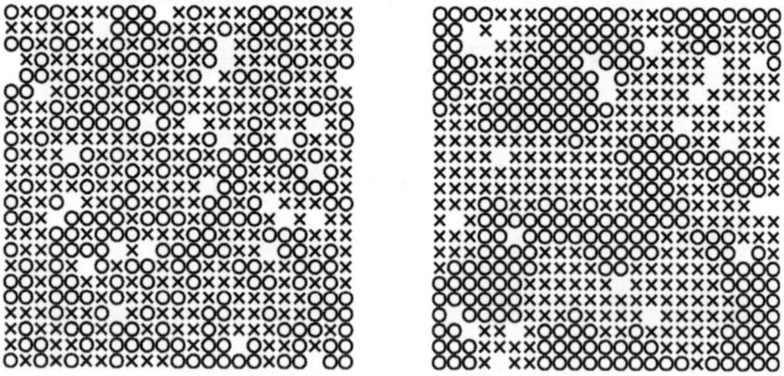

谢林模型中的自发隔离。初始状态居左，最终状态居右

自组织无处不在。在继续探讨细胞膜这个特殊现象之前，我们先考虑一个特别的例子，来大体感受一下这个概念。毕竟有一天我们可能会希望理解地球以外的生物圈中自发形成的薄膜具体的性质和起源。

在1971年，美国经济学家托马斯·谢林（Thomas Schelling）提出了一个关于隔离的简单模型。隔离的其中一种形式就是城市中的种族隔离，但基本的想法对于许多种类的差异都成立，从语言社区到小学课室中男孩女孩选座位都可以。谢林让我们想象一个方形网格，上面有圈和叉两种符号，还有一些空位。我们假设圈和叉之间并非完全不能相互包容，但如果被另一种符号包围的话，它们会觉得有些不舒服。如果一个符号不高兴——比如说一个叉有太多的邻居是圈——它会站起来移动到一个随机选择的空位。这会一遍又一遍地发生，直到每个人都高兴为止。

如果这些符号非常难以相互包容——比如说即使只有一个或者2个邻居是另一种类型也会不高兴的话——你不会惊讶于看到明显的隔离。谢林证明了即使有一点点偏好也足以导致大尺度上的隔离。在图中我们展示了包含500个符号的例子，一半是圈一半是叉，在网格上和少数的空位一起随机分布。想象一下，如果某个符号有超过70%的邻居是另一种符号时它就会变得不高兴的情况。相对而言这还算宽容，一个圈在8个邻居中有5个叉的情况下没有问题，只有当叉至少有6个时才变得不高兴。在初始状态下，只有17%的符号一开始就不高兴。

但这就够了。一旦我们允许不高兴的符号迁居，移动到网格上的空位，让这个过程一直进行下去，直到每个符号都高兴为止的话，我们看到的就是右边的排列。社区产生了严重割裂，同质社区被明确的界限所划分。

这个大尺度秩序的涌现完全是局部个体决策得到的结果，而不是某个心怀恶意的中央策划者所为。而这些"决策"并不包含任何更高层次的认知。这是一种自组织，没有外部的强制也不以某个目标为导向。我们可以想象单独的分子可能也会有相同的行为，而有时的确如此。水和油自然互相分离，而我们会看到脂质分子拥有的明确偏好可以帮助解释活细胞中膜的来源。谢林和罗伯特·奥曼分享了2005年的诺贝尔奖，获奖的主要原因是他在博弈论和冲突行为方面的工作。

谢林理论中重要的一点是我们对系统演化的建模方式*不是*可逆的。这个动力演化不是“拉普拉斯式”的；信息没有守恒。因此，它不是现实世界处于最深层次的模型。但只要系统整体远离平衡态的话，它可以是某个动力演化粗粒化后的完美涌现描述。符号圈或者叉察觉到自己不高兴然后移动到随机选择的空位，这个过程必然使宇宙的熵增加。信息丢失了，因为有许多初始状态都会导向相同的最终状态。熵是上升了，但它的上升是通过形成一个拥有高度秩序和复杂性的临时结构而完成的。

——

简单动力系统如此轻而易举就能出现自组织现象，这让人更容易相信类似细胞膜这样的东西可以在正确的条件下自发组装起来。但真实的生物膜不是由教室里不愿意坐在一起的男孩女孩组成的；它们是由脂质组成的。

脂质（lipid）是一类特别的有机分子，它们对水有种矛盾的感情。对于化学家来说，*有机*的意思就是“骨干由碳原子组成，通常包含氢原子，还可能有一些其他的元素”，不论具体的化合物是否与生物有关。这个“有机”概念和你在当地高档超市看到的那个相当不同。这个概念与生物学有联系，这是因为生物化学很大一部分都基于碳元素，它

能轻易形成任意复杂的分子链条。

脂质在一端有个亲水（被水所吸引）的“头”，另一端有条疏水（被水排斥）的“尾巴”。正是这种一端亲水一端疏水的分裂性格，让这些脂质能够形成膜。

想象一下，我们在水中放入一定浓度的这种脂质。亲水的一端很高兴，但疏水的一端手足无措——到处都是水。这里的“高兴”不能从字面意义上理解；就像圈叉符号那样，不高兴的分子就是说它会移动而组成不同的构型，直到某些条件被满足。对于脂质分子来说，一端对水的存在很满意，而另一端却想完全避开水。

脂质寻找快乐是一个比喻，谈的是系统向最小化自由能的方向演化这个事实。熵不断上升，这暗示了我们可以使用某种涌现词汇，其中可以说分子会“希望”找到一个自由能较低的状态。时间箭头引导着我们使用有关目的和渴望的语言，尽管我们只是在谈论遵守物理定律的分子。

疏水的碳链尾巴能做的一件事就是寻找同类陪伴的慰藉。脂质分子可以一个个排起来，使它们的尾部被其他同样疏水的同伴包围起来，而不是被水淹没。这能以几种不同的方法发生。最简单的就是脂质形成一个被称为脂微团（micelle）的小球，亲水的头部位于外表面，暴露在水中，而疏水的尾部链条则相互包裹。

还有另一个选项：脂双层（bilayer）——两层的脂质，每层中的脂

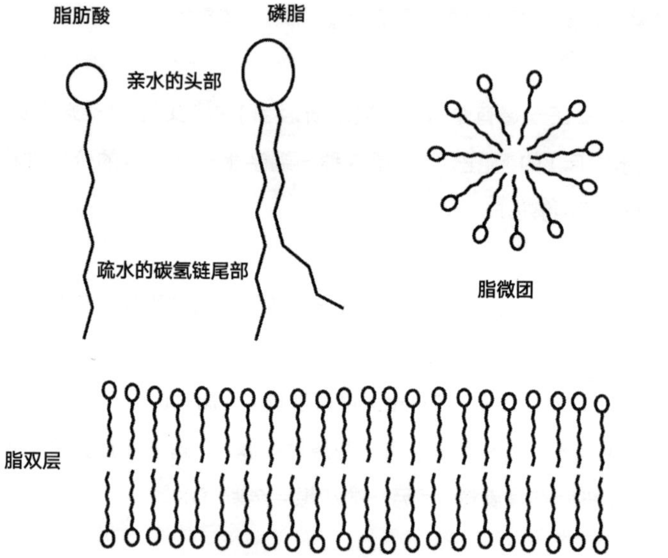

质亲水头部都指向同一个方向，而两层脂质的疏水尾部则紧贴在一起。这样的话，头部可以享受它们寻求的水，而尾部则完全与水隔离。

在水溶液中，脂质会自发形成这些结构之一。到底是哪一种要看情况：考虑的是哪种脂质，还有溶液的其他性质，特别是它到底是偏酸性（更容易释出质子接受电子）还是偏碱性（正好相反）。

脂质的例子有相对简单的脂肪酸，还有更复杂一点的磷脂。脂肪酸在生物化学中无处不在——比如说，它是能被线粒体用于制造ATP的燃料之一。磷脂则是两个被磷酸基团连接起来的脂肪酸组成的（它是由磷、碳、氧、氮和氢元素组成的一类化合物）。

地球生物中的细胞膜是由双层磷脂构成的。这些分子能自然地自组织形成脂双层，而不能形成脂微团，因为它们的两条尾巴太粗大，不能轻易容纳在球状的脂微团结构中。然后这些双层膜会自行折叠起来形成球形的封闭空间，它们被称为囊泡。这是细胞组装中最容易的一部分。

对于生命起源而言，磷脂的问题之一就是它们构成的脂双层把工作完成得太好了。它们相对难以渗透，只有水和其他一些小分子才能从一边跑到另一边。因此，细胞膜的最早形态可能是由脂肪酸而不是磷脂构成。一旦就位，演化就能开始改进它们。

脂肪酸也能自组装成脂双层，但这只有在正确的条件下才会发生。在高度碱性的溶液中，脂肪酸更偏好于形成脂微团；在高度酸性的条件下，它们会互相聚集起来形成巨大的油滴。在居中的酸度下，它们最喜欢的构型才是脂双层。这是一个由周围介质酸度掌控的相变。

这些双层脂肪酸不会伸展成为纸片般的二维薄膜，而是会迅速收缩脱离，形成小球。这就是在那个环境下拥有最低自由能的构型。这又一次体现了第二定律如何帮助创造了对生命有用的那种有序结构，而不是将所有东西挤压成没有特征的一团糟。

脂肪酸是相对简单的分子，所以在生命出现前的地球上合适的环境中应该不难找到它们。此外，它们组成的膜比磷酸组成的更容易渗透。对于早期生命来说这是个好消息。在成熟的生命体中，你不会希望化学物质随意渗进渗出你的细胞；在膜上嵌有非常特异的结构（比如说ATP合酶），它们适当引导了营养物质和能量来源的进出。在早期，这样的专用机制还没有演化出来的时候，你想要的就是能相对好地完成将生命的化学前驱分隔成区室这个任务的东西，但这个任务也不能完成得太好，让它们与外界完全隔绝并实际上窒息而死。脂肪酸似乎正适合这个任务。

——

从诗性自然主义的角度来看，自发区室化最有趣的特点之一就是它非常适合导出系统的一个涌现描述。没有区室和膜的话，我们面对的就是由化合物、能量来源和化学反应搅成的一锅汤。一旦在不同种类的事物之间形成了界限，我们就能谈论“个体”（边界内部）和它的环境（所有外部的东西）。这个边界——无论是字面意义上的细胞膜，还是多细胞生物的皮肤或者外骨骼——帮助了整个结构利用周围的自由能，还让我们能利用一些有用而且在计算上高效的方式来谈论它。

卡尔·弗里斯顿（Karl Friston）是英国的神经科学家，他提出生物膜的功能可以用*马尔可夫覆盖*（Markov blanket）的概念来理解，这个术语是由统计学家朱迪亚·珀尔（Judea Pearl）在机器学习的语境下提出的。想象一个网络，就是一堆互相连接的“节点”的集合。一个“贝叶斯网络”是一个图，由能够发送、接受、处理信息的节点组成，就像互联网上的电脑或者大脑中的神经元那样。如果选出任何一个节点，它的马尔可夫覆盖就是能够直接影响它的所有节点（它的“父节点”），再加上它能直接影响的所有节点（它的“子节点”），再加上能够影响它的子节点的所有节点（它的“伴侣”，可以有很多个）。

这个听起来很复杂的构造抓住了一个简单的想法：给定网络的某个部分，它的马尔可夫覆盖捕捉到了要确定它的输入和输出需要知道的所有东西。这些节点可能的内部状态也许不可胜数，但网络的运作只依赖于通过马尔可夫覆盖过滤后的东西。

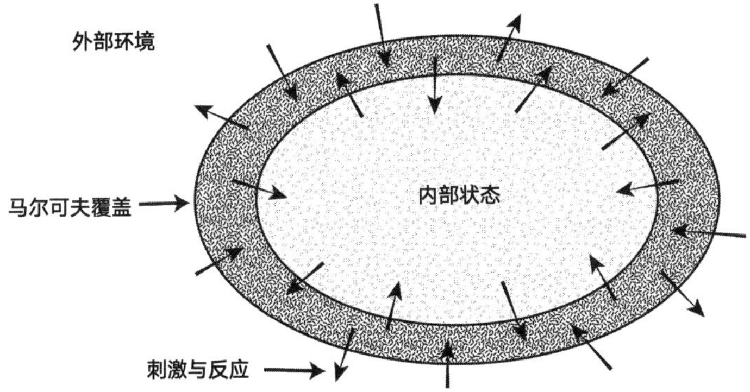

弗里斯顿论证道，细胞膜可以被认为是一个马尔可夫覆盖。细胞内部进行着许多精巧的过程，而在外部环境中也有许多事情不断发生。但两者之间的沟通都以细胞膜作为中介。在这些条件下，系统会向细胞膜稳固的构型演化——即使是在内部或者外部存在（不太大的）扰动，它也能维持构型。

原本发展这个理论的目的不是为了解释个体细胞，而是作为一种思考方式去理解大脑是如何与外部世界相互作用的。我们的大脑为周围的事物建立模型，目的是避免经常被新信息打个措手不及。这个过程正是贝叶斯推理——在潜意识中，大脑包含着接下来也许会发生的一系列可能的事情，然后在得到新信息后更新每个可能性的似然度。有趣的是，同样的数学框架大概也能用在单细胞层面的系统上。保持细胞膜完整而坚固原来实际上是一种贝叶斯推理。弗里斯顿这样说：

> 内部状态（和它们的覆盖）似乎参与了活跃的贝叶斯推理。换句话说，它们似乎建模了——并且作用于——它们的世界，以保持它们功能和结构的完整性，导致了内稳态对稳定内部状态的维持。

这是一组猜测中的新想法，而不是我们对于细胞和膜功能的思考中已然确立的图景。它值得一提，是因为它展示了我们谈到过的那些概念——贝叶斯推理、涌现、第二定律——如何能结合起来帮助解释，在一个被简单而无目标的自然法则管辖的世界中，复杂结构是如何出现的。

第 32 章
生命的起源与目的

在飞向蒙大拿州博兹曼一个学术会议的拥挤航班上，我当时正在读几篇关于统计物理与生命起源之间联系的研究论文。坐在我旁边的男人扫了一眼，面露好奇。“啊啊，”他对我说，“这个研究我很熟。”

在作为物理学家的职业生涯中，你会碰见这样的人，他们自己有一套宇宙如何运作的理论，还热切希望和你分享。这些理论很少有什么前景。也许对生命的研究也会吸引数量相当的喋喋不休的发烧友。但摆在我们面前的毕竟是漫长的飞行；我问了问他对此有什么想法。

“很简单，”他点点头，说：“生命的目的就是给二氧化碳加上氢。”

这不是我预期的答案。我意外地坐到了迈克尔·罗素（Michael Russell）的身边，他是NASA喷气推进实验室的地球化学家，离我所在的研究机构加州理工学院不远。这并不完全是意外——他和我都是为了在同一个会议上作报告才出行的。后来发现，罗素是生命起源研究中的一位（可能有点打破常规的）领军人物，他的研究途径特别偏向物理。我们相处得不错。

在生命起源的辩论中，罗素是相信最初关键的一步是新陈代谢的出现那一方的领头人之一。这个阵营认为最关键的事件就是在地球年轻时期的环境下，出现了一个由化学反应构成、能够利用自由能的复杂网络。一旦开了头，这个网络就能利用自由能来为复制提供能量。还有一个复制先行的阵营，目前在研究人员中更加流行。他们倾向于认为能量来源相对充足，不会有太大问题，而在生命发展中的重要飞跃就是合成一种能携带信息的分子（大概是RNA，就是核糖核酸），它们能够自我复制并传递遗传信息。

我们不去评判这项分歧：这都是些答案仍属未知的困难问题。但并非毫无解答的希望。无论是在理论上还是在实验上，对自然发生的理解在几个不同的方向上都有进展。不管新陈代谢和复制以何种次序出现，它们两者都是必须的，而科学的乐趣有一部分就在于找出所有这些原料整合成最终配方的方法。

——

如果你想理解生命如何起步，从观察现有生命形态共有的特征开始是个合理的想法。这样的特征之一似乎是我们在第30章讨论过的参与化学渗透的质子动力。细胞膜从光子或者像糖类这样的化合物中收集能量，用这些能量来将电子排出细胞，让内部产生质子过剩。质子相互排斥制造的力量能用来进行有用的工作，比如说制造ATP。

生命是从哪里得到这个想法的呢？这并不是细胞操纵能量最显然的方法。当彼得·米切尔和珍妮佛·莫伊尔在20世纪60年代解明化学渗透的过程时，他们面对的是生物研究者的巨大质疑，直到获得了确凿的实验证据为止。自然发现这个技术很有用的事实，可能提示了自然在一开始就利用了它。

这就是给二氧化碳加氢这个想法登场的时机。罗素的评论暗指的是，在二氧化碳（CO_2）和氢气（H_2）的混合物中有被固定的自由能，这两种气体在地球年轻时期的某些环境中相当丰富。如果碳原子有办法将旁边的两个氧原子甩掉，用氢原子代替的话，我们得到的就是甲烷（CH_4）和水（H_2O）。这个组成拥有更少的自由能；就热力学第二定律来说，这是一个“希望”自行发生的转变。

但它不会自行发生。无论你什么时候点燃一根蜡烛，或者放火烧别的东西，你都在通过将燃料和氧气结合的方式释放自由能。但蜡烛不会就这样突然燃烧起来，它们需要一点火花来启动这个反应。

对于二氧化碳来说，我们需要比火花更复杂的东西。很容易设计出一系列化学反应，将氧原子逐步从碳原子上移走并用氢原子代替它们。问题在于，尽管这些反应作为整体会放出能量，要做的第一步实际上要*消耗*能量，因此不能自行发生。从二氧化碳中提取自由能就像抢银行：里边钱很多，但你要花上大量的努力才能把它拿出来。

有一些研究者，其中除了罗素还包括威廉・马丁（William Martin）和尼克・莱恩（Nick Lane），他们努力探索不同的场景，其中正确的一系列反应能以正确的方法连接起来，利用环境中的自由能这份奖赏。他们有好几个巧妙的小工具可资利用。其中之一是*催化*：利用周围的那些本身不参加反应，但却能改变参加反应的化学物质的性质或者形状的化合物，来加快所需的反应。另一个就是*非平衡态*：能够用于驱动所需反应的附近位置状态之间的不平衡。

这些因素在一个特殊的环境下以正确的方式结合在了一起，那就是深海热泉。特别是碱性热泉——它们生产了吸引质子的碱性化学物质。它们不是我们能够从中搜寻生命起源唯一可能的环境，再举另一个例子的话，蛇纹岩化泥火山是另一种早期生命可能宜居的海底结构。然而碱性热泉有些很好的性质。

早在1988年，基于自己有关生命起源的想象，罗素预测了一种仍未被发现的特殊水下地质构造：一种水下的喷泉，特点是带有碱性、温暖（但不会过热）、非常多孔（遍布小孔洞，就像海绵一样），并且相对稳定，可以维持很长时间。他的想法是那些小孔洞可以在任何种类的有机细胞膜出现之前创造某种区室，而在热泉中的碱性化学物质和周围含有丰富质子的酸性海水之间的不平衡会自然制造出某种质子动力，这是生物细胞的最爱。

在2000年，在由海洋地质学家德博拉·凯利（Deborah Kelley）领导的一次远洋考察中，在船航行到大西洋中部时，格蕾琴·弗吕-格林（Gretchen Früh-Green）在船下深处接近海洋底部的摄像机拍摄到的视频中偶然发现了一组如同幽灵的苍白塔状结构。幸而他们带着一个名为“阿尔文”（Alvin）的深潜器，凯利将它送到了这些结构附近进行探索。进一步的调查表明这就是罗素预料中的那种碱性热泉构造。位于南卡罗来纳州以东两千英里，离大西洋洋中脊不远的失落城市海底热泉域（Lost City hydrothermal vent field）至少存在了三万年，而且可能只是一种非常普遍的地理构造的第一个已知案例。关于海底我们还有很多不知道的。

类似失落城市的那类热泉中有着各种各样的化学反应，推动它们的那些化学梯度可能合理地预示了生命的新陈代谢通路。类似的受控实验中的反应能产生数种氨基酸、糖类和组装RNA最终需要的其他化合物。对于新陈代谢先行的支持者来说，非平衡态提供的能量来源一定是先出现的；导向生命的化学反应最终会依附于其上。

阿尔贝特·圣捷尔吉（Albert Szent-Györgyi）是一位匈牙利生理学家，他因为发现了维生素C而获得了1937年的诺贝尔奖。他曾经提出这样的观点："生命不过是电子在寻找安息之处。"这很好地总结了新陈代谢先行这个观点。在某些化学组态中存在被固定的自由能，而生命是释放它的一种方式。这个图景中有一个令人信服的方面，就是它并没有单纯从"我们知道生命存在，它们怎么产生的？"这一点倒推回去，而是提出生命是解决如下问题的方法："我们有一些自由能，怎么样才能释放它们？"

行星科学家推测，类似失落城市那样的深海热泉可能在木卫二和土卫二上大量存在。未来对太阳系的探索也许能够对这幅图景进行另外一种测试。

在自然发生研究者的生态环境中，新陈代谢先行的支持者属于无畏的少数派。最流行的研究方向正如之前所说，是复制先行。

新陈代谢本质上就是"燃烧燃料"，在我们身边处处可见，从点燃蜡烛到发动汽车引擎都是如此。复制似乎要更困难、更罕见、更难得到。如果“生命”中有哪部分会是它起步的瓶颈，那就是生物会自我复制的这个事实。

火是我们熟悉的一种能轻易复制自身的化学反应，它可以在森林中从一棵树跳到另一棵树，但对于绝大部分定义来说它都算不上有生命。我们希望有些东西能在复制的过程中携带信息，这种东西要令“后代”能拥有某些有关自己从何而来的信息。

这样的东西有一个简单的例子：晶体。某些原子可以自己组织成有规律的排列，这被称为晶体。同样的原子可以支撑不同的可行晶体结构：当碳原子以立方面心排列时，得到的就是钻石，但如果以六边形网格排列时，得到的就只是石墨。晶体可以通过添加原子而生长，也很容易通过一刀两断的形式分割。每个后代都继承了亲代晶体的结构。

这还不算是生命，即使可以算是更接近了一步。基本的晶体结构可以传承下去，但结构中的变化——随机变异——却不能。变化当然可以出现；真正的晶体经常布满杂质，或者受制于缺陷，也就是结构中不遵循整体模式的部分。但它们没有办法将有关这些变化的知识传给下一代。我们想要的是一种类似晶体的构型（意即存在一个能被复制的固定结构），但要比单纯重复的模式更为精巧。

约翰·冯·诺依曼（John von Neumann）描述了我们需要的这种东西，他是一位杰出的匈牙利裔美国数学家，在量子力学、统计力学和博弈论的发展中扮演了重要的角色。在20世纪40年代，他用抽象的方式列出了一个系统需要什么才能自我复制并没有限制地进行演化。他的（纯粹数学意义上的）机器——“冯·诺依曼通用构造器”——不仅包含一个能实际进行自我复制的机制，还有一根编码了机器结构的“纸带”。冯·诺依曼式的自我复制机器已经在计算机模拟中被实现了，其中还包含变异和演化的可能性。还没有人建造出一台能拥有如此行为的大型实体机器，但在物理定律中没有什么能阻止我们这样做，而NASA和其他机构已经在严肃地探索这样做的可能性。冯·诺依曼通用构造器的物理实现有没有被称为“有生命”的资格？

——

埃尔文·薛定谔在《生命是什么》中认识到了将信息传给下一代的需要。晶体做不到这一点，但也算接近；考虑到这一点，薛定谔提出要寻找的应该是某种“非周期晶体”——一组以能够复制的方式整合在一起的原子，但它应该能携带大量的信息，而不是只能机械地重复同一个模式。这个想法激发了两位年轻科学家的想象，他们沿着这个方向，确定了确实能携带遗传信息的分子的结构。他们就是弗朗西斯·克里克（Francis Crick）和詹姆斯·华生（James Watson），他们推导出了DNA的双螺旋结构。

脱氧核糖核酸，也就是DNA，是几乎所有已知生物储存那些指引它们运作的遗传信息时所用的分子（有一些病毒依靠的是RNA而不是DNA，但它们算不算“生物”还有争议）。这些信息被编码在一个序列之中，它仅仅由四个字母组成，每个字母对应一个被称为核苷酸的特殊分子：腺嘌呤（A）、胸腺嘧啶（T）、胞嘧啶（C）和鸟嘌呤（G）。这些核苷酸就是书写基因的语言所用的字母表。这四个字母的字符串一起组成了长长的链条，而每个DNA分子都包含两条这样的长链，以双螺旋的形式互相缠绕。每条链都包含相同的信息，因为一条链中的核苷酸会与另一条链中的互补核苷酸配对：A与T配对，而C与G配对。华生和克里克在他们的论文中用带有一点满足的低调语气写道："我们没有忽视一点，就是我们推测的特殊配对暗示了遗传材料的一种可能的复制机制。"

如果你没有留意到这一点的话，这个复制机制如下：两条DNA链可以先互相分离，然后作为模板，让游离的核苷酸到达分离的每条链上的适当位置。因为每个核苷酸只会和它特定的搭档配对，得到的结果就是原来双螺旋的两份复制品——如果复制过程中没有出错的话。

在DNA中被编码的信息指引着细胞中的生物活动。如果我们将DNA看成一系列的蓝图，我们可能会猜想，会有某种分子建筑工人会过来阅读蓝图，然后离开去做需要的各种工作。这几乎是正确的，蛋白质就扮演了建筑工人的角色。但细胞的生物活动在整个过程中间又加插了一层文书工作。蛋白质不会直接与DNA互动；这项工作属于RNA。

RNA的结构与DNA相似，但它通常以单链的形式存在。RNA与DNA链条的"骨架"稍有不同，而在RNA中与腺嘌呤配对的是一种叫作尿嘧啶（U）的核苷酸，而不是胸腺嘧啶。在化学上它比DNA更不稳定，但它在独有的核苷酸序列中能携带数量相同的信息。

当DNA双链分离，序列被复制到RNA片段时，信息就离开了DNA。

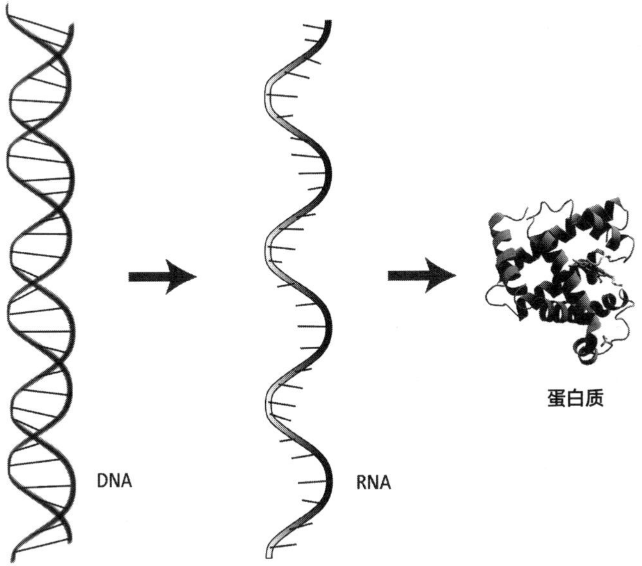

这些RNA片段被称为*信使RNA*，它们将遗传信息携带到细胞中的另一个单元，也就是*核糖体*。核糖体的发现要追溯到20世纪50年代，它们结构复杂，会将RNA中的信息提取出来，用于建造蛋白质。这个分步的过程允许一个相对稳定的信息储存系统（DNA）制造有用的分子（蛋白质），其中用到了没那么稳定的信使（RNA）和另一个完全分离的建造设施（核糖体）。

与区室化和新陈代谢相似，复制也面临着“我们怎么走到这一步？”这个问题，要将现代生物学中的精细结构联系到那些有可能在无生命物质中出现的更简单的系统。对区室化来说，我们需要理解怎么得到磷脂构成的脂双层，而答案也许能在脂肪酸中找到。对于新陈

代谢，我们需要知道怎么能得到由质子动力驱动的细胞，而答案可能就是碱性热泉中的小孔空腔。对于复制，我们需要知道DNA是怎么得来的，而答案可能是RNA。

RNA和DNA的关系就像口口相传的诗歌和形诸笔墨的文字。它们能传递相同的信息，但DNA要远远更可靠稳定。然而DNA相当精巧，很难明白它怎么能自己出现。当DNA被复制时，这项工作的一大部分是由蛋白质完成的。但是蛋白质的建造本应利用DNA中编码的信息。它们之中的一个怎么可能在另一个还没存在的情况下出现呢？

自然发生研究者最喜爱的答案是一个被称为RNA世界的场景。它的基本想法是在20世纪60年代由几位研究者提出的，其中包括亚历山大·里奇（Alexander Rich）、弗朗西斯·克里克、莱斯利·奥格尔（Leslie Orgel），还有卡尔·乌斯（Carl Woese）。DNA擅长储存信息，而蛋白质擅长执行生化功能；RNA两件事都能做，尽管工作完成得没有前两者那么好。RNA可以在DNA或者蛋白质之前出现，充当某种更原始更不稳定的早期生物形式的基础，之后演化才逐渐将这些责任分担给更有效的DNA和蛋白质。

RNA从DNA提取信息的这个角色相当早就被认识到了，但要等到后来，生物学家才正式确认RNA同样可以作为催化剂，加快和管理生化反应的速率。特别是20世纪80年代发现的*核酶*，这是一种特殊的RNA，能催化它们自身还有蛋白质的合成。核酶的英语名称ribozyme和核糖体的英语名称ribosome相似得令人恼火，但后来发现核糖体的关键结构由核酶RNA组成。也就是说核糖体基本上就是核酶。（就是这种黑话让年轻的科学家转向了物理学和天文学。)

进一步的研究表明有几种不同种类的RNA，它们负责细胞内的不同职能。除了信使RNA和核糖体RNA以外，我们还有将氨基酸带到正确的地方来制造蛋白质的*转运RNA*，还有帮助指引基因表达的*调控RNA*，如此等等。这些发现让RNA世界这个假设流行起来。如果你想从复制先行的角度让生命出现，你需要一个能携带遗传信息的分子，它能不依靠其他复杂机制就复制自身。RNA似乎正中红心。

——

RNA可能是遗传信息的第一个携带者，同时可以做到自我复制和组装其他在生物化学上有用的结构，这个想法动人而美丽。与许多好模型一样，RNA世界这个场景最棒的特点之一就是它促进了不计其数激动人心的研究。

考虑RNA可以作为酶的这个事实：它可以催化化学反应，不管是为了自组装还是为了合成蛋白质。这些能力从哪里来？一串核苷酸怎么储存信息这很清楚，但要作为酶那样运作似乎需要一种截然不同的天赋。

解决这个问题的是大卫·巴特尔（David Bartel）和杰克·绍斯塔克（Jack Szostak）在1993年做的一个实验（绍斯塔克分享了2009年的诺贝尔奖，原因是他有关DNA复制时染色体如何被保护起来的工作）。他们的技术基本上就是达尔文式演化的人工辅助版本。他们从大量的随机RNA开始，就是数以万亿没有包含特定核苷酸序列的分子。然后他们取出这些分子中的一部分，就是那些似乎与某种更高的催化速率相关的部分，然后将它们复制多份。这个过程重复了数次：寻找那些似乎在催化某些反应的RNA，然后复制它们。在每个复制的阶段，随机变异都会发生，偶尔会导致复制后的RNA变成比复制前更好的催化剂。在重复这个过程仅仅十次之后，结果显而易见：最后一批分子比一开始的样本在化学反应的催化上好大概三百万倍。这生动地展示了没有方向性的随机变异如何能巨大提高化学物质完成生命所需功能的能力。

另一个激动人心的进展来自生物学家特蕾西·林肯（Tracey Lincoln）和杰拉尔德·乔伊斯（Gerald Joyce）在2009年的工作。他们创造了一个由两种RNA酶的分子——也就是核酶——组成的系统，它们在一起可以进行自我维持的复制。在没有周围的蛋白质或者其他生物学结构的帮助下，这些分子仍然能够在大约一个小时内完整复制自己。更妙的是这些分子有时候还会突变，因此能进行达尔文式演化，更适应的结构更倾向于存活。这在任何意义上都算不上一个细胞，但你不用花大力气就能明白为什么这能够成为从化学到生命这条路的其中一步。

即使RNA在生命起源中扮演了中心角色，我们仍然没有一幅完整的图景。区室化、新陈代谢和复制都要组合为一体。RNA和脂肪酸构成的脂双层也许能够共生——它们能帮助对方在地球早期混沌扰攘的环境中繁荣兴旺。一层膜能替脆弱的RNA抵御外部的喧嚣，让它能存活足够的时间来进行复制。而同时一个RNA分子能够吸引其他生物分子进入膜中，让它生长到能自然一分为二——这就是一种原始形式的细胞分裂。

将新陈代谢纳入其中可能有点麻烦，但绍斯塔克不认为这是个大问题。他设想了一种原始细胞，就是被一层简单的膜包裹住的RNA，它漂浮在一端温暖另一端寒冷的池塘中。对流推动原始细胞在两端前后往复。在寒冷的一端，RNA通过从周围收集核苷酸而生长，这时两条RNA链会卷在一起，好像在寻求温暖。当原始细胞漂流到池塘更暖的一端时，上升的温度逐渐将两条链剥离；外膜会连接更多脂肪酸分子，直到它一分为二，而我们就（有时有希望）会得到两个原始细胞，每个包含一条RNA链。它们两者都会飘回池塘寒冷的一端，原始生命的循环又重新开始。

罗素和其他认为新陈代谢先行的人不认为事情有这么简单。他们相信困难的部分在于组装一个化学反应的复杂系统，它能够利用环境中的自由能，还有就是在水下多孔热泉的小空腔中建立质子动力。他们提出，从这里开始，这些反应可以自然地消耗任何它们能找到的环境中的自由能燃料。这可能意味着它们通过进入脂肪酸薄膜来离开岩石环境，然后通过利用酶调控自身反应来继续走下去，这些酶最终变成了RNA。

也许两个场景都对，也有可能都错。

我们没有理由认为人类不可能理解生命是如何起步的。在研究生命起源的科学家中，哪怕是那些私下笃信宗教的，也没有人会指着某个特定的过程说："就是在这一步我们需要援引非物理生命力的存在，或者是某种超自然干预的要素。"我们强烈确信，对自然发生的理解只关乎在已知的自然规律中解决谜题，而不是主张需要超脱这些规律的帮助。

这种信心来自科学确立的难以置信的往绩。即使关于生命起源还有很多问题科学仍未回答，但它已经回答的问题数量可观，其中任何一个本来都有可能是科学自身不能解决的问题（回想伊曼纽尔·康德充满自信地宣称不会出现能解明草叶的牛顿）。物种是如何从先前的物种进化而来的呢？有机分子是如何合成的呢？细胞膜是如何组装起来的呢？复杂的化学反应网络是如何克服自由能的障碍的呢？RNA分子是怎么能发展出作为生化反应催化剂的能力的呢？这些都是我们已经回答的问题。我们对于这串成功会继续下去的置信度的确应该非常高。

这个观点在某些群体中遇到了阻力，还不止于那些宗教原教旨主义者。生命可以从无生命之中产生的这个想法并非显然。我们不会在眼前看到这件事发生，不管扬·巴普蒂斯特·范·海耳蒙特是怎么想象的。现代的生物组织的复杂程度令人难以想象，组成它们的是能惊人地顺利协同工作的独立部件。它"就这样发生了"的想法难以让人心悦诚服。

弗雷德·霍伊尔（Fred Hoyle）是一位备受尊崇的天体物理学家，以他对大爆炸模型的坚决反对而闻名，他曾尝试量化这种不适感。他考虑了在诸如细胞的生物结构中的原子构型。然后，他从路德维希·玻尔兹曼那里学了一招，他将这些原子排列方式的总数与能算得上细胞的排列方式这个少得多的数目进行比较。将一大堆微小数字乘起来之后，他总结出生命自行组装起来的机会大概是10^{40000}分之一。

霍伊尔是描绘生动影像的大师，他用一个著名的类比来阐明了他的观点：

> 更高的生命形式以这种方式出现的可能性媲美龙卷风吹过机器废品场时用里边的材料组装出一架波音747的可能性。

问题在于霍伊尔版本的“这个方式”跟真正的自然发生研究者相信生命出现的方式风马牛不相及。没有人认为第一个细胞出现的方式是固定的一堆原子反复以各种可能的方式重新排列，直到偶尔形成了类似细胞的构型。霍伊尔描述的本质上是玻尔兹曼大脑的场景——真正随机的涨落聚集在一起创造出某些复杂有序的东西。

真实世界并非如此。与低熵构型联系起来的“不可能性”在一开始就根植在宇宙之中，起因是大爆炸之后不久令人难以置信的低熵状态。宇宙的发展始于这个非常特别的初始条件，而不是在一个更典型的平衡状态系综中游荡，这个事实让宇宙的演化必须包含一个强烈非随机的层面。细胞和新陈代谢的出现反映了宇宙向高熵演化的进程，而不是在平衡态背景中的一件不大可能发生的偶然事件。就像牛奶与咖啡混合时的丝丝漩涡，生物机体玄妙之至的复杂性是时间箭头的自然结果。

在理解生命是什么以及生命如何出现上，我们已经取得了惊人的进展，有充分理由认为进展会一直持续下去，直到我们完全理解。之后的工作牵涉化学、物理、数学和生物学，但没有魔法。

第 33 章
演化的自我引导

在1988年，理查德·伦斯基（Richard Lenski）想到了一个绝妙的主意：他要把演化生物学变成一门实验科学。

演化这个想法在自然发生和今天地球生命的宏大盛装巡礼之间搭起了桥梁。毫无疑问这就是一门科学；演化生物学家提出假设，定义在不同假设下不同结果出现的似然度，然后收集数据来更新对这些假设的置信度。但比起演化生物学家顺便还有天文学家来说，化学家和物理学家有一点优势：他们能在实验室中重复进行实验。很难设置一个实验去观察达尔文式演化的进行，就像创造一个新宇宙也很困难。

但这并非毫无可能（至少对于演化来说；我们还不知道怎么创造新宇宙）。而这就是伦斯基准备做的事情。

他的基本实验设置当时是——现在也是，因为实验仍在继续——相当简单的。他从12个装着培养基的烧瓶开始，培养基是一种由特定化学物质混合而成的液体，其中包含一点葡萄糖来提供能量。然后他向每个烧瓶加入了由完全相同的大肠杆菌组成的种群。每一天，每个烧瓶从几百万个细菌增殖到几亿个细菌。存活下来的细菌中的百分之一会被提取出来，然后移动到装有与之前相同的培养基的烧瓶中。剩下的细菌大部分都被丢弃，但每隔一段时间就会有一份样本被冰冻起来以资日后检查，创造了实验的一个“化石记录”（与人类不同，利用当前的技术，活细菌很容易就能被冰冻起来日后再复苏）。种群的总增长可以达到一天六代半；限制增长的资源是营养，不是时间（细胞只需要不到一个小时就能分裂）。直到2015年底，实验累积了超过6万代的细菌——足够发展出一些有趣的演化小波折了。

被困在这个极端特殊而稳定的环境中，这些经过演化的细菌现在已经相当适应它们的环境了。它们现在的体积是原来种群个体体积的两倍，也比以前繁衍得更快。它们现在相当善于代谢葡萄糖，这通常会损害它们在营养更多样化的环境下蓬勃生长的能力。

更引人注目的是，在大肠杆菌中发生的除了量变还有质变。在一开始培养基的配料之中就有柠檬酸，这是一种由碳、氢和氧组成的酸。原来的细菌没有利用这种化合物的能力。但大概在第31000代时，伦斯基和他的合作者发现在其中一只烧瓶中的种群要比其他种群长得更大。在进一步观察下，他们察觉到那个烧瓶中的某些细菌发展出了代谢柠檬酸的能力，而不仅仅只能代谢葡萄糖。

柠檬酸作为一种能量来源比不上葡萄糖。但如果你是一个细菌，身处充满其他细菌的烧杯里，它们在不断争夺数量固定的葡萄糖，那么依靠这种额外的能量来源来生活的能力就会相当有用。不需要任何必须努力达到的特定目标，也不需要接受外来推动或者指示的恩惠，演化就想到了一种聪明的新方法，能让生物在它们特定的环境下欣欣向荣。

——

生命起源是所有相变之母。与其他化学反应或者反应的组合一样，生命通过将自由能转变为无序能量而继续前行。让生命在各种化学反应中显得特别的因素是它自身携带着一套指令。就像约翰·冯·诺依曼通用构造器的纸带那样，DNA包含的信息调控并指引着相互勾连的化学反应之间的轮舞，这场舞蹈定义了生物是否活着。这些指示一代代传下去的时候可能会改变。正是这项能力让自然选择能够起步。

我们推测DNA来自RNA，而RNA在适当的情景下可以催化它自身的制造。有可能第一个RNA分子的创生过程中包含了关键点处的随机涨落。玻尔兹曼教导我们熵通常会上升，但它总有一定概率会偶尔下降。一个系统拥有的部件越多，这样的涨落就越少见；在宏观尺度下，参与其中的原子数目如此巨大，以至于涨落不值一提。但在单个分子的层面上，稀有涨落因为发生得足够频繁而变得重要。第一个自我复制的RNA分子的出现可能就是关乎运气。

我们有时候会将自然选择看成“最适应者生存”。但即使在达尔文所说的演化正式开始之前，就已经存在类似竞赛的东西，针对的是可资利用的自由能。其中一些自由能很容易就能被利用，但另外一些自由能——就像那些在理查德·伦斯基装满细菌的烧瓶里的柠檬酸中被固定的那些——就需要更别出心裁的手段才能释放出来。一个化学反应的精巧网络，在通过RNA的核苷酸序列制造出来的蛋白质的指引下，有可能在简单的过程苟延残喘的地方也能繁荣昌盛。一旦可以传递下去的遗传信息开始起作用，所有这些因素就到位了，让自然选择能够开始。

——

从某个角度来看，达尔文的理论足够贴近常识，看上去几乎必然发生。在第一次阅读《物种起源》时，达尔文的同时代人以及积极支持者托马斯·亨利·赫胥黎（Thomas Henry Huxley）大声惊叹："要愚蠢到什么地步才想不到这个！"但自然选择是一个非常特定的过程，一点也不必然或者明显会发生。它并非简单的"物种会随着时间逐渐改变"或者"适应得好的生物个体更有可能繁衍下去"。

生物会繁衍，并且向下一代传递它们的遗传信息。这些信息大体上是稳定的——孩子总像父母——但它并非绝对固定。细小的随机变化在每一步中都可能出现。这些变异并没有在尝试努力达到任何未来的目标，也不会被单独生物个体的行为影响（你的后代不会因为你锻炼就变得肌肉更发达）。如果我们遗传了某些血统，而在可能影响繁殖可能性的基因信息中存在细微的随机变异的话，自然选择就能发生。有幸使生物个体传递基因遗产的机会提高的变异比那些有害或者中性的变异更有可能继续存在下去。

我们不能认为这些要素是理所当然的。这就是为什么生物学家要强调"演化"和"自然选择"之间的差异。前者是基因组（遗传信息的总集合）随着时间的变化；后者指的是基因组中的转变被繁衍上不同程度的成功所驱动的特殊情况。

达尔文不知道有DNA或者RNA，连基因这一遗传信息的离散单元也不知道。正是思定会修士格雷戈尔·孟德尔（Gregor Mendel），通过现今有名的一系列不同品种豌豆植株之间的杂交实验确立了遗传的基本法则。在20世纪30~40年代，生物学家发展出了*现代综合理论*，它将自然选择和孟德尔遗传学结合了起来。随着我们学到越来越多关于生物学和遗传的知识，这个范式不断被细化改进，但基本的图景仍然无比成功。

不出意料的是，地球上的生物学实际上要比自然选择最简单的陈述复杂得多。就像别的有关世界的说明方法一样，达尔文的理论也只在它的适用范围中有效。

在生命的历史上，除了生物对环境的适应之外，还存在其他力量的作用。这与达尔文的设想完全相容；自然选择会发生，但它发生在现实世界的杂乱无章中，而它并不是唯一发生的事情。任何单独物种基因组中的许多特征都应该是意外的结果，而不是什么特定的适应。这被称为*遗传漂变*。有时会有一些既不增加又不减少生物适应性的变异出现；别的情况下，有性生殖中固有的随机性和环境中不可预测的特性会使某些性状变得普遍，而令别的性状消失。生物学家不停争论适应和遗传漂变之间的相对重要性，但毫无疑问两者都很重要。

在伦斯基的长期演化实验中，让某些细菌能够代谢柠檬酸的变异出现在第31000代左右。当研究人员解冻某些较早世代的细菌来观察它们是否能够进化出相同的能力时，他们发现答案是肯定的——但这只有当他们从第20000代之后的细胞开始才会发生。在大约第20000代时，一定发生了一个或者多个突变，它们自身没有直接让细菌能代谢柠檬酸，但为之后能做到这一点的更大变异布置好了舞台。

单一性状可以因多个分开的突变而出现，它们单独来看可能并没有多少能察觉到的影响。

选择压力发生在性状上，但遗传信息通过DNA传递，而从一方到另一方的对应并不简单。像人有多高这种基本性状通常不会被某个特殊的核苷酸序列所决定，而是依赖共同运转的不同因素之间的相互作用。结果就是，如果不同性状依赖同一组DNA序列的话，施加在一个性状上的选择压可能最终会影响另一个性状。演化历史上充满了“拱肩”，就像生物学家斯蒂芬・杰伊・古尔德（Stephen Jay Gould）和理查德・莱旺庭（Richard Lewontin）众所周知地强调过的那样。有些性状因为某个原因出现，最后却被用在完全不同的事情上。它们是演化过程中的副产物，而不是直接被选择的特征。古尔德和莱旺庭认为人类大脑中的许多特点都属于这个范畴。

雪上加霜的是，遗传可能比简单地将DNA从一代传到下一代要更加复杂。存在*水平基因转移*（horizontal gene transfer）的现象，其中基因会通过繁殖以外的方式从一个生物个体传递到另一个体之中。这在细菌中相对普遍，而在多细胞的物种中也偶有发生。还有*表观遗传学*（epigenetic）的现象，其中继承而来的DNA的化学结构在发育过程中被诸如个体的营养摄入以及胚胎发育时所处的母体环境影响而改变。现在还不清楚这样的改变会在多大程度上被后代所继承，但无论程度有多大，自然选择也会一如既往作用于其上。

所以说真实世界是一团美妙的乱麻。这种没有指引的机制——就像在一个由无知无觉的底层定律管辖又拥有强大时间箭头的宇宙中我们会预料到的那样——是否足以解释我们行星生物圈所有这些精彩绝伦的纷乱细节？“生命如是之观，何等壮丽恢宏。”这是达尔文在《物种起源》中写下的。但他这个简单的机制是否真的足以从贫瘠的一组为自由能而斗争的有机分子出发，制造出海豚、蝴蝶和雨林呢？我们在生物机体中看到的高效和精巧的奇迹是否可能来自随机变化和时间的结合？（提示：答案是肯定的。）

第 34 章
贯穿景观的搜索

在计算机科学中，与人生一样，我们经常面对一项简单任务，就是在一长串的可能性中寻找某项特定的事物。考虑一下旅行推销员问题：给定一个城市以及城市之间距离的列表，访问每个城市恰好一次的最短路径是什么？这个问题可以用如下方式重新叙述。先拿来一张城市以及城市间距离的列表，现在列出另外一个列表，其中包含所有经过每个城市一次的所有可能路径[1]（这个列表会无比巨大，但仍然是有限的）。哪条路径最短？

一个*搜索算法*是一个被精确描述的过程，它的目的就是在物品的列表中找到你在搜寻的东西。当然你可以一步一个脚印地检查列表中的每个元素，然后考虑“是不是就是这个”。这可能很困难，因为听起来挺合理的问题牵涉的列表大小可能不合常理。对于旅行推销员问题，可能路径的数量大概随着城市数量的阶乘增长。自然数n的阶乘等于1乘以2乘以3乘以4……乘以$(n-1)$再乘以n。对于27个城市来说，要彻底搜索的路径数目大约就是10^{28}。如果每秒处理10亿条路径，这项搜索要花上的时间比可观察宇宙的年龄更长。

---

1. 译者注：此处原文作“经过每个城市至少一次”，疑有误，因为这个条件下列出的列表长度是无限的，比如说在两个城市之间来回任意多次就得到了无限种不同的路径。

所以秘诀在于不要随便找一个烂大街的搜索算法，而是找那些效率高的。通常发生的是，选择的数量太多，我们只要找到不错的解就很高兴了，而不一定要绝对完美。

自然选择可以看成一个搜索算法。演化要解决的问题是："什么生物可以在这个独特的环境中最有效地存活和繁衍？"但被搜索的并不真的是"生物"，而是基因组，或者说DNA链中特定的核苷酸串。人类基因组包含大约30亿个核苷酸。这个数量跟细菌之类的比起来算是很多，细菌的基因组可能有数百万个核苷酸。但不要太骄傲，有些开花植物的DNA包含超过1000亿对核苷酸。有些生物个体会生存繁衍，而另外一些就做不到。在代代繁衍之中，我们如何找到这样的DNA序列，能产生生存机会最大的生物个体？

从计算资源的角度来说，这算是个困难的问题。我们30亿个核苷酸中，每一个都是4种可能选择之一：A、C、G或者T。人类基因组大小的DNA所有可能排列的总数不是4乘以30亿（这个数字还不算太坏）；它是4的30亿*次方*：$4^{3,000,000,000}$，或者说大概是1后面跟着20亿个零。这个数字大得惊人甚至可笑。这个估计也过高了；有些核苷酸序列与其他序列对功能有着相同的影响，而绝大部分序列根本不会产生生物。我们可以点算基因而不是核苷酸，这会大量削减维度的数目，尽管由于每个基因拥有的可能形式大大多于4种，所以总数仍然巨大，而不同基因功能之间的相互依赖会让任何这类计数的结果变得不太确定。无论如何，通过彻底搜索所有生物个体可能拥有的基因组来寻找"最优"的个体，这是个令人生畏的工作。

演化提供了一个在无比巨大的可能性空间中搜索高适应度基因组的策略。计算机科学家最近证明了，演化的一个简化模型（允许通过有性繁殖的基因混合，但不允许突变）在数学上等价于博弈论学者多年以前设计的一个算法，名为*积性权重更新*（multiplicative weight update）。好想法经常出现在几个不同的地方。

“搜索算法”这个术语不意味着有什么人写了这个算法，或者有人确定了演化应该搜索的目标。演化没有考虑任何目标；演化就这样发生了，带着拉普拉斯式的沉静，每步都由前一步决定。在诗性自然主义的精神中，“搜索算法”就是演化过程的一种有用的说明方式。在适当的情景下，它们有着等价的数学形式，而这个联系带来了一些不错的形象直觉。不要让语言欺骗你去相信有任何主体在引导演化的路径或者事先设定了目标；同时也不要因为害怕自己听起来好像相信有这么一个主体，而不去利用这种能为整个过程的理解带来重大领悟的语言。

——

将演化的搜索问题形象化的一个方法就是利用适应度景观。想法就是，对于特定环境中的任何一个基因组，我们都可以向它赋予一个被称为“适应度”的数值。这个数值刻画了基于这个基因组的生物个体有多大可能在这个环境中成功繁殖。我们可以将适应度形象化为一个连绵起伏的景观，有山有谷，其中扮演“空间方向”角色的是每个基因可以取的不同形式，而扮演“高度”的是适应度（当我们实际绘画适应度景观的时候，我们往往只同时考虑一两个基因，但在头脑深处你应该记得，实际上我们在考虑的是一个25000维的空间，每个基因一个维度）。高适应性的山峰对应的基因组产生的生物个体很有可能成功繁衍（后代越多越好），而低适应性的山谷就是那些不大可能有下一代的基因组。

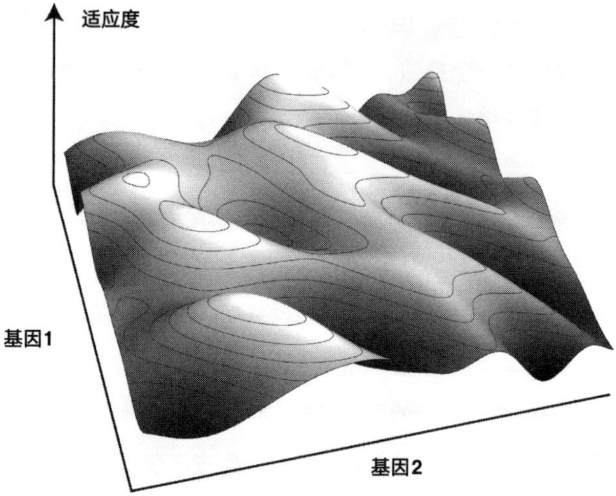

我们可以将演化看成将种群一点一点向适应度景观的高处慢慢推动的过程，其中偏向于那些能产生更适应个体的基因。当然这只是简化。不存在某个固定的适应度景观能适用于所有物种在所有时间中的所有情景；我们至多能考虑某个固定环境中的一个特定的种群。景观的形状依赖于环境的所有性质。其他物种来了又去，物理环境同样变迁，所以景观会随着时间变化。但环境中的某些方面可以在足够长的时期保持相当的稳定，使得固定的景观可以成为一个有用的隐喻，用于可视化整个过程。

生物学家对世界的看法与物理学家不同。景观的概念在物理中同样有出现，比如说考虑某个系统在给定的温度和压力下最终会达到的状态。但在头脑深处，物理学家总是在考虑一个在山丘上滚动的球。

于是景观中被偏好的点就是被绘制函数（通常是能量）的最小值，因为球会向下滚。生物学家想的是狡猾的雪羊，或者是一群在玩“占山为王”游戏[1]的孩子。对于他们来说，景观中备受偏好的点是那些适应度的最大值。

以下就是演化在适应度景观中进行搜索并寻找更高山峰的方法。我们有一个属于某个物种的种群，于是它们占据了景观中一组相近的点。个体出生，运气好也许能繁衍，然后死亡。它们后代的基因组会稍有不同，所以他们位于景观中的另一个地方——不太远，但与之前的位置也不完全相同。在斜坡上位于较低点的个体比那些位置较高的更不可能繁殖。随着世代更替，种群会发现自身逐渐向高处移动。

我们绘制的是二维的图，但实际上基因的数量的确可能非常大，所以一个种群在景观上爬升可能需要成年累月的时间。物种可能永远不会达到单个山丘的顶端，更不要说附近最高的山峰了，尽管个别性状也许能做到这一点。景观的某些部分可能相对平坦，在那里不同基因组的适应度并没有太大不同，而遗传漂变在那里可能是演化的主要特色。更现实的写照应该是随时间变化的景观，因为环境的物理和生物特征都会持续变化。这种情况下，不可能就那样找到山丘的顶端并待在那里；今天的最大值可能就是明天的山谷。

最后，演化的算法在任何意义上都无法保证能找到可能的最好结果。绝大多数变化都很微小，只能让我们探索景观附近的点。偶尔也

---

1. 译者注：这个游戏的玩法是一个孩子占据一个小土坡的最高点，他被称为山丘之王，然后其他孩子尝试将他拉下来，重新站上去的就是新的山丘之王。

会有罕见的突变会让我们能从一个山顶跳到另一个山顶，但也只限于附近的山峰。就像旅游推销员问题那样，寻找到一个足够好的解对于任何实用目的来说用处就已经非常大了。

——

演化采取的搜索过程效率相当不错，以至于在现实中人类程序员也常常使用类似的过程去发展他们自己的策略。这就是被称为*遗传算法*的技巧。就像基因组那样，至少是在某个固定的计算机语言中，我们可以想象长度一定的所有可能的算法组成的集合。它们数量很多，从原则上来说我们希望知道哪一个能最好地解决某个特定的问题。除了充当适应度景观的函数由程序员指定以外，遗传算法这个方法就像自然选择。在生物学中这会被称为定向演化，这是为了强调它与自然选择的区别，在自然选择中的适应度景观是由自然决定的，没有任何特殊的目的。

从随机选出的算法开始，我们让这些算法去试着处理问题。选出其中做得最好的一部份，然后使它们“突变”，还可以让它们与其他成功的算法混合。将不成功的策略丢弃，然后重复整个过程。我们考虑的算法种群会在相关的适应度景观上逐渐向上爬，适应度的定义是每个策略在寻找问题的优秀解答上做得有多好（这基本等价于巴特尔和绍斯塔克在寻找能作为催化剂的RNA构型时所做的事情）。[1]

遗传算法很好地阐明了演化作为策略发明者的一些有趣特点。其

1. 译者注：这里描述的更像是另一个被称为“遗传编程”的过程。一般的遗传算法处理的是任意问题，种群中的个体不一定是算法，而遗传编程是遗传算法的特例，专门用于处理算法。但两者的计算过程大体上类似。

中一个例子是计算机科学家梅拉妮・米切尔（Melanie Mitchell）提出的。她让我们考虑一个名为罗比（Robby）的虚拟机器人，它生活在一个简单的世界中，就是一个十乘十的网格。罗比昨天晚上举办了一场聚会，现在网格四处散落着空罐。罗比想尽快把它们打扫干净，效率越高越好，因为可用的时间有限。我们的任务就是发明一个策略——一套说明在每一步应该做什么的明确指示——能让机器人罗比捡起网格上的所有空罐。

你可能会认为罗比可以就这样从一个空罐走到另一个，而挑战在于找到最短的路径。但罗比担负着两个明显的障碍，可能是因为昨天晚上玩得有点太过火了。首先，它看不到很远的地方。站在任何一个方格上，罗比可以看到它自己所处方格上有没有空罐，也能看到在东南西北四个方向紧挨的方格上有没有空罐。但这就是它能看到的全部东西了，它看不到斜对角上有没有空罐，更不要说更远的方格了。

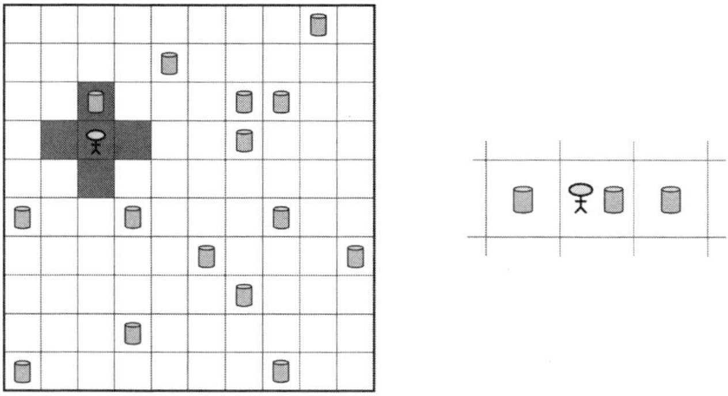

图左为机器人罗比的世界：一个方形网格，有些格子是空的，有些上面有空罐。阴影代表罗比的视野。图右是罗比位于一个有空罐的格子上的情况，附近还有数个空罐

你的下一个想法就是罗比应该进行某种有规律的行走，系统性地搜索整个网格，捡起看见的每个空罐。但还有第二个障碍：罗比不能保留任何记忆。它不知道它到过什么地方，捡起过什么空罐，也不知道它上一步做了什么。它的策略只能告诉它面对当前的情况下一步必须做什么，其中不能包括任何类似“向东走，然后下一步向南走”的指令，因为这包括了连续两步。

在这些限制下，很容易直接枚举罗比可以遵循的所有可能策略。它只认识5个方格：自己身处的方格，还有四个方向上的相邻方格。每个方格都可能处于3种状态之中：空的、上面有空罐或者在墙的另一面（无法到达）。罗比的“状态”是它所知的5个方格上都有什么的一个列表：一共有$3^5=243$种状态。它能采取的可能行动有7种：他可以捡起一个空罐（如果有的话），可以沿着四个方向中的一个移动，可以随机移动，也可以待在那里什么也不干。

罗比的一个策略就是一个清单，其中对于243种状态中的每一个都明确规定7种动作中的一种。可能策略的总数就是7^{243}，或者说大概是10^{205}。你不会单纯为了找到最好的可能性而去尝试每一种策略。

你可以尝试用更聪明的做法，设计一个你觉得会很好地完成工作的策略。米切尔这样做了，选择了一个算得上“不错，即使不一定最好”的策略作为基线策略。方法很简单：如果罗比站在一个有空罐的方格上，那么捡起它。否则，看看相邻的四个方格上有没有空罐。如果有一个空罐的话，就沿着相应的方向移动。如果没有的话，就沿着随机方向移动。如果有多于一个空罐的话，就向预先给定的方向移动。

我们把这个策略叫作“基准策略”。与预期相符，基准策略证明了自身可以相当好地完成工作；在大量的测试中，它往往能取得全部分数的69%。

或者我们可以从自然的方法中获得灵感，用定向演化的方法来演化出一个策略。罗比的一个特定策略就像DNA螺旋中核苷酸的特定序列，是一个携带信息的离散序列。我们可以人为地让它进行演化，一开始从数个随机选择的策略出发，让它们运行一段时间，然后挑选出其中做得最好的。然后我们将每个生存者复制几份，通过随机更改每个策略在几个特定状态上的规定动作来使每个复制品“产生突变”，甚至可以通过将不同策略分成几份；然后与其他策略粘贴在一起来模拟有性生殖。这个过程会令人想到生物演化。它能找到罗比的一个策略，比那个设计出来的“不错的”策略更好吗？

它做得到。演化轻易就能找到比设计更好的解答。仅仅在250代之后，计算机做得就跟基准策略一样好了，而在1000代之后，它几乎能得到全部分数的97%。

在遗传算法进行演化之后，我们可以回过头看看它干了些什么，试着搞明白是什么让它如此高效。这一点麻烦的逆向工程在现实世界中越来越有挑战性。许多有用的计算机程序是依据遗传算法构筑的算法来运转的，“没有人类程序员真正理解它们”的这个想法很可怕。幸而罗比在选择上的限制足够多，我们可以尝试搞清楚到底发生了什么。

罗比的最优策略比起基准策略在数个方面有着巧妙的改进。考虑这样的情况，罗比站在包含空罐的方格上，而东面和西面的方格都包含空罐。基准策略很自然会让罗比捡起空罐。但想一下接下来会发生什么：罗比会向东面或者西面移动，这样就会失去对另一个方向空罐的记忆。遗传算法尽管仅仅由随机变化和选择组成，却“理解了这一点”，得到了更好的策略。当罗比处于一行3个空罐的中间时，它不会捡起身处方格上的空罐；它会向东或者向西移动，直到到达这堆空罐的边沿，只有这时它才开始捡起空罐。然后，它很自然地返回空罐堆中，收集起路上的空罐。这一点与别的巧妙设计结合起来，最终效率要比设计出来的“显然的”基准策略高出许多。

演化不总比设计好。一个全知的设计者可以每一次都找到最好的策略。要点在于自然选择，或者这个案例中的定向演化，是一个相当好的搜索策略。它不一定能找到最好的解答，但经常能找到令人折服的巧妙解答。

——

尽管演化能出色地搜索复杂高维的适应度景观，但也有些它搜索不到的地方。考虑这样的景观，它拥有一个非常高的山峰，而与之相隔一个辽阔平原的则是一组起伏不平的山丘。现在想想有一个种群，它的基因组都在山丘之中。微小变化和自然选择的过程会让这个物种探索山丘的周边，寻找能够达到的最高点。但只要种群基因组中的变化一直很微小，所有这些个体都会留在山丘群中。所有个体都没有理由走上悠长而没有奖赏的跋涉，穿过平原去到达偏远的山峰。演化无法通过观察基因组空间的全局来找出更好的答案；它的行动是局部的，先进行随机的改变，然后（通过繁衍）评估相应的改变在目前情况下的优劣。

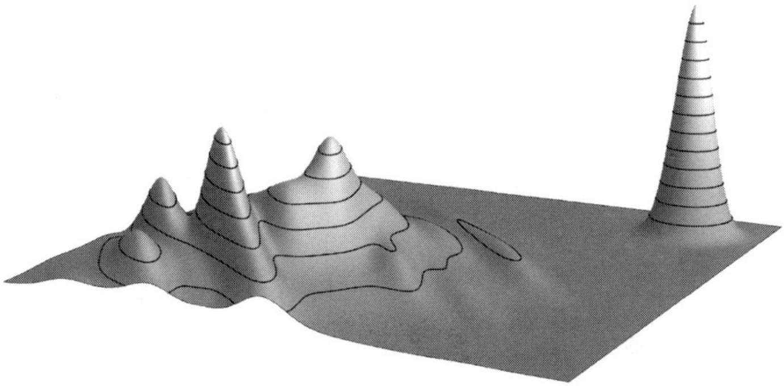

一个适应度景观，其中有一个自然选择难以找到的孤立山峰

无法在某个问题冗长的可能选项列表中找到孤立的解答，这并不是演化独有的问题。几乎所有有效的搜索策略都尝试利用可能选项列表中的结构——比如说在适应度景观上相近的点也拥有相仿的适应度这个事实——而不是盲目去扫描每个选项。然而，这有可能成为自然选择作为正确的物种演化理论在经验上的一道障碍。如果有人能证明某个特定个体的基因组在身处环境定义的景观中拥有很高的适应度，但却不能被演化所用的策略"找到"的话，这就会降低我们对达尔文理论的置信度。

给定任一特定的基因组，我们怎么知道它是不是适应度景观中的一个孤峰？这样的孤峰几乎必然存在，尽管可能没有第一印象中那么多。当我们绘制二维的景观时，孤峰几乎不可避免，但如果背景空间的维度非常高（就像人类大约有25000个基因那样），从一个山峰到另一个山峰的路径可能会多得多。

迈克尔・比希（Michael Behe）提出了一个疑似标准，用于判定不能在演化中产生的基因组，他是自然选择的批评者，也是智能设计的辩护者。在证明某些组织不可能通过传统的达尔文演化而出现的尝试中，比希提出了“不可约化复杂度”这个概念。在比希的定义中，一个不可约化复杂系统的运作包含着数个互相影响的部分，它们拥有一个性质，就是每个部分对于系统的运作来说都是不可或缺的。他的想法就是，某些系统由一些紧密勾连的部分组成，它们不可能逐渐形成，而是必须在同一时间一起出现。这不是我们会预期在演化中看到的事情。

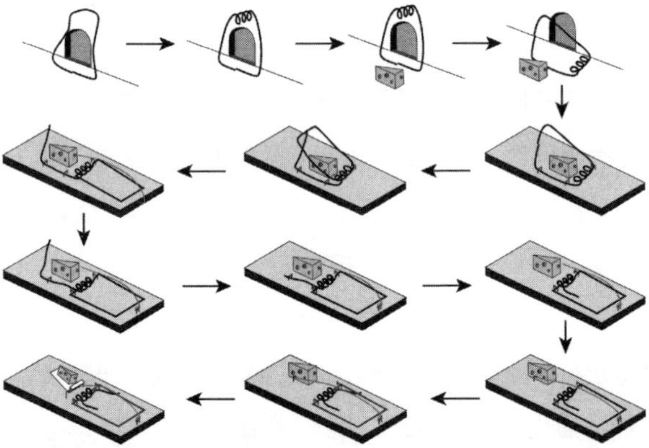

复杂老鼠夹的逐步演化，由约翰・麦克唐纳设计。老鼠夹一开始只是一根被碰到就会突然夹上的铁丝。在一系列步骤中，它加入了如下内容：一个弹簧、某种诱饵、卧倒放置、附加平台、更长的“锤”、一根绊线、扣住绊线的铁环、更短的弹簧线、比之前还短的弹簧线、另一个夹住绊线的扣件、锤和弹簧的分离、最后是用于触发陷阱的另一个更复杂的扣件

问题在于不可约化复杂度这个性质并不能轻易测量。为了阐述这个概念，比希提到了一个普通的老鼠夹，上面有一个弹簧装置、一个擒纵杠杆等装置。他论证道，去掉其中无论任何一部分，整个老鼠夹就没用了；它必须是被设计出来的，而不是通过单独看来都有益的微

小改变而逐步构建起来的。

你大概猜到了之后发生的事情。至少有两个不同的人［约翰·麦克唐纳（John McDonald）和亚历克斯·菲代利布斯（Alex Fidelibus）］展示了老鼠夹可能走过的“演化路径”。他们创造了一系列老鼠夹的设计，一开始非常简单，逐渐变得更为复杂。每一步都比前一步做得更好，尽管只相差一个微小的变化，而最后的一步确实是现代的老鼠夹。而在伤口上再撒上一把盐就是约阿希姆·达格（Joachim Dagg），他调查了真实的老鼠夹在长年累月中是如何变化的，证明了（尽管来自设计）它们也是逐渐演化而来，并非一蹴而就。用达格的话来说，“演化的所有先决条件（变化、传递和选择）在老鼠夹种群中无处不在。”

——

不可约化复杂度反映了许多人对演化怀有的一种深切的担心：我们在生物圈中找到的那些特有的生物看起来太像是设计出来的，以至于不可能由“随机运气加选择”产生。

这种确信的其中一个版本可以追溯到创造钟表匠比喻的威廉·佩利。佩利的写作早于达尔文登场，但他花了不少心思去尝试反驳任何像达尔文那样会否认上帝在世界复杂性的解释中占有中心地位的思想者。他最喜爱的例子是眼睛。“眼睛”这个词在佩利的《自然神学：或神性存在和属性的证据，从自然征象收集而来》（*Natural Theology: or, Evidences of the Existence and Attributes of the Deity, Collected from the Appearances of Nature*）中出现了超过两百次。需要协同工作的众多部件、眼睛完成赋予它的任务时无可争议的有效性、身体尝试保护和维持它眼睛的努力——对于佩利来说，这些事情强烈地诉说了眼睛意味着“智慧创造者的必然性”这个观点。

但眼睛不仅能用自然选择来解释；它们似乎在生命史上独立演化出来了十数次。眼睛的可能发展路径并不难追踪。对光子的吸收是生命个体进行的最基本的活动之一。这项能力可以聚集在对光子敏感的团块中，或者说是“眼点”，甚至在某些单细胞生物中也能找到它们。如果一个生物个体能够感知光线，那么获得对光线来源方位的感知就可能带来好处。得到这个能力的一种简单方法就是将眼点藏在一个杯状凹陷中，就像在某些扁形动物中能看到的那样。将这个杯状凹陷加深到差不多圆形的开口，就会让生物个体能够采用某种原始的透镜，类似于针孔相机。我们在某些现代的软体动物身上也能发现这种眼睛。将这个眼洞用透明的流体填充起来能帮助达到保护和聚焦的功能。这一路上的许多步骤都不会一蹴而就。通常演化可以借用生物个体中其他功能中的机制，这些机制是为了不同的原因而出现的。

你大概懂了——眼睛不仅能够分阶段发展出来，每个阶段有着逐渐增长的复杂度和适应度，而且我们在今天存活的真正生物中能够确实看到这样的发展。而人类的眼睛尽管奇妙，但也有明明白白的缺陷。这些缺陷对于一个有才华的设计者来说不可饶恕，但在演化的角度下却完全合理。将视觉信息传输到大脑的神经纤维无缘无故处于我们的视网膜之前而不是之后。章鱼眼睛的布局更好，视网膜在前，神经在后，于是章鱼不像人类那样有一个盲点。我们的解剖学反映了我们演化历史中的偶然事件。

第 35 章
目的涌现而来

不定项选择题小测验时间：长颈鹿的脖子为什么那么长？

1.代代以来，长颈鹿坚持向上伸长以够到接近树顶的叶子。它们的脖子因此逐渐变得越来越长。

2.长脖子对进食有帮助。它们DNA中的随机突变让某些长颈鹿拥有的脖子比其他长颈鹿更长。与同类相比，这些个体享受到了营养上的优势，因为它们可以够到接近树顶的新鲜树叶。这项优势被传递到了它们的后裔中，长颈鹿的种群从而逐渐发展出更长的脖子。

3.脖子长很性感。雄性长颈鹿为了得到雌性的青睐而用将头甩向对手的方式进行竞争。它们DNA中的随机变异让某些长颈鹿拥有更长的脖子，这赋予了它们繁殖上的优势。这项优势被传递到了它们的后裔中，长颈鹿的种群从而逐渐发展出更长的脖子。

4.给定物理法则、宇宙的初始状态以及我们在宇宙中的位置，聚成长脖子长颈鹿形状的原子集合在大爆炸140亿年后出现了。

选项1和2之间的差异在解释达尔文关于自然选择的理论时经常出现。选项1是错误的；个体在生命中经历的改变，诸如通过锻炼或者学习新行为产生的改变，不会被整合到遗传信息中，因此也不会传递到后代中（这里有一些微妙之处，因为某些受环境影响的基因表达方式也许能被遗传，即使基因本身没有改变）。选项2是更标准的达尔文式解释。不是因为先代的长颈鹿*想要*接近更高处，而只是因为那些做得到的长颈鹿累积了一项能传递到后代之中的优势。

现在还有选项3，它以“性选择”这个名字为人所知。这是一个完全合理的达尔文式解释，依赖于一种特定的选择压机制去达到有经验依据的结果。有些研究者提出某种形式的性选择要优于传统上的树顶树叶叙事。这阐明了理解演化在现实世界如何发生时会遇到的困难之一：可能有多于一种方法能解释某个单一性状的出现。

争论仍在继续。比如说，在性选择下有可能雄性和雌性长颈鹿的脖子会以不同方式演化，但数据似乎表明它们的脖子相当相似。现在选项2更加流行，但新数据会继续影响我们对于每个不同假说的置信度。

那么完全避开了任何特定演化叙事的选项4又如何？这是一个正确的陈述，但在这个语境中没什么用处。在诗性自然主义的角度看来，自然选择提供了对于生物世界中涌现性质的一种成功的说明方式。我们不需要用演化和适应的语汇去正确地描述发生的事情，但这样做会给我们带来重要而有用的知识。

生命的演化提供了从现实最基础的描述中涌现出来的高层次现象的一个丰富源泉，其中一些现象在最深层次中没有直接与其相似的现象。因为我们这个宇宙始于一个特别的状态并且展现了一个强大的时间箭头，这些涌现图景可以沿用类似“目的”或者“适应”之类的词语，尽管这些想法在现实底层机械式的行为中毫无踪影。

——

在怀疑演化的人中间，一个常见的担忧是，从物质无意识的运动中应该如何创造全新的*事物类别*。“目的”是一个显然的例子。我们可以说出类似“长颈鹿脖子长的目的是帮助它够到接近树顶的新鲜树叶”这种话而不会明显感到难堪。另一个例子是“信息”。我们说DNA携带了遗传信息；视觉神经将信息从眼睛携带到大脑。然后还有意识本身。之前提到的担忧就是，这些概念代表了一种对物理法则那种单纯的拉普拉斯式运转在本质上的背离。演化本身既然最终是全然物理性的，它又怎么能创造出这些全新种类的事物？

这种担忧很自然。演化这个过程未经计划也没有引导。遗传信息能否传递到未来的后代，仅仅依赖于它周边环境的条件以及随机的可能性，而不依赖任何未来的目标。这种过程在本质上没有目的，怎么能导向存在的各种目的？

但这种担心有点奇怪，至少对于那些接受了自然选择能对鱼鳃和眼球之类更平凡的东西给出解释这一点的人来说是这样。鱼鳃和眼球这类器官在某种意义上是“全新的”。没什么一般性的原则会说“全新种类的事物不能在无方向演化的过程中出现”。像“恒星”和“星系”这样的东西也在此前没有出现过的宇宙中出现了。为什么目的和信息不能呢？

在诗性自然主义中，“全新”概念在一个理论涌现自另一个理论时出现，这是世上最平平无奇的事情。随着时间流逝和熵的增长，宇宙中物质以各种形式排列，使不同的高层次说明方式能够涌现出来。类似“目的”之类事物的出现仅仅取决于一个问题：“在这个特定的适用环境中，在发展这部分现实的有效理论时，‘目的’是不是一个有用的概念？”这里也许有着或多或少有趣而富有挑战性的技术性难题需要解决，但在这个过程中没有什么会阻碍种种新概念的涌现。

——

想想在网格中清理空罐的机器人罗比。在通过多代变异与选择而人工生成的最成功策略中，罗比演化出了一种技巧，就是如果东面和西面都有空罐的时候，就不去捡起当前方格上的空罐。反之，它会向一个方向移动——比如说西方——直到到达一个有空罐的方格，它在西面的邻格上没有空罐。只有在这时它才会原路返回，沿途捡起所有空罐。

*为什么*罗比会这样行动？我们可以简单地说：“这些行动是在遗传算法过程中生存下来的策略的一部分。”这相当于前面对长颈鹿脖子解释的列表中的第4项。不能说它错，但它也没有带来多少启发。或者我们可以说：“罗比有一种需求，它不想忘记在两边都有空罐，所以它先把空罐留在那里，因为它知道之后会回来把它们再捡起来。”

这种说明方式有意义吗？机器人罗比并不是真的有什么*需求*。它连真正的机器人都不是——只是电脑内存里的一串0和1。当我们将人类的思考或者感情赋予无生命的对象时，心理学家有时候会说这是“拟人化谬误”（如果我不偶尔去重启的话，我的电脑就开始不高兴了)。讨论罗比的时候当作它好像真的有什么需求,这可能很有趣也没什么害处,但这事实上并不是真的。难道不是吗?

考虑一下我们倒果为因的可能性。当我们说机器人罗比并没有在人类意义上的需求时,我们采取了一个隐含的立场,就是存在某种被称为"需求"的事物,它能被正确地赋予到宇宙中的某些事物上(比如人类),而不是别的事物(比如说虚拟机器人)。这种"需求"到底是什么?

某种东西有做某件事的需求,在正确的情景下这种想法可能是一种有用的说明方式。这个想法很简单,却能方便地概括相当数量的复杂行为。如果我们看到猴子在爬树,描述这件事的方式可以是列出一张猴子在每个时刻在做什么的清单,甚至是明确写出猴子和环境中每个原子在每个瞬间的位置和速度。但简单得多而更为有效的说法是:"猴子有得到树上那些香蕉的需求。"事实上我们能这样说,这是超出所有那些位置和速度的一项有用的知识。

在理念空间中,并不存在一种有关"需求"的柏拉图式理念能够与某类事物正确联系起来,但却无缘于其他事物。反过来说,在某些情况下将事件描述为某个存在对某个事物有需求,这会很有用,但在其他情况下就不见得了。这些情况会出现宇宙内物质的不定向自然演化之中。这些"需求"和别的事情一样真实。

在罗比这个特别的例子里,用需求、目的或者渴望来界定它的行为,既不必要也没什么用。直接说出它收集空罐的策略到底是什么也同样简单。但它与一个人之间的差异，就“需求”的本体论状态而言，只是程度上的差异。我们可以想象一个机器人，它的程序比小罗比的远远复杂得多。我们可能对具体的程序所知不多，但也许我们可以观察这个机器人的行动。也许理解这个机器人的行为最好的方式就是：“这个机器人有强烈的需求去捡起那些空罐。”

在自然主义中，人类和机器人之间的差异并没有那么大。我们都只是一大堆结构复杂的物质，以某种规律运动，在一个拥有时间箭头的环境中遵循着冷冰冰的物理法则。需求、目的和渴望都是在这个过程中自然产生的事物种类。

——

关于“信息”也能讲一个类似的故事。这值得我们思考，因为对意识的讨论中这个问题会再次出现。如果宇宙只是一堆物质，遵循着机械化的物理规则，那么一件东西怎么可能“携带”别的东西的“信息”呢？一堆原子的排列怎么可能“关于”另一堆的排列？

像“信息”这样的词是谈及宇宙中发生的某些事情时一种有用的说明方式。我们不需要谈及信息——我们可以取“选项4”的观点，只谈宇宙的量子态随着时间不可避免的演化。但信息是刻画某些物理现实的有效途径，这个事实是对世界的一项正确而又远非平凡的洞察。

考虑一下伏尼契手稿（Voynich manuscript）。这是一本非凡而独特的书，可能的来源可以追溯到15世纪早期，也许来自意大利。这本书怪诞奇葩，充满了天文和生物主题的精致插图。插图中描绘的花卉绝大部分不能对应到现有的植物物种。最引人注目的是，直到今天，这本书的文本仍然完全无法解读。不仅是语言，连最简单的字母表也是此前从未见过的。针对文本中单词和符号的统计分析结果似乎与一般语言相符，但密码学家在将文本当成某种密码来解读的尝试中却屡遭挫折。它可能是个很好的密码；它可能是某个人发明后又被忘却的独特语言；或者它可能是一个彻头彻尾的恶作剧。

伏尼契手稿是否包含了信息？

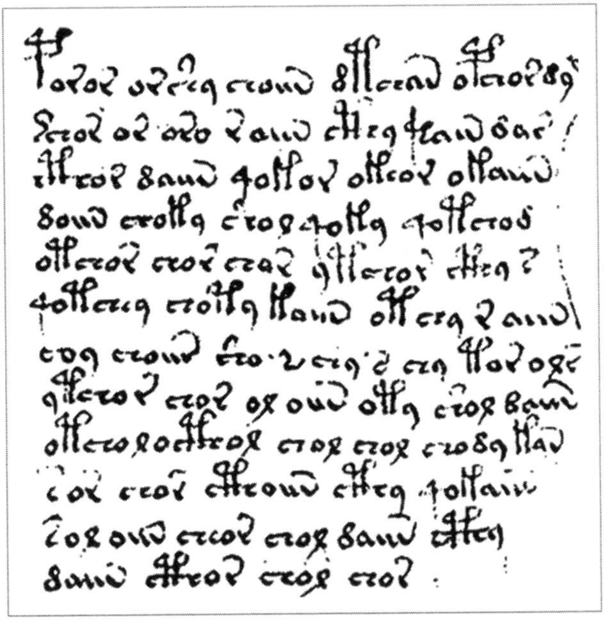

伏尼契手稿中出现的文本的摘录

人们自然会想说这取决于这本书的来源。如果它真的是场恶作剧，而这些单词只是某种半随机的废话的话，那么可能它就没有包含多少信息。但如果它只是一种精妙的密码，终有一天会被解开的话，它可能包含许多信息——即使那些“信息”可能只是纯粹的想象之作。

如果伏尼契手稿是一种无法被破译的密码，那会怎么样？如果它一开始是为了某个明确的意图而写就的，但它的意义隐藏得太深以至于没人可以将其揭露，这样又如何？它是否仍然包含了信息？如果这部手稿被放到容器中发射到太空，然后地球被一次灾难性的小行星碰撞所摧毁，而这本书在虚空中漂浮直到永恒。它那时是否包含信息？

我们倾向于以数种常常互不兼容的方法来使用“信息”这个词。在第4章我们讨论过基础物理法则中的信息守恒。在那里，我们所说的“微观信息”指的是对物理系统准确状态的完整说明，它并无来源也无法毁灭。但我们经常考虑一种高层次宏观概念上的信息，它的确可以出现又消失；如果一本书被烧了，其中包含的信息对我们来说就丢失了，即使对于宇宙来说并没有。

一本书中包含的宏观信息是相对于它所处的环境而言的。当我们谈到你正在读的这本书中包含的信息，意思就是这些词语和你读到它们时得到的某些想法有关联。你读到了“长颈鹿”这个词，然后心中就出现了某种脖子很长的非洲有蹄类动物的概念。一条DNA链中包含的信息也是如此：它关联着细胞中某些蛋白质的合成。正是物质构型（一本书或者一条DNA链）与宇宙中别的事物（长颈鹿的影像，或者是一个有用的蛋白质分子）之间的这种联系，让我们可以谈论信息的存在。没有这些联系的话——如果现在以至于将来，都没有人去读这本书，没有RNA分子会读那条DNA链然后离开去制造蛋白质的话——谈论信息就没有意义。

从这个观点来看，包含信息的物体出现在物质以及生命的无定向演化过程中，这并不让人意外。它之所以出现——也是我们期待中的答案——就是因为宇宙开端的熵非常低。这意味着它处于一种非常特别的状态，仅仅是知道宇宙的低熵宏观构型就给我们带来了微观状态上的海量信息（在均衡态中熵很高，微观状态几乎怎么样都可以，而这时我们本质上不知道有关状态的任何信息）。随着宇宙从这个非常特殊的状态演化得越来越普通，宇宙中不同部分之间的关联也就自然形成。现在，其中一部分携带了另一部分的信息这种说法就变得有意义了。这只是关于世界在宏观涌现的层次上，我们拥有的众多有用的说明方式之一。

——

在20世纪90年代后期，位于美国的全国生物教师协会（National Association of Biology Teachers，NABT）采用的一条“有关教授演化论的声明”引起了轩然大波：

> 地球生命的多样性是演化的结果：即一种不受监督、不具人格、不可预料的自然过程，它关乎带有遗传变化的世代传承，受自然选择、随机事件、历史偶然和多变环境的影响。

引起争议的一点是其中包含的“不受监督”和“不具人格”这两个词。有些人觉得这样的刻画超出了纯粹的科学，对那些属于宗教领域的问题作出了判断。两位著名的神学家阿尔文·普兰丁格和休斯顿·史密斯（Huston Smith）向NABT写了一封信，论证这种越界会因为“降低美国人对科学家的尊重，以及他们在我们文化中的地位”而适得其反。他们的想法大概就是，对于科学与宗教之间的任何冲突，美国人都会始终选择宗教一方。普兰丁格和史密斯敦促理事会修正这项声明，将“不受监督”和“不具人格”删去。经过一段时间的辩论，理事会同意了，而这些词语在后来这项声明发表时被略去了。

我们可以争辩说这项举措显现了政治上的智慧，但NABT声明的原有用语在科学上恰如其分。演化理论描述的是一个不受监督又不具人格的过程。理论本身可能有错或者并不完全；看似没有指引的演化可能暗中被一个微妙而不可见的力轻轻推向某个特定的方向。然而那会是一个完全不同的理论，你可以充实它的血肉，尝试用传统的科学方法对其进行测试。在我们这个似乎完美描述了地球生命史的理论中，没有什么受到了监督，也没有什么具有人格。自然选择并没有尝试到达什么目标，无论是复杂度的提升，意识最终的出现，还是上帝更大的荣光。

在实践中，达尔文理论的成功堆积如山，令人毫不意外的是，某些宗教思想家提出了不同版本的“有神论演化”——半吊子的自然选择，但由上帝之手引导。这项观点的支持者包括一些著名的生物学家，比如美国国立卫生研究院的负责人弗朗西斯·科林斯（Francis Collins），还有肯尼思·米勒（Kenneth Miller），他是一位细胞生物学家，还积极投身于反对在美国学校里教授创造论的运动。

在调和演化与上帝干预的尝试中，最流行的方法也许就是利用量子物理的概率本性。根据他们的论证，一个经典的世界从开始到结尾都是完全确定的，上帝没有办法影响生命的演化，除非直接违背物理法则。但量子力学预测的只是概率。在这个观点中，上帝可以就此选择某些量子力学的结果作为现实，而不会真正违反物理法则；它仅仅将物理现实对接上了量子动力学内在的许多可能性之一。沿着相似的思路，普兰丁格提出量子力学能帮助解释一系列上帝的作为，从神迹治愈到化水为酒，还有分断红海，等等。

不错，所有这些看似奇迹的事件在量子力学的规则下都是被允许的，只是它们非常不可能发生。非常、极端、无以复加地不可能。如果宇宙中围绕每颗恒星旋转的每颗行星上都填满了科学家，然后让他们不停地做实验，做上比可观测宇宙当前的年龄还要长好几倍的时间，也非常不可能有哪怕是一位科学家亲身见证一滴水变成酒。但这是有可能的。

“可能”二字并不能做到有神演化论的支持者希望它完成的那项任务。简单地说，我们有两种场景。其一是每个量子事件中作出的选择本身就有很高的概率成为现实，而上帝之手只是在几种可能性中选取了一项很可能发生的事件。在这种情况下，上帝基本没做什么。人类的出现从来不是非常不可能发生的，即使没有上帝的干预也有可能轻易发生。如果你祈祷抛掷一枚公平硬币时得到正面，而结果如你所愿，要说这都是上帝的功劳也未免有点奇怪。或者从贝叶斯的观点来看，你通过上帝干预所得到的似然度上升，远远不足以克服这样允许超自然影响改变物质世界运行导致的复杂度增加以及无可避免的精确度下降。

另一个场景就是，对于人类演化出现的过程来说，必要的事件极端不可能发生，尽管发生的可能性仍然存在——也许跟红海自发分开能有一拼。在这种情况下，你并非单纯在利用量子不确定性，而是在违背物理法则。观察到如此不可能发生，以至于在可观测宇宙中的任何地方都不能指望观察到的事件，这应该算是你用了错误的理论去计算概率的证据。如果某个人抛了100次硬币，每次都正面向上的话，你观察到的这个结果在硬币没有偏差的时候也有可能发生——但硬币做了手脚的可能性要大得多。

对那些希望给上帝对世界演化留下影响空间的人来说，量子不确定性无法提供一丝一毫的掩护。如果上帝精确控制了量子事件实际发生的结果，这样的干预就像是在经典力学中直接改变行星的动量。上帝要么影响了世界上发生的事情，要么它对此毫无影响。

有神论的问题是，没有证据证明上帝的确这样做了。有神论演化的支持者没有正面论证我们需要用上帝的干预才能解释演化的进程，而只是提出量子力学可以作为它可能发生的理由。但如果上帝存在的话，这当然有可能发生；不管是什么物理法则，上帝想做什么都可以。有神论演化的支持者在做的事情，实际上是将量子不确定性当成遮丑布：并不是说上帝因此就被允许作用于世界了，而是这让他们能想象上帝以一种没有人能察觉的方法行动而不会留下脚印。我们也不明白上帝为何如此偏爱以人类无法察觉的方法来行动。这个论点将有神论规约到了操控月亮的天使这个案例，而我们已经在第10章考虑过了。你不能用任何可能的实验去推翻这个理论，因为它精密地设计得与正常的物理演化无法区分。但这也不能给你带来什么东西。最合理的还是将我们的置信度放在“并不存在上帝的影响”这个想法上。

第 36 章
我们就是目的？

尽管生命的出现和演化令人叹服，但它是否有点……脆弱？如果初始条件有一点点不同，生命似乎就根本不会出现了，不是么？

这种担忧有时候会发展为肯定的断言：生命的存在就是否定自然主义的证据。这个想法是，初始条件——也就是从电子质量到早期宇宙膨胀速率的一切——都经过了微调以便生命出现。接下来的论证是，如果这些数值稍微有一点点不同，我们就不会在这里讨论这一点了。这在有神论中完全合理，因为上帝希望我们存在，但在自然主义下就难以解释了。用贝叶斯的语言来说，生命在宇宙中出现的似然度可能在有神论中更大，而在自然主义中更小。于是我们可以得出结论，我们本身的存在就是有利于上帝存在的有力证据。

上帝存在的微调论证令某些人很不高兴。这似乎是将科学自哥白尼开始发现的所有东西完全颠倒了过来。如果这种逻辑正确的话，在象征的意义下我们实际上是宇宙的中心。我们就是宇宙存在的理由；电子质量之类的数值之所以是现在这样，原因在于我们，而不是什么偶然，更不是出于某些隐藏的物理机制。在思考了核心理论中所有相互作用的量子场，或者看见一幅关于千亿个星系充斥宇宙的图片后，对自己说："我知道为什么会是这样——为了我能出现在这里"，这未免有点太自大了。

然而，微调论证也许是有利于有神论的论证之中最值得尊重的。它并不是那种听起来有点小聪明的先验论证，让我们躺在安乐椅上都能证明宇宙存在某些特点。微调论证遵守了我们赖以知晓世界的那些规则。它考虑了两个理论，自然主义和有神论，然后进行预测并通过走出去观察世界的方法来测试哪个预测正确。这是我们知道的有关上帝存在最优秀的论证。

但它还算不上特别好。它严重依赖于统计学家所说的"陈旧证据"——我们并不是先用有神论和自然主义构想出预测，然后再到外面测试它们；我们一开始就知道生命的存在。这就是一种选择效应：我们只能在那些我们存在的可能世界中进行这段对话，所以我们的存在并没有真的告诉我们什么新的信息。

尽管如此，自然主义者仍然需要直面微调问题。这意味着去理解在有神论和自然主义各自的前提下会预测出宇宙的什么面貌，从而正确比较我们的观察结果对各自置信度的影响。我们会看到，生命的存在至多让有神论为真的概率增加一点点——然而宇宙与此相关的特征对自然主义则有莫大的帮助。

——

最重要的一步是确定我们在每个理论中测量到不同结果的概率。这事说起来比做起来简单，因为无论是有神论还是自然主义都有许多不同的特殊版本。我们会尽量努力，但也应该记住我们对似然度的估计中有不少模棱之处，而偏见的因素也会左右最终的答案。

如果自然主义正确的话，宇宙能够承载生命的概率是多少？通常的微调论证说的就是这个概率非常小，因为对于定义了我们宇宙的那些常数来说，一点微小变化就会让生命不再可能出现。

这种常数的一个著名例子就是空间本身的能量：真空能，或者说宇宙学常数。根据广义相对论，虚空可以在每立方厘米中蕴含一定的固有能量。我们当前最好的观测表明，这些能量很少，但不为零：大概是每立方厘米中含有一亿分之一尔格的能量（一尔格不算多少能量，一百瓦的电灯泡一秒钟就要耗费十亿尔格的能量）。但真空能可以无比庞大。简单的估算表明，它的合理值可以是大概每立方厘米 10^{112} 尔格——比实际数字大上整整120个数量级。

如果真空能取了这个“自然”的数值，你现在就不会在阅读这些词语了。词语、书籍甚至人类，种种事物都不会存在。真空能会加速宇宙的膨胀，让物体相互远离。如此巨大的真空能会撕开单个原子，任何类似“生命”的东西都极不可能出现。相比之下，真空能在现实世界中取如此小的值，似乎温和地许可了生命的存在。

真空能并非唯一看似为生命微调过的常数。繁星闪耀的方式（也是我们生物圈自由能的最终来源）敏感地依赖于中子的质量。恒星靠核聚变运转，它的第一步就是两个质子聚在一起，其中一个转化为中子，创造出氘原子核。如果中子稍重一点，这个反应就不会在恒星里发生。如果中子稍轻一点，早期宇宙中的所有氢都会被转化为氦，而以氦为主的恒星，它们的寿命要短得多。就像真空能那样，中子质量似乎也被微调过，让生命能够产生。

也许就是这样，但有两个微妙之处使得这个论证有些问题。

首先，我们没有可靠的方法去判断各种物理常数的不同数值出现的可能性有多少。我们这个世界的真空能比简单的估计结果小得多，这可能让我们产生种种揣测。但这些简单的估计可能受到了严重的误导，因为它们基于我们对终极物理法则的不完整理解。比如说，当真空能较低时，空间某个区域能包含的熵的上限会更高。也许存在一条物理原则，它偏好熵上限较高而不是较低的空间。这样的话，这条原则会有利于真空能拥有非常小的数值，而这正是我们所观察到的。在理解物理机制如何设定不同物理常数的数值之前，当然是在这些机制的确存在的前提下，我们不应该因为这些量看似不自然地巨大或者微小而过于激动。这些物理常数也许可以归结到普通的物理过程，而与生命的出现毫无瓜葛。

其次，在宇宙的这些常数拥有非常不同的数值时，我们对于生命是否可能出现其实所知不多。这样说吧：如果我们对于宇宙，除了核心理论和宇宙学的基础数值以外一概不知，我们能不能预测到生命的出现？这似乎极不可能。要从核心理论推导出像元素周期表那样基础的东西已非易事，要一直走到有机化学并最终到达生命，这更是难上加难。有时候问题相对简单——如果真空能比现在大得多，我们就不会在这里。但对于刻画了物理学和天文学的绝大部分常数来说，当它们取别的数值时会发生什么实在是难以估计。毫无疑问，宇宙会变得非常不同，但我们不知道它是否适合生物的出现。的确，天文学家弗雷德・亚当斯（Fred Adams）最近的一项分析证明，在中子的质量与当前值有着显著差异的情况下，通过利用另一套与我们这个宇宙不同的机制，恒星仍然能够发光发亮。

生命是一个复杂系统，由相互勾连的化学反应组成，驱动它的是反馈控制和自由能。在地球上，它以一种特殊的形态出现，利用了碳基化学美妙的灵活性。谁又能说出其他类似的复杂系统会以什么形态出现呢？弗雷德・霍伊尔，就是那位质疑大爆炸和生命起源的天文学家兼麻烦人士，他写过一本名为《黑云》（*The Black Cloud*）的科幻小说，在书中有一团无比巨大的有生命有智慧的星际气体云威胁着地球。另一位爱好科幻的科学家罗伯特・福沃德（Robert Forward）也写过一本叫《龙蛋》（*Dragon's Egg*）的科幻小说，这本书写的是生活在中子星表面的微观生命形态。也许在一亿亿亿年后，在最后的恒星熄灭了很长很长的时间之后，在黯淡的星系中会居住着虚无缥缈的生命，浮游在黑洞辐射出的微弱光芒之中，它们的心跳一拍上百万年。任何一种可能性都似乎没什么机会发生，但我们知道有一系列的物理系统，在熵随时间不断增加的过程中，能发展出相当复杂的行为；似乎并不难想象那些意料之外的地方也能发展出生命。

——

还有另一种有名的可能性使事情变得更复杂：我们拥有的可能不只是一个宇宙，而是多重宇宙。那些被认为是微调过的物理常数——即使是那些应该是固定的常数，比如说中子质量——在多重宇宙的不同地方也可以取非常不同的值。如果这种情况属实，我们发现自己处于多重宇宙中能容纳生命的一部分，这个事实应该在意料之中。难道我们还能出现在别的什么地方么？

这个想法有时候被称为*人择原理*（anthropic principle），在它的支持者和反对者之间，只要提及它，通常就会引发一场唇枪舌剑。这样太遗憾了，因为它的基本概念非常简单，事实上也无可争议。*如果我们生活在这样的一个世界里，其中不同地方的状况可能非常不一样，那么*这会在我们对世界的实际观察中产生强烈的选择效应：我们只会发现自己身处于世界中允许我们存在的那些部分。比如说，太阳系有好几颗行星，其中有一些比地球大得多。但没有人会认为我们居住在地球上是什么奇怪或者需要微调的事情；它就是最适宜生命居住的地方。这就是人择原理的应用。

真正的问题只有一个，就是一开始就想象我们生活在多重宇宙中，这是否合理？这个专业术语可能会引起误会；自然主义说只有一个世界，但这个“世界”可以包含一整个多重宇宙。在这个语境下，我们关心的是一个*宇宙学多重宇宙*（comsological multiverse）。它的意思是，空间的确存在许多不同的区域，它们之间相隔极远，从而不能被我们观察到，而它们拥有相当不同的状态。我们将这些区域称为“其他宇宙”，即使它们实际上还是自然世界的一部分。

因为自大爆炸以来只经过了有限长的时间，而光以固定的速度运动（每年一光年），总有部分空间仅仅因为离我们太远而不能被观察到。在可观测视界之外，这样的区域完全有可能存在，其中的物理法则——地位等同于核心理论——与我们这里的完全不同。不同的粒子、不同的力、不同的常数，甚至是不同的空间维度。而这种区域可能大量存在，每个区域都有自己版本的局域物理法则。这就是宇宙学多重宇宙。（这个概念不同于量子力学中的“多世界”，其中波函数的不同分支都遵循相同的物理定律。）

有人反感于这种揣测，因为它依赖那些现在和将来都观测不到的现象。但即使我们看不到别的宇宙，它们的存在可以影响我们对目力所及的这个宇宙的理解。如果只存在一个宇宙，真空能之谜就会是“为什么真空能取了现在这个特别的数值”。但如果存在许多个宇宙，它们拥有不同数量的真空能的话，问题就变成了：“为什么我们会发现自己身处多重宇宙的这一部分，其中真空能取了这个特定的数值？”这两个问题相当不同，但每一个都是完全合理的科学问题。我们是否生活在多重宇宙之中，这也是个平平常常的科学思考，可以用普通至极的方法来判断：哪个物理模型最好地解释了已有数据？

我们应当承认，如果没有任何理由，或者仅仅为了解决微调问题，就假定了所有这些不同空间区域的存在，那么这个多重宇宙的想法中的确有些东西不甚光彩。这会代表着一个极端繁复而又矫揉造作的模型。即使它能很好地与数据相容，在赋予先验置信度时，也要对这个模型进行严厉的惩罚，这也很正常；比起复杂的模型，我们总是应该优先考虑简单的模型。

但在现代宇宙学中，多重宇宙并不是一个理论，而是其他理论作出的预测——这些理论是出于完全不同的理由而被创造出来的。不是因为人们觉得这个想法不错所以才发明了多重宇宙的理论；将它强加于我们的，正是我们自身为了理解观察到的这部分宇宙所做到的最大成就。

有两个理论特别促使着我们去思考多重宇宙，那就是弦理论和暴胀理论。在我们现今对万有引力和量子力学法则的调和尝试中，弦理论正是处于领先地位的候选理论。它自然地预测出空间拥有的维度超出了我们观察到的三维。你可能会觉得这一点否定了整个想法，而我们应该抛弃它继续生活下去。但这些额外的空间维度可以卷缩成微小的几何形状，比任何已经进行的实验所能观察的都要远远更小。有很多种卷缩的方法，这些额外维度可以拥有许多不同的形状。我们不知道确切的数字，但物理学家喜欢抛出的估计是大约10^{500}种。

在这些隐藏额外维度的方法中——弦理论研究者称之为紧化（compactification）——每一种都会引出一套有效理论，其中包含不同的可观测物理定律。在弦理论中，类似真空能或者基本粒子质量等“自然常数”是由宇宙的任意区域中额外维度卷缩的精确方式所决定的。在别的区域，如果额外维度以另一种方式卷缩，在那里生活的人测量到的数值会完全不同。

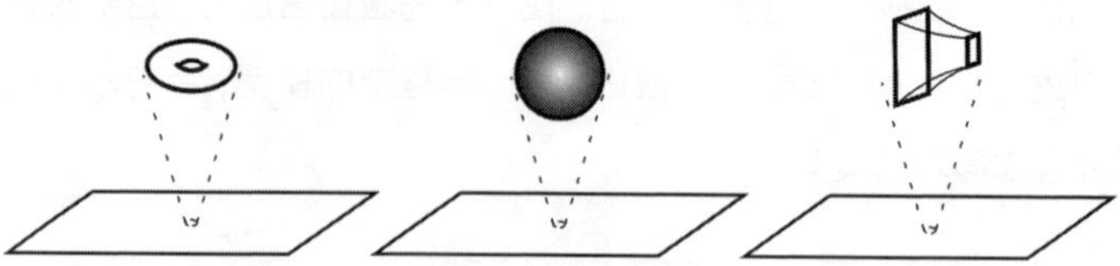

空间额外维度隐藏在我们视线之外的不同紧化方式。不同的可能性会使我们在相应空间区域中对那些刻画物理法则的常数测量出不同的值。

就是这样，弦理论允许多重宇宙的存在。要真正使它成为现实，我们要转向暴胀理论。这个想法的先驱是物理学家阿兰·古斯（Alan

Guth），在1980年他假设了宇宙在非常早的时期曾经历过一段无比快速的膨胀，动力来自某种暂时出现但非常稠密的真空能。对于解释我们所看到的宇宙，这一点带来了众多便利之处：它预测了一个光滑平整的时空，但在密度上有非常小的涨落，正是这种涨落能通过引力随时间流逝发展为恒星和星系。我们现在没有暴胀的确发生过的直接证据，但这个想法如此自然而有用，许多宇宙学家已经将它接纳为塑造宇宙当前形态的默认机制。

将暴胀的想法与量子力学的不确定性结合起来，会得到一个意料之外的戏剧性推论：宇宙在某些地方已经停止暴胀，开始看起来像我们实际观察到的情况，但其他地方仍在暴胀中。这种“永恒暴胀”创造的空间容积越来越大。在任何特定的区域中，暴胀最终会停止——而当它停止时，我们会发现此处额外维度的紧化与别的地方完全不同。暴胀可以创造的区域数目大概没有限制，每个区域都有自身的局域物理法则——每个区域都是一个单独的“宇宙”。

暴胀理论和弦理论的结合能以合理的方式让多重宇宙能够出现。我们不需要将多重宇宙作为最终物理理论的一部分来提出；我们先以弦理论和暴胀理论为前提，两者都是出于独立的原因发展出来的简单而强健的想法，然后就能轻松得到多重宇宙。目前暴胀理论和弦理论都只是推测中的想法，我们没有任何证明它们正确的经验证据。但就我们所知，它们都是合情合理又前途无量的想法。我们希望未来的观测和理论发展会帮助我们一劳永逸地判定它们的对错。

我们能充满信心地说的是，*如果*我们通过这样的方法推导出多重宇宙，任何有关微调和生命存在的担忧都会随风消逝。发现自身处于一个生命宜居的宇宙，跟发现自身生活在地球相比并不稀奇，也没有带来新的信息：不同的区域有这么多，而我们能够生活的正是这个区域。

我们对于这样的多重宇宙的存在性应该赋予多少置信度呢？以我们目前对基础物理学和宇宙学的理解程度来说，确实难以判断。有些物理学家会认为概率接近必然，而别的会认为概率基本上是零。也有可能是对半开。对于我们当前的讨论来说，重要的是存在一个简单稳健的机制，其中自然主义与生命的存在完全兼容，即使我们发现生命对于刻画环境的那些物理常数的精确值非常敏感。

——

那么在有神论下出现的宇宙，它类似我们这个宇宙的似然度是多少？这里我们面对着类似的问题：“有神论”这个词指代的并不是一个关于世界的独特而有预测力的理论。人们会以不同的方法解读，带来的是关于各种可观测特征的不同似然度估计。除了继续前进并且牢记问题本身固有的不确定性以外，我们没有多少选择。

有神论以高概率预言生命的存在，接受这一点也很合理。至少绝大多数有神论者并不提倡上帝对人类的存在完全无动于衷的这种设想。我们可以想象这样的设想：一个非干预主义的上帝，它创造或者维持了宇宙，但对于你我称为“生命”的东西并没有特别关照。但我们能接受在过于宽容的方向上犯错，假定在有神论中生命存在的概率很可观；事实上，可以假定这个概率要比在自然主义下更高。

然而故事还远远没到尾声。在“生命”和“描述了某个特定宇宙的常数，这个宇宙允许一些复杂的化学反应存在，我们会将它们等同于生物组织”之间有着重要的区别。上帝可能关心前者，但它是否会关心后者则远非明确。

我们宇宙的物理常数主宰着依从物理法则所能够发生的事情。但在有神论之下，“生命”通常不同于物理法则的简单展现。有神论者通常是非物理主义者，他们相信生物不仅仅是组成它们的物质部件总体上的行为。对于生命的本质而言，最重要的部分是某种精神、灵魂或者生命力。物质层面可能很重要，但它们并不处于我们所说“生命”的核心。

而如果这是正确的话，我们完全不明白为什么我们竟然应该关心宇宙在物质层面上特征的微调。物质世界想要以什么方式运转都可以，上帝仍然会创造“生命”，将它与不同的物质集合联系起来，无论选择基准是什么。我们的物理状态应当相容于某些复杂的化学反应网络，这些网络以我们通常会联想到生物机体的方式来自我维持以及摄取自由能，这种要求只有当自然主义正确时才有意义。甚至可以说，我们的宇宙的确允许这些物理构型存在的这一点，应该被认为增加了我们对自然主义的置信度，而代价是有神论的置信度。

应当承认，任何名副其实的有神论者都能举出一系列原因，说明上帝为什么会选择将非物质的灵魂与复杂自持的化学反应联系起来，至少是在一段时间内这样做。同样，如果我们生活的宇宙中，生命并没有与物质以这种方式联系起来，那么也不难举出这一点的各种解释。

这就是没有明确定义的理论带来的问题。

——

参数微调给有神论提供了证据的这个想法还有另一个重大的困难。那就是比起生命是否能够存在这个简单的问题，自然法则和宇宙构成中包含了远远多得多的东西。如果有人想要宣称有神论解释了我们宇宙的某些特征，原因是我们预测上帝会希望生命存在的话，我们必须追问有神论还会预测出宇宙的其他什么特征。就是在这个地方有神论应对得不太好。

我们很难预测宇宙在有神论下会是什么样子，其中有两个原因。上帝的构想有很多种，每一种在上帝关于自然常数的确切意图上都有点含糊。此外，我们已经对实际的宇宙所知甚多的这个事实也会左右我们的预测。这是任何用语言表达的理论固有的问题。对于修补预测以适合已知结果来说，数学公式的自由度要小得多。

尽管如此，我们还是先试试。如果生命（或者人类）是宇宙设计中的主要考虑的话，我们很有可能会预计观察到宇宙的一些特点。我们强调其中三个：

· **微调程度**。如果宇宙的某些特性似乎出于生命存在的需要而被微调过，我们会预期这些特性的微调足以允许生命存在，但没有理由更进一步。真空能实际上拥有这种性质；它比可能的值小得多，但足够大可以被观察到。但其他数值——比如说早期宇宙的熵——微调的程度似乎远远超出了生命存在的需要。生命需要时间箭头，所以必定存在某种早期的低熵态。但在我们的宇宙中，熵比单纯允许生命出现所需的低得多。从纯粹的人类角度来考虑，上帝完全没有理由将它定得那么低。所以我们认为存在某种基于物理的动力学理由，使得熵在一开始拥有这个微调过的值。一旦我们容许这种可能性，其他所谓的微调可能也有类似的物理解释。

· **观察得到的物理规律的混乱程度。**如果物理法则选择的基准是使生命得以存在，我们会预期这些法则的各个方面都会在生命展现的过程中扮演某些重要的角色。我们看到的是刚好相反的一团乱麻。所有生命都由最轻一代的费米子组成——电子、上夸克和下夸克，偶尔也会有电子中微子出现。但还有更重的两族粒子，它们对于生命无所作为。比如说，为什么上帝制造了顶夸克和底夸克，它们又为什么拥有现在的质量呢？在自然主义下我们会预期有一系列粒子的存在，其中一些对生命来说很重要，另一些则无关紧要。这正是我们观察到的结果。

· **生命的中心地位。**如果生命最终的出现是上帝设计宇宙时的重要考量之一，很难理解为什么在最后的成品中生命似乎如此无足轻重。我们生活在拥有超过千亿颗恒星的星系里，它所在的宇宙拥有超过千亿个星系。所有这些壮丽场景对于生命来说完全没有必要。即使我们生活的宇宙里只有我们的太阳系，或许再加上数千颗公转的行星，地球这里的生物学也不会出现什么显著的差异。也许我们也可以为了表示慷慨而加上星系剩余的部分。但连我们最强大的望远镜都只能勉强观察到的那数万亿星系对于我

> 们的存在无关紧要。对物理学和生物学而言，宇宙可以轻易包含数量相对少的粒子，它们聚集起来制造出几颗恒星，这足以为人类生命提供一个舒适的环境。有神论预测绝大多数其他恒星和星系都根本不应该存在。

如果生命对于上帝来说很重要，在宇宙的角度说，我们在地球上的存在似乎会更重要。有一种可能的答复是说：“上帝是不可捉摸的；我们完全不知道他会设计怎么样的宇宙。”这是一个可能的立场，但在这个语境中不算恰当。微调论证的精髓在于，对于上帝会设计出来的宇宙，我们的确知道一些东西：这个宇宙的物理定律允许被我们认为是生物的复杂化学反应涌现出来。宣称我们知道这一点，但进一步却丝毫不知道上帝会怎么做，这似乎没有道理。一个理论要从解释世界的种种特征中获取信誉，只在于它肯冒风险去预测世界应有的面貌。

在某种意义上更好的回答是提出某种实证理论，阐述为什么上帝会希望宇宙看上去像现在这样，特别是为什么宇宙如此铺张浪费，拥有这么多恒星、星系等。一般来说，这样的理论最终会假设有某种物理上的原因使得上帝创造许许多多的星系要比仅仅创造一个更简单或者容易。也许上帝喜欢暴胀和多重宇宙。

这里有几个问题。首先，这并不正确，在物理法则中没有什么会阻碍宇宙发展成比现在我们的观察更紧密集中的样子。其次，人们需要发明一个理由，说明为什么上帝会偏好制造更容易产生的宇宙，而不是努力克服困难。最后，你可以看到这个观点向我们指引的道路：在解释为什么上帝希望创造一个符合我们观察结果的宇宙时，我们最后除去了它在其中起到的特殊影响，然后回到了纯粹的物理机制。如果创造一个符合我们观察结果的宇宙这么容易，还要上帝干什么？

我们的理论当然会受我们对世界已有知识的影响。要更公平地看待有神论会自然导出的预测，我们可以先看看在现代天文观测之前，有神论确实预测过什么。答案是：与我们实际观察到的完全不同。科学化之前的宇宙学通常类似第6章阐述的那种希伯来式的设想，地球和人类处于宇宙中的特殊位置。没有人能够用上帝这个概念来预测出这样的一个辽阔空间，其中充满千亿恒星和星系，均匀散落在可观测宇宙中。也许最接近的是焦尔达诺·布鲁诺，他在众多异端言论中提到了无限大的宇宙。他是在火刑架上被烧死的。

5
思考

第 37 章
意识匍匐而生

差不多4亿年前，有条勇敢的小鱼爬上了陆地，决定在这里到处游荡而不是返回海洋。它的后代演化成了提塔利克鱼（Tiktaalik roseae），它们的化石于2004年在加拿大内的北极圈第一次被发现。如果你曾经寻找过两个主要演化阶段之间缺失的联系的话，提塔利克鱼就算是了，这些可爱的生物代表了动物从水生到陆生的过渡形态。

我们不禁遐想——这些第一次栖身于陆地的动物，它们在思考什么呢？

提塔利克鱼的复原图，描绘了它如何爬到岸上[由济娜·德雷斯基（Zina Deretsky）绘画，蒙美国国家科学基金会惠允]

我们不知道，但可以做一些合理的猜测。对于刺激思考的新途径来说，它们的新环境中最重要的特征就是能看得更远。如果你花过不少时间游泳或者潜水，你就知道在水中看得没有空气中远。清水中的衰减长度——也就是在你目视透过的介质中，穿行的光绝大部分被吸收所需要的距离——只有数十米，而在空气中则几乎无限。（我们不费吹灰之力就能看到月亮或者是地平线上的遥远的物体。）

你看到的东西会显著影响你思考的方式。如果你是条鱼，在水中以每秒一两米的速度穿行，而你能看到的情况只有前方几十米。每隔几秒钟你都会进入一个全新的感知环境。当新东西潜入了你的视野，你只有非常短的时间去衡量应该做出什么反应。它是友好的，还是可怕的，又或者是好吃的？

在这种状态下，有无比巨大的演化压力让思考变得更快，看到什么东西几乎立即就要做出反应。鱼类大脑中的优化就是为了完成这项任务。高速反应，而不是悠然沉思，这才是关键。

现在想象你爬上了陆地。突然你的感官界限就得到了巨大的延伸。在清澈的空气中，你可以看到好几千米远的地方——比你在几秒钟内能行进的距离要远得多。一开始并没有什么可看的，因为没有别的动物跟你一起上岸。但还有不同种类的食物，石头和树木之类的障碍物，更不要说偶尔会出现的火山喷发。在你意识到之前，就有其他种类能够运动的动物加入了你的行列，其中有些很友好，有些很美味，而有些就是要避开。

现在选择压力发生了戏剧性的转变。在某些情况下，心思单纯反应敏捷可能没什么问题，但这不是陆地上最好的策略。如果你在能看到过来的是什么东西之后很长一段时间才会被迫做出反应，你就有时间思考不同的可能行动，衡量每种可能性的优缺点。你甚至可以发挥创意，将认知资源的一部分放在制订那些一下子想不到的行动计划上。

在清澈的空气中，运用想象力会得到回报。

——

生物工程师马尔科姆·麦基弗（Malcolm MacIver）曾经提出，鱼跳上干燥的陆地，这是导向我们现在称为*意识*的事物形成的几个关键转折点之一。意识并不只是作为器官的单一大脑，更不是单一的活动；它是在不同层次上运作的许多过程之间一场复杂的相互作用。它包含了觉醒状态、接收来自感官的输入并作出反应、想象、内在体验和意志力。对于意识是什么以及它如何运转，神经科学和心理学已经所知甚多，但仍远远未能达到任何形式的完整理解。

意识同样是独特而沉重的负担。能够反省自身，回顾过去和未来，以及思考世界和宇宙的状态，这固然大有裨益，但也开启了异化和焦虑的大门。美国的文化人类学家欧内斯特·贝克尔（Ernest Becker）在评论丹麦哲学家索伦·克尔恺郭尔（Søren Kierkegaard）时，曾经对意识进行过这样的刻画：

> 作为有**自我意识的动物**意味着什么？这个想法十分荒唐，如果不能说是可怕的话。这意味着知道自己是虫子的食物。可怖之处就在这里：从一无所有中涌现，拥有名字、

自我意识、深刻的内心感受、对生活和自我表达的锥心刺骨的内在渴求——拥有这一切还是免不了死亡。

自我觉知这种特点，也就是拥有丰富内心生活以及思考自身在宇宙中所处位置的能力，似乎需要一种特殊的解释，在宏大图景中要占据一个特殊的位置。意识是否“仅仅是”关于某些遵守物理法则的原子集合的一种说明方式？或者在意识中是否存在某种全新的事物——也许是像笛卡儿考虑的那样是种全新的实体，或者至少也是某种居于纯粹物质之上自成一派的性质？

如果现实有某个层面会让人们质疑应否以纯粹物质和自然主义的方式理解世界的话，那就是意识的存在。很难说服拥有这种怀疑的人，因为即使是最乐观的神经科学家也不会宣称对于意识已经拥有一个包罗万象的完整理论。倒不如说，我们只能预计当达到这种程度的理解时，它会完全兼容于核心理论的基本原则——作为物质现实的一部分，而不是自外于物质。

为什么会有这样的预期呢？这部分来自于有关置信度的贝叶斯推理。统一的物质世界这个想法在许多语境下都取得了巨大的成功，而且我们有种种理由去认为它同样能解释意识。但我们也可以通过举出别的替代方案并不奏效的例子来证明这一点。如果说很难理解意识如何作为物质现实的一部分顺利融入其中，要想象别的可能性甚至更困难。在这里，我们的主要目的不是解释意识到底如何运作，而是阐明一点，就是它可以在一个由冷冰冰的自然法则主宰的世界中运转。

在本章以及接下来的一章里，我们会突出描述意识的某些性质，正是它们令意识如此特殊。然后在接下来的几章，我们会考察几个不同的论证，它们宣称，无论意识是什么，它必定不仅仅是一种谈论那些遵守传统物理法则的普通物质及其运动的方式。我们会发现这些论证都没有什么说服力，这让我们比一开始更强烈确信我们人类，包括思想、情绪，等等一切，完完全全是自然世界的一部分。

——

有时候，当我们考虑拥有意识的自我时，总不免会想象有一个小人住在脑壳里，做出决策并为之穿针引线。即使我们不像笛卡儿走得那么远，直接相信存在一个非物质的灵魂，会以某种方式与我们的身体互动，我们也倾向于想象在大脑中有个一手包办的“自我”，它是我们自我觉知的中心。哲学家丹尼尔·丹尼特（Daniel Dennett）发明了“笛卡儿剧场”（Cartesian theater）这个术语来描述这个想象中的控制室，其中有一个很小的小人，它从我们的感觉器官收集所有输入信息，存取我们的记忆，然后将指令发送到我们身体的各个部分。

意识似乎并非如此。我们心智运作的方式并不是从上而下的独裁，而是嘈杂喧闹的议会，充满了互相争吵的派系和核心小组，大部分事情发生在台面下，在我们有意识的觉知所能达到的范围以外。

充满想象力的皮克斯电影《头脑特工队》（*Inside Out*）将思考过程展现为五位拟人化的情绪之间的某种团队合作，这些情绪是快乐、忧伤、厌恶、愤怒和恐惧。其中每一种情绪都会给出各自的意见，说明应该如何处理某个特定情景，然后依据情境的不同，其中一个声音会占主导地位。那些不解风情的职业神经科学家很快会指出，这实际上也不是心智工作的方式，但这在原则上比想象统一自我的存在要远远更接近事实。在我们的意识觉知以及决策过程中的确存在不同的“声音”，它们构成了最终的叙事。

通过两处修正，我们就能把《头脑特工队》的模型变得更接近现实。首先，参与我们思考过程的各种“模块”并不直接对应着情绪（它们也没有什么迷人的个性或者多彩的拟人身体）。它们是各种各样的无意识过程，即使在意识明确出现之前，这些心理功能也可以在生物演化的进程中自然出现。其次，即使在心智中没有独裁者，但似乎的确有某种类似议会首相的角色，或者说认知所处的议席，在那里，来自许多模块的信息被编织为连续的意识流。

丹尼尔·卡内曼（Daniel Kahneman）是一位心理学家，他因为在决策过程方面的工作获得了诺贝尔经济学奖。他普及了一个概念，就是我们的思考方式可以被分成两种模式，被称为*系统一*和*系统二*[最初引入这些术语的是基思·斯塔诺维奇（Keith Stanovich）和理查德·韦斯特（Richard West）]。系统一包括所有在意识觉知层面之下运作的各种模块。它是自动化的“快速”直觉思考，驱动它的是无意识反应和启发式方法——被先前经验所塑造的粗糙但快速的策略。当你勉强在早上冲了杯咖啡或者驱车去工作，但却没有真的把注意力放在你做的事情上的时候，负责管理的就是系统一。系统二就是有意识的“慢速”理性思考模式。它需要注意力；当你要专心致志解决一道数学难题时，这就是系统二的工作。

在每天的生活中，我们大脑完成的绝大部分工作都要归功于系统一，尽管我们有一种自然的倾向，会将贡献归功于能自我觉知的系统二。卡内曼将系统二比作“一个相信自己是主角的配角，经常对实际正在发生的事情没多少概念”。或者用神经科学家戴维·伊格尔曼（David Eagleman）的话来说，“你的意识就像跨太平洋巨轮上的一位卑微的偷渡客，把这趟旅程归功于自己，却忽略了脚下的宏伟工程”。

对系统一和系统二的这种区分，是有关思考的所谓*双重过程理论*（dual process theory）的一个例子。柏拉图曾经讨论过类似理论的一个早期版本，他在对话录《斐德罗篇》（*Phaedrus*）中引入了一个战车的寓言。他当时讨论的是灵魂而不是心智，但这些想法之间有着密切的联系。在对话中苏格拉底解释说，灵魂作为战车有一名御者（系统二），被两匹马（系统一）拖着，一匹是高尚品质，另一匹是艰难困苦。心理学家乔纳森·海特（Jonathan Haidt）论证说柏拉图将过多的功劳归于了战车御者，而巨型大象顶上的娇小骑手可能是个更恰当的比喻。那位骑手——也就是我们有意识的自我——施加了某些控制，但绝大部分力量来自底下的大象。

—

意识的标志是内在心理体验。词典中的解释可能类似于“对某人的自身、思想和环境的感知”。关键在于感知：你存在，你坐着的椅子也存在，但你知道自己存在，而你的椅子大概并不知道这一点。正是这种自反的性质，也就是心智对自身的思考，让意识如此特别。麦基弗提出，意识这个谜题中最重要的部件之一，也就是花时间掂量多个选择，破除刺激和反应之间的即时联系，当我们爬上礁石之时，它就开始被演化选择了出来。

我们自然会认为与想象相关的能力来自某种选择压力，它有利于发展衡量未来行动各种选项的能力。心理学家布鲁斯·布里奇曼（Bruce Bridgeman）甚至走得更远，将意识界定为"计划执行机制的运作，它让行为能够听命于计划而不仅仅出于环境中的偶然事件"。意识远不止于此。我们可以意识到自己堕入爱河或者正在享受一首交响曲，而不一定在制订相关的计划。但构想各种假设中的未来，这种能力必定是意识的一部分。

在"制订计划"这个看似简单的概念之下有各种暗流涌动。我们必须拥有构想未来的能力，而不能仅仅停留在当下。我们必须能够在心理表象中同时描绘出自身与外部世界的行动。我们必须能够可靠地预测未来的行动以及对方可能的反应。最后，我们必须能够同时对多个场景完成这项工作，最后比较结果并作出选择。

提前做好计划的能力看似如此基础，我们甚至认为它是理所当然的，但它的确是人类心智的一项奇迹般的能力。

你感知到的"现在"跟你正度过的当下这个瞬间并不相同。尽管我们有时候会将意识看成一种统一的要素，引导着我们的思想和行为，但事实上它是由来自大脑不同部分以及来自感官知觉的各种信息拼接而成的。这种拼接需要时间。如果你用一只手摸鼻子，另一只手摸脚，你会同时感受到两者，即使神经冲动从你的脚出发传到大脑比从鼻子出发需要更多的时间。你的大脑会等待所有相关的输入都聚集起来了，才会将它们作为有意识的感受展示出来。通常你体验到的"现在"对应的实际上是数十甚至数百毫秒之前的过去。

爱沙尼亚裔加拿大籍的心理学家恩德尔·图尔文（Endel Tulving）提出了*时间知觉*（chronesthesia）这个术语，意思是“精神上的时间旅行”。图尔文的贡献之一就是区分了两种不同的记忆：*语义记忆*，指的是一般的知识（比如葛底斯堡是美国内战一场重要战役发生的地方）；*情景记忆*，收集的是对个人体验的回忆（我在高中时去过葛底斯堡）。图尔文提出，精神上的时间旅行与情景记忆有关：畅想未来和回忆过去都是类似的意识活动。

近年来神经科学领域的研究增加了这个想法的置信度。研究人员能利用功能性磁共振成像（fMRI）和正电子发射断层成像（PET）的扫描结果来精确定位正在进行各种思维任务的被试者大脑中的活跃区域。有趣的是，“回忆你身处过去中的某个特定场景”和“想象你身处未来的某个假想情景”这两个任务似乎用到了大脑中一组非常相似的子系统。情景记忆和想象需要用到同一组神经机制。

事实上，对于过去体验的记忆并不像事件的视频或者电影形式的记录那样，每时每刻的声音和影像都被独立储存。被保存的东西更像是一部剧本。当我们回忆过去的事件时，大脑会取出剧本，然后对影像、声音、气味做一点小小的演出。大脑中的一部分储存着剧本，而其他部分则负责布景和道具。这可以帮助我们解释为什么记忆即使可以谬以千里，对我们来说仍然活灵活现栩栩如生——无论是从错误还是正确的剧本出发，大脑都可以上演一场令人信服的演出。这也有助于解释我们用于想象未来事件的时间觉知能力是如何通过自然选择发展而来的。演化总是寻求对已有材料的改造，它从我们已有的回忆过去的能力中构筑出了想象的能力。

进行精神上的时间旅行这种能力固然对于意识的某些方面来说很重要，但它肯定不是故事的全部。肯特·科克伦（Kent Cochrane）是一名遗忘症患者，他就是心理学文献中著名的患者“K. C.”。在三十岁的时候，K. C.遭遇了一场严重的摩托车事故。他活了下来，但在手术中失去了大脑的一部分，其中包括海马体，而他的颞叶内侧也受到了严重的损伤。在此之后，他保留了语义记忆，但却完全失去了情景记忆。他构筑新记忆的能力也几乎完全缺失，就像电影《记忆碎片》（*Memento*）里的角色莱昂纳多·谢尔比（Leonard Shelby）那样。K. C.知道他拥有某辆特定的车，但却没有任何驾驶它的回忆。他的基本心智能力完好无缺，也能毫无障碍地不断进行对话，但就是不记得看过或者做过的任何事情。

毫无疑问，K. C.在某种意义上是“有意识的”。他处于清醒状态，能觉知事物，也知道他自己是谁。但K. C.完全不能思考他自己的未来，这与记忆和想象存在联系这一点是一致的。当K. C.被问到明天或者甚至只是今天过些时候会发生什么，他只会回答这对他来说是白纸一张。在事故之后，他的性格发生了明显的变化。在某种意义上，他变成了另一个人。

有一些证据表明，情景记忆在孩子大概4岁时才开始发育，在这个时间段他们也似乎开始发展出对其他人的心理状态建立模型的能力。举个例子，在更小的年纪时，小朋友能学会新东西，但他们难以将新知识与任何特定的事件联系起来；如果问有关他们刚才学到东西的问题，他们会宣称之前一直都知道这些知识。图尔文论证道，真正的情景记忆，还有相关的想象和精神时间旅行的能力，应该是人类独有的。

这是个引人入胜的假设，但目前最尖端的进展还不能确定这一点。比如说，我们知道老鼠在不断尝试到达某堆食物却失败之后，仍然会思考怎么样才能到达，即使食物已经被移走了，这可以被视为某种对计划的制订。它们的心智活动牵涉海马体，这个器官在人类中与情景记忆有联系。我们想象未来的能力无比精细丰富，但不难想象它可能是如何在世世代代的传承中逐步演化出来的。

——

有关意识的发展过程，我们不知道的东西实在太多，很容易就会对任何特定的理论产生疑惑。从水中爬到陆地上是否就像马尔科姆·麦基弗所说的那样是关键的一步，或者这又是另一个滑如泥鳅的可疑故事？

我们应该抱持怀疑态度，这就是我们应该做的。有一些水生动物似乎比常见的金鱼聪明得多。鲸和海豚当然算得上，但它们作为哺乳动物，祖上是陆地上的动物，所以它们的智慧实际上为这个假说提供了证据，而不是否定。章鱼以许多标准来说都相当聪明。它们在无脊椎动物中拥有最大的大脑，虽然它们拥有的神经元个数只有人类的大概千分之一。章鱼也许做不来填字游戏，但它能完成一些简单的挑战，比如说打开一个罐子来得到里边的食物。

麦基弗注意到，章鱼尽管是水底的生物，它们似乎将感觉机能的范围最大化了。它们拥有非常大的眼睛，而且在进行复杂任务时倾向于原地不动。当一只章鱼是件危险的事情；从栖身海洋的捕食者看来，它们就是一大袋柔弱而美味的养料。要生存下去，它们必须发展出别出心裁的防御策略，通过改变体表颜色来伪装自己，在被迫逃跑的时候喷射出墨汁形成遮蔽的云雾。智慧也是防御手段的一部分；章鱼在睡觉时会隐藏在岩石和珊瑚之间，常常会摆弄身体以更好地隐蔽自己。也许导向章鱼巨大大脑的演化压力与导向陆生生物的类型完全不同。

无论爬上陆地当时有多重要，这并没有立刻导向能写奏鸣曲和证明数学定理的动物，毕竟4亿年很漫长。我们所知的意识，它的演化经历了多个阶段。黑猩猩能够构思和执行计划，比如说建造一个结构用于拿到双手够不到的香蕉。这算是一种具有想象力的思考，但这肯定不是全部。

我们可以设想出意识的演化历史中的许多瞬间，它们最终导向了我们现在的心智能力所拥有的那种精巧的复杂度。正如那个复杂但可以化约的老鼠来提醒我们的那样，最终产物那种令人生畏的复杂成熟不应该蒙蔽我们，使我们认为它不可能通过众多微小的步骤出现。

第 38 章
呢喃低语的大脑

在无数医疗电视剧中都有以下熟悉的场景：躺着的病人头伸进了一台看起来很可怕的医疗设备中，为的是窥探他们的大脑内部。那台机器最经常是核磁共振成像仪，它通过追踪血流来得出大脑的一幅幅精美图像。我遇到的则是一台脑磁图描记仪（MEG）。通过测量我头骨外部出现的磁场，这台巨型机器能测试出到底我有没有大脑，还有这个大脑是不是真的能思考。

我通过了测试，我觉得结果肯定就是这样，但能用科学来证实这一点还是很不错的。

给我做大脑扫描的是神经科学家戴维・珀佩尔（David Poeppel），地点是他位于纽约大学的实验室。MEG与fMRI非常不同，fMRI能绘画出漂亮的图片但时间分辨率却不怎么样，而MEG不能很好地告诉你这些过程在大脑的什么地方发生，但它能以毫秒级的精度分辨出这些事件。

这非常重要，因为我们的大脑是精巧连接构成的多层级系统，需要时间来完成任务。每毫秒可以发生很多个单次神经元事件，但需要数十毫秒的时间，数个这样的事件才能累积足够的强度，让你的大脑突然醒悟："啊！有些事情正在发生！"—— 也就是一次意识感知。

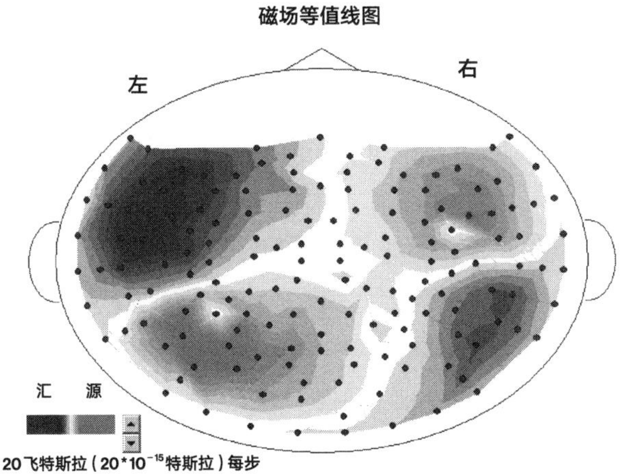

我大脑外的磁场图，生成于我听到一声蜂鸣声的瞬间（蒙纽约大学戴维·珀佩尔实验室惠允）

在大脑中，思考的大部分艰苦工作都是由神经元完成的。连接它们的是*神经胶质细胞*，这些细胞为神经元提供支持和保护。神经胶质细胞可能在神经元的相互交流中扮演了某种角色，但大脑中携带信息的信号是由神经元传递的。一个普通的神经元拥有两种类型的附属物：数量众多的*树突*，它们接收外部的信号，还有*轴突*，通常只有一个，信号由此发出。神经元的细胞体直径不到十分之一毫米，但轴突的长度可以从一毫米一直到整整一米。当神经元要发出信号时，它"发射"的方式是沿着轴突送出一个电化学信号。这个信号会通过被称为*突触*的连接点被其他神经元接收。绝大多数突触都由树突和轴突接触而成，但大脑里是一团乱麻，所以其他种类的连接也可能发生。

也就是说，神经元之间互相交流的方式就是一方的轴突将带电分子喷到另一方的树突上。任何一名物理学家都会告诉你，运动的带电粒子会产生磁场。当我的大脑产生一个想法时，这就对应着在神经元之间跳来跳去的带电粒子，这会产生微弱的磁场，延伸到头骨外边一点点的地方。通过探测这些磁场，MEG仪器可以精细确定我的神经元什么时候发射了信号。

珀佩尔和他的同事正在利用这项技术来研究大脑中感知、认知和语言的工作方式。坐在MEG仪这里，我不停听着各种没有意义的电子蜂鸣声，然后技术人员就能追踪我需要花多少时间才能在意识中将听觉信号认知为声音——一连串相互关联的皮层反应需要数十微秒。

令我印象最深刻的东西却平凡得多——这些贴在我头骨上的探测器能够*探测到我在思考*。我们所说的“思想”直接而明确地联系着我的脑袋里某些带电粒子的运动。这是宇宙运转中一个令人同时感到惊奇和卑微的事实。笛卡儿和伊丽莎白公主对此又会有什么想法呢？

今天没有什么人会否认，思考以某种方式联系着大脑中发生的事情。分歧在于，有些人相信“思考”只是说明大脑内部物理过程的一种方式，而另一些人相信其中还需要一些超出并高于物理的额外因素。对于大脑实际上如何运作，先进行一点自己的思考会非常有益，这能帮助我们理解为什么这个纯粹物理的图景如此具有说服力。

—

大脑是由相互联系的神经元组成的网络。我们在第28章曾经简短地提到了复杂结构可能出现的方式，其中微小的单元逐步聚结为越来越大的单元，而且这种聚结保存了所有尺度上的重要结构。大脑就是一个非常好的例子。

对于大脑中发生了什么，传统看法认为编码信息的不是神经元本身，而是它们互相连接的方式。每个神经元都连接着某些神经元，而与其他神经元则没有连接；这就定义了大脑中的网络结构，又被称为大脑的*连接组*（connectome）。

连接组实际上就是大脑中所有单个神经元的列表，再加上它们之间的所有连接。这个系统复杂度惊人：人类大脑大约包含850亿个神经元，每个都连接着千个以上的其他神经元，所以我们谈到的一共有超过100万亿个连接。要窥探真实的人类大脑并区分所有这些连接可谓难于登天——但有几个正在进行中的神经科学研究项目，它们的目标正是这样。完整地刻画出人类的连接组，这需要大概万亿GB级别的数据量[1]。

每个神经元会搜集来自其他神经元的输入，偶尔也有来自外部世界的输入。给定这些输入，它会决定是否发射信号，这是个二选一的问题，要么发射，要么不发射，但神经元接收的输入可以相当丰富。非常粗略地说，一个神经元每次会花上长达40毫秒的时间去“聆听”它的输入，而每个输入信号的传输都需要1毫秒。这里的信息量很大。10个单独的输入来自好几千个不同的突触，大概就相当于40 × 2000 = 80000“比特”的信息，或者说神经元在决定是否发射信号之前可能

1. 译者注：至本书翻译之时，家用电脑硬盘容量最高一般是TB量级，也就是大约一千GB。

接收到的输入大概有2^{80000}种。而这个决定并不是"如果我接收到的输入信号多于某个合适的值那就发射信号"这么简单。有些信号会增加发射的机会，而另一些会令机会降低，这些信号之间也会以复杂的方式相互作用。

搞清楚人类完整的连接组，这本身远远不足以告诉我们关于人类大脑的思考方式我们想知道的一切。神经元并不是全部一模一样，所以它们的连接方式并不是唯一要知道的事情。科学家已经完整绘制出了一种多细胞生物的连接组，那就是微小的秀丽隐杆线虫（*C. elegans*），这种扁形动物最普遍的形态有着恰好959个细胞，其中302个是神经元。我们知道所有这些神经元是如何整合在一起的——总共大概有7000个连接——但这没有告诉我们这条线虫在思考什么。这就像是知道高速公路地图，但不知道有什么交通模式。也许终有一天我们能读出这种蠕虫的心思。

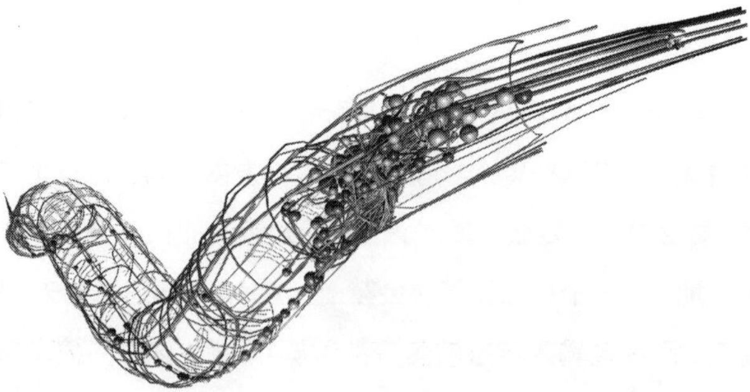

秀丽隐杆线虫（*C. elegans*）的连接组，表现方式来自Open Worm计划的电脑模型［蒙加州理工大学克里斯·格罗夫（Chris Grove）惠允］

人们随着时间变化，而我们的连接组也随着我们变化。连接的强度会演变，因为某些信号的重复发射会增加特定突触以后再次发射信号的机会。突触的强度因应刺激而增强或者削弱，我们相信记忆就是以这种方式形成的。神经精神病学家埃里克·坎德尔（Eric Kandel）是2000年诺贝尔医学奖的共同得奖者之一，获奖理由是对某种生物中记忆形成过程的详尽研究，这种生物就是平平无奇的海蛞蝓。海蛞蝓并不擅长记忆，但坎德尔将它们训练得能够认出某些简单的刺激。然后他证明了这些新记忆与神经元中蛋白质合成的改变有联系，这些改变引起了神经元形状的改变。短期记忆关联的是强度增加的突触，而长期记忆来自被创造出来的全新突触。

最近，神经科学家开始能直接观察小鼠的神经元在它们学会完成新任务时会如何生长和互相连接。令人惊异（或者说不安，取决于你的看法）的是，科学家们同样可以通过弱化特定突触的方式来清除记忆，甚至可以通过利用电极直接刺激单个神经细胞来人工植入虚假记忆。记忆基于物质，它们就在你的大脑里。

连接组就像是世界各国地图。它远远不足以让我们理解国际政治，但了解其中所包含的信息也属于更宏伟任务的一部分。一幅好地图不能让你永不迷路，但它也许能帮你找到回家的路。

大脑最关键的特性是，它不是单纯的一堆无差别地互相连接起来的神经元组成的乱麻。连接组不仅是一个网络，还是一个*带有层次*的网络——一组组神经元互相连接在一起，然后这些分组互相连接，如此层层递进，直至组成整个大脑。意识的呢喃低语被反映在大脑的运作之中，那里有不同的心智模块，它们提供输入并被缝合在一起形成

我们有觉知的自我。大脑的不同部分各司其职，但只有它们结合在一起，我们才得到一位有意识的人。

有各种证据支持这一观点，有的证据来自对我们失去意识时的研究，比如说当睡眠或者被麻醉时到底发生了什么。举个例子，其中一个研究向患者大脑局部施加了微小的磁刺激。当患者有意识时，这个刺激信号会引发整个大脑的反应；对于无意识的被试者，大脑的反应仅限于靠近初始刺激的有限区域。类似结果的意义远远超出了学术研究：一直以来医生都在寻找一种方法来判别那些被麻醉或者经受大脑损伤的患者是不是真的没有意识，或者他们只是无法移动并与外界交流。

我们说连接组是一个带有层级的网络，实际上就是说它处于最大化连接（每个神经元都与所有别的神经元交流）和最小化连接（每个神经元只跟最近的邻居交流）之间。就我们所知而言，连接组是数学家所说的*小世界网络*。这个名字来自心理学家斯坦利·米尔格拉姆（Stanley Milgram）著名的六度分隔实验。他发现，在内布拉斯加州奥马哈中随机选取的一个人，通过平均6个亲密程度足以直呼其名的人际关系，就能连接到住在波士顿的某个特定的人。在网络理论中，我们说一个网络拥有小世界性质，当且仅当绝大部分的节点之间都没有直接的连接，但每个节点通过少数几步就能连接到任何一个别的节点。

这就是我们在连接组中发现的现象。神经元倾向于与附近的神经元连接，但也有一些相对跨度更大的连接。小世界网络会出现在许多情景下，包括网站之间的链接、电力网络，还有个人交友网络。这不是什么意外：这种组织方式似乎带来了完成某些任务的最优效率，让信息处理可以在局部完成，而结果能够迅速传播到整个网络。这种结构也不易遭到破坏；去掉几个连接并不会使系统的能力产生明显变化。这非常适合我们大脑里的那些吵吵闹闹的模块。

思考小世界网络的一种方式就是认为它“在所有尺度上都有结构”。它不是一堆神经元简单地聚成一块，而每一块之间又互相连接。应该说，神经元互相连接成一个个小群，小群之间互相连接为更大的群，它们又连接为更大的大群，一直延伸下去。有一些迹象表明，这种布置不仅描述了连接组在空间上的组织分布，还描述了大脑中的信号是如何随着时间来来去去的。微弱的信号产生得相对频繁，中等强度的信号则没那么频繁，而非常强大的信号相对也稀少。

物理学家会说，拥有这种层级行为的系统处于*临界点*上。这是在相变研究中无处不在的一种现象，因为系统将要从一个相变为另一个相的时候就会处于临界状态。当水沸腾时，会出现很多小气泡，更大的气泡就更少，如此等等。临界现象可以看成无聊的秩序和无用的混乱之间的最佳点。正如神经生理学家丹特・基亚尔沃（Dante Chialvo）所说的那样：“不处于临界的大脑就是一个每分钟做的事情完全相同的大脑，又或者是另一个极端，它是如此混乱，无论在什么情况下做的事情都完全随机。这就是一名白痴的大脑。”

所以说，我们目前拥有的证据表明，无论在空间还是时间上大脑都是复杂系统，它如此组织是为了从复杂度中得到最大的优势。既然大脑在进行复杂任务时表现如此出色，这应该算不上意外。

——

我们即使能以无微不至的方式研究大脑，刻画每个神经元，描绘每个连接，也不能说服自己大脑足以解释*心智*，也就是人类实际的思考。早在第26章，我们就谈到了伊丽莎白公主反对笛卡儿关于非物质灵魂与物质身体相互作用的图景，这种相互作用也许通过松果体完成。尽管这些反对意见很有意思，但在我们能将大脑中发生的事情直接联系到我们作为人类的思考之前，它们不一定就能终结讨论。这些年来，心理学和神经科学正是在这方面取得了巨大的进步。

我们已经看到记忆是在大脑中以物理的形式被编码的。于是，我们来自感官的感知同样是在大脑中被编码的，这也并不出乎意料。在某种粗略的意义上，这显然是正确的，就像我的头部泄露出来的磁场展示的那样。但科学家最近取得了新进展，只需要看看患者的大脑在做什么，就能以相当的精度提取出他们看到的影像。当被试者观看图像或者视频时，利用fMRI影像确定大脑正在发射信号的部分，神经科学家就能构建一个模板，从中可以直接通过fMRI的数据来重构看到的影像，而不需要通过“作弊”去得知被试正在看什么。这不是读心术，至少现在还不是；我们能粗略地表示出人们看到的东西，但这对于他们在脑海里想象的东西不起作用。也许能做到这一点是迟早的事。

所有这些都不一定能说服一位希望相信存在非物质灵魂的坚定笛卡儿二元论者。当然，他们会承认，当我们思考和感知世界时，大脑里*发生了某些事情*。但这并不是*全部*。一个人的体验、感知，还有实在的灵魂，这些完全是别的东西。也许大脑就像一台收音机。对它的改装或者损坏会改变它播放的方式，但这不意味着原来的信号是收音机本身创造出来的。

这个想法同样经不起推敲。对收音机的损坏也许会影响我们的收听，让我们更难调到最喜欢的电台。但这不会让电台的音乐从重金属变成柔情的爵士乐。但在另一方面，大脑的损坏可以在根本层面上改变一个人。

考虑一下所谓的替身妄想。患上这种综合征的病人，他们大脑受损部分的功能是连接另外两个部分：与人脸识别有关的颞叶皮层，还有掌管感情和情绪的边沿系统。发生替身妄想的人能够认出认识的人，但不会再感受到之前对他们曾经有过的任何情感联系（这与面孔失认症正好相反，在这种情况下失去的是识别人脸的能力）。

你可以想象这对一个人会有什么影响。有一名被称为“D女士”的患者在74岁高龄患上了替身妄想综合征。她无论在什么时候看见她的丈夫，都能认出这个人是谁，还有各种诉说着“这就是我的丈夫”的心理联想——但她不再感受到任何对他的亲近和爱意，只有漠不关心。但她知道她应该对他怀有感情，所以她的大脑就想出了调和这个矛盾的巧妙方法：这个男人不是真正的丈夫，而是一个长得跟他一样的人在冒名顶替。

D女士不是唯一的案例。在其他许多例子中，人们经受了某种大脑损伤，他们的情绪状态或者人格也因此发生了戏剧性的转变。这并不能毫无疑问地证明心智仅仅是讨论物质大脑中发生事件的一种方式。但这的确应该会使我们对于老式笛卡儿二元论的置信度降低到非常小的值。我们剩下的要么就是物理主义——世界，包括所有人，都是纯粹的有形物质——要么就是某种新奇古怪的非笛卡儿式二元论。要彻底扫除最后的一点，我们需要更深入地思考，作为一个有意识有感知的人到底意味着什么。

第 39 章
什么在思考？

在罗伯特·海因莱因（Robert A. Heinlein）的小说《严厉的月亮》（*The Moon Is a Harsh Mistress*）中，月球殖民者揭竿而起反抗位于地球上的月球政权。他们的诉求本来几乎没有希望实现，但他们得到了麦克的帮助，而麦克是控制绝大多数月球城市中主要自动化运作机能的中央计算机。麦克不止是一台重要的机器——它拥有了自我觉知，这不在任何人的计划之内。小说中的叙述者是这样说的：

> 人类大脑拥有大约十的十次方个神经元。在第三年，麦克拥有的神经元件数量就超过了这个数量的一倍半。
>
> 然后它觉醒了。

这位叙述者，曼纽尔·欧凯利·戴维斯（Manuel O' Kelly Davis），是一位计算机技术员，他没有花太多时间琢磨麦克出现的意识来自什么，又有什么深刻的含义。他们还有革命要完成，而自我觉知似乎就是那种在能思考的设备变得足够庞大复杂时会出现的东西。

现实可能要更复杂一些。人类大脑包含许多神经元，但这些神经元并不是就这样随机连接起来的。连接组有着某种结构，它经过自然选择的过程逐步发展而来。在计算机体系里，无论是硬件还是软件中也有结构，但计算机拥有的这种结构似乎不可能仅仅通过意外而偶然获得自我觉知。

那如果它做到了呢？我们怎么知道一台计算机真的在“思考”，而不是盲目地摆弄各种数字？（这两者有区别吗？）

——

英国数学家和计算机科学家阿兰·图灵（Alan Turing）早在1950年就部分回答过这些问题。图灵提出了他所谓的模仿游戏，现在人们更熟悉的名字是*图灵测试*。图灵论文的开头以值得赞赏的直率作出了这样的陈述：“我提议考虑这个问题：‘机器能思考吗？’”但他马上就判断这种问题会经受有关定义的无尽争论。于是依照最优秀的科学传统，他将这个问题丢在一边，用另一个更有操作性的问题来代替：一台机器能否与人以某种方式交谈，使得这个人相信这台机器同样是人？（最优秀的哲学传统则是热烈沉浸在关于定义的争论中。）图灵建议，在这样的测试中冒充人类的能力可以作为“思考”意义的一个合理判别准则。

图灵测试已经进入了我们的文化词汇，而我们定期就能读到有关这个或者那个程序终于通过测试的新闻。这也许不难相信，鉴于我们现在已经被机器包围，这些机器会给我们发电子邮件、为我们驾驶汽车，甚至与我们谈话。但事实是，没有任何计算机接近能通过真正图灵测试的程度。我们在新闻报道中读到的竞赛，它们的组织方式总是让人类考官不能真正以图灵想定的方式挑战电脑。假以时日我们非常可能到达那个目标，但现在的机器仍然不能在图灵的意义上“思考”。

如果我们的确花心思造出了一台机器，它能以一种让几乎所有人都满意的方式通过图灵测试，到了那个时候我们还会争论这台机器到底是不是在与人类相同的意义上思考。问题在于意识以及与此紧密相关的“理解”。无论电脑在进行对话方面变得有多聪明，它能否真正理解它在说什么？如果这些讨论走向了美学或者情绪的话题，在硅质芯片上运行的软件又能否像人类那样体验美感或者感到悲伤？

图灵预见了这一点，他实际上将其称为*意识论证*。他相当正确地指出这个问题等同于第三人称视角（别人看到我在做什么）和第一人称视角（我对自己的观察和思考）之间的差异。对于图灵来说，意识论证似乎根本上就是唯我论的：你永远无法知道任何个人是不是真正有意识，除非这个人就是你自己。除了通过行为判断以外，你怎么知道世界上其他所有人是不是真的有意识？图灵预见的是*哲学僵尸*的概念——外表和举止都像正常人的一个人，但它却没有内在体验，或者说没有*感质*（qualia）。

图灵认为取得进展的方法在于关注那些能通过对现实事件的观察来客观回答的问题，而不是通过谈论那些必然避开外部观察的个人体验来回避问题。带着一点迷人的乐观主义，他的结论是每个仔细思考过的人最终都会同意他的说法：“支持意识论证的大部分人都会被说服抛弃这个观点，而不是被迫接受唯我论的立场。”

但坚持认为思考和意识不能由外部判断，而同时接受其他人可能也有意识，这是可以做到的。人们可能会想：“我知道我有意识，而其他人基本上跟我一样，所以他们大概也有意识。然而计算机跟我不一样，所以我可以抱有更大的怀疑。”我不认为这就是正确的态度，但它在逻辑上前后一致。那么问题就变成了计算机是否真的这么不一样？在我大脑中完成的那种思考是否真的与计算机中发生的事情有着本质差异？海因莱因的主角并不这样认为：“不觉得路径到底是蛋白质还是铂金会有什么不同。”

—

中文屋是一个由美国哲学家约翰·瑟尔（John Searle）提出的思想实验，它尝试强调图灵测试可能以什么方式漏过了“思考”和“理解”的真正含义。瑟尔让我们想象一个被锁在房间里的人，里边有堆积如山的纸张，每张纸上都写着一些中文。在房间墙上还有一道狭槽，纸张可以通过它来回传递，房间里有一组以表格形式列出的指示。这个人能用英语交谈和阅读，但一点中文都不懂。当有写着中文的纸张通过狭槽进入房间时，里边的这个人可以查阅相关指示，它会指向已有的某张纸，然后他就将那张纸通过狭槽传递回去。

实验中的被试者不知道的是，那些放进房子里的纸上面都用中文写了合情合理的问题，而他接受指示作为交换送出去的纸张上面也是合情合理的回答——也就是一个思维正常的人会做出的那种回答。对于房间外面会说中文的人来说，不管怎么看，似乎他们都正在向房间里一个会说中文的人发问，而这个人也在用中文回应他们。

然而我们当然会同意在房间里并没有人真正懂得中文，这就是瑟尔的论点。那里只有一个说英语的人，一大堆纸，还有一组详尽无遗的指示。这个房间似乎能（用中文）通过图灵测试，但不存在任何真正的理解。瑟尔一开始的目标是关于人工智能的研究，他觉得这些研究永远不可能达到真正处于人类层面的思考。用他的比喻来说，尝试通过图灵测试的计算机就像中文屋里的那个人：也许它能通过摆弄符号来给出一种理解的错觉，但在那里并没有任何真正的理解。

瑟尔的思想实验引来了排山倒海的评论，其中许多评论都尝试驳斥他的论点。最简单的反驳也相当成功：当然不能说房间里的人理解了中文，理解中文的是“人加上一组指示”的这个联合系统。就像图灵预见到意识论证那样，瑟尔也预见到了这个反驳论证，并且在原来的论文中就探讨过这个问题。他对此并不以为然：

> 这个想法是，即使一个人不理解中文，在某种意义上这个人与一些纸张结合起来可能就能理解中文。某个并未坚持某种意识形态的人竟然会觉得这个想法合情合理，这一点对我来说很难想象。

就像许多类似的思想实验过程那样，中文屋的第一步——存在某堆纸张和某本指示手册能够模仿人类对话——就已经荒谬绝伦。如果这本指示手册在字面意义上对于每个可能问到的问题都指出了单一回答，它也永远不可能通过稍微称职的人类考官主持的图灵测试。考虑一下类似“你最近好吗？”，“为什么这样说？”或者“你能多谈谈这个吗？”的问题。真正的人类对话并不仅仅以一句回一句的基准来进行；它们依赖于语境以及之前的对话。那些“纸片”至少要包含一种储存记忆的方式，还有一个能够将那些记忆整合到当前对话中的信息处理系统。要想象这样的东西并非不可能，但这远远要比一堆纸和一本指示手册更复杂。

以瑟尔的观点来看，我们所谓的“系统”中包含了整个设置中的哪些部分根本无关紧要，它们都不可能达到真正意义上的理解。但中文屋实验并不是这个结论的一个令人信服的论证。它的确展示了一个观点，就是“理解”这个概念超越了输入和输出之间纯粹物质性的相关性，需要某些额外的东西：系统内发生的事在特定意义上要真正与当前的谈话主题“有关联”。对于诗性自然主义者来说，“关联性”并不是信息能拥有的某种额外的形而上学性质，而只是有关物质世界不同部分之间关联的一种方便的说明方式。

将中文屋作为机器不能思考的论证，这是在窃取论题而不是解决论题。它构造了一种特殊形式的机器，标榜它能思考，然后说：“当然你不会认为里边存在什么真正的理解，不是么？”最好的答案是：“有何不可？”

如果世界只有物质，那么我们所说“理解”的意思就是说明一种特殊相关性的方式，就是处于某系统中的信息（以某种物质特定排列的形式存在）与外部世界环境之间的相关性。在中文屋的例子中，不存在任何指示说我们不应该这样思考，除非你已经相信这一点。

这并不是在淡化我们澄清“理解”意义的难度。一本量子场论课本包含了有关量子场论的知识，但它自身并不“理解”这个主题。一本书不能回答我们提出的问题，也不能利用场论的工具去进行计算。

比起单纯信息的存在，理解必然是更为动态而面向过程的概念，而仔细定义它的这项困难工作也很值得去做。但就像图灵所说的那样，这项困难的工作没有理由不能从纯粹可操作的层面上进行——只涉及事物的实际运作，而不是援引那些一开始就打上了“外部人员无法观察”这种标签的无法捉摸的属性（例如“理解”和“意识”）。

瑟尔的思想实验原本的目标并不是意识问题（觉知和体验意味着什么），而是有关认知和意向性的问题（思考和理解意味着什么）。然而这些问题之间有着紧密的联系，而瑟尔本人后来也认为这个论证证明了计算机程序不可能有意识。这个延伸相当直接：如果你觉得房间内的系统并没有真正的“理解”，你大概也不会认为它有觉知或者体验。

中文屋这个思想实验迫使我们当中认为意识拥有纯粹物质性的那些人直面我们做出的断言是何等的惊人。即使我们并未声称拥有关于意识有血有肉的完整理解，我们也应该先搞清楚什么样的东西称得上“意识”。在中文屋中，我们针对那堆纸和那本指示手册提出了这个问题，但它们只是谈论计算机中的信息和处理过程时用到的一种形象化表达。如果我们相信“意识”只是一种谈论背后物理事件的方式，那么这会将我们置于什么样令人不安的情况中呢？

只有一个系统是我们基本同意拥有意识的，那就是人类——主要是大脑，但如果你喜欢也可以把身体其他部分都包括进去。一个人类可以看成数万亿细胞组成的结构。如果只存在物质世界，我们必须认为意识来自所有这些细胞的特定运动和相互作用，无论是细胞之间还是与外界的相互作用。其中重要的应该不是细胞是“细胞”本身这个事实，重要的只是它们互动的方式，也就是它们随着时间的运动在空间中刻划出的动态模式。这就是多重实现方式的意识版本，有时候也被称为*载体独立性*（substrate independence）——许多不同的物质都能让有意识思考的模式容身其中。

而如果这正确的话，那么各种事物都有可能有意识。

想象一下，我们从你的大脑里选取一个神经元，然后研究它的活动直至巨细无遗。我们确切知道它对于任何可能接收到的合理信号会发送出什么信号作为回复。然后，在不对你进行任何额外改变的前提下，我们将那个神经元取出，用一个在输入和输出的层面上行为丝毫不差的人造器件来代替它，就像在海因莱因的自我觉知计算机麦克里的“神经元件”那样。但与麦克不同，你几乎是完全由本来的生物细胞构成的，除了那个作为替代品的神经元件。你是否还有意识？

绝大部分人都会做出肯定的回答，有一个神经元被行为相同的神经元件代替的人仍然具有意识。那么如果我们取代两个神经元呢？或者说数亿个神经元？根据假设，你的所有外在行动都不会发生改变——至少如果世界只有物质，而你的大脑并没有受到任何非物质灵魂实体的影响，这些实体只会跟有机的神经元沟通，而不会与神经元件沟通。每一个神经元都被以相同方式互动的人工器件取代的人毫无疑问能通过图灵测试。这算不算得上有意识？

我们不能证明这样的一台思考机器具有意识。在逻辑上来说，逐步取代神经元的过程有可能会在某个地方出现相变，即使我们不能预测它会在什么时候发生。但我们也没有证据或者理由去相信这样的相变存在。根据图灵的意思，如果神经元和神经元件的半有机半机械混合体与普通的人类大脑拥有完全一致的行为，那么我们就应该认为它有意识以及随附的一切。

即使在约翰·瑟尔提出中文屋实验之前，哲学家内德·布洛克（Ned Block）也讨论过利用中国整个人口来模拟一个大脑的可能性。（为什么大家都挑中国来做这些思想实验？这留给读者当作习题。）大脑里神经元的数量远远多于中国甚至世界的人口，但对于思想实验的标准来说，这并不算什么障碍。一大堆人跑来跑去互相传递口信，其中完美地模仿了人类连接组中的电化学信号，这称得上“有意识”吗？所有这些人——作为整体，而不是作为个人——是否在某种意义上拥有内在体验和理解？

想象一下我们描绘了一个人的连接组，不仅是在某个瞬间，而是它贯穿一生的发展。这时——我们反正已经一头扎进了不切实际得无可救药的思想实验里了——想象一下我们完完整整地记录了这个人的一生中每一个穿过突触的信号。将这些信息储存在硬盘上，或者写在（不可胜数的）白纸上。对一个人心理过程的这种记录本身算不算“有意识”？对于意识，我们是否确实需要某种随时间发展的过程，还是对于个人大脑物理状态演化过程的一个静态表述就足以抓住意识的本质？

—

这些例子虽然充满幻想，但也说明了问题。的确，利用完全不同类型的物质（不管是神经元件还是人群）来再现大脑中发生的过程，这完全应该称得上有意识，但打印出来的一份关于那些过程的静态描述不能算是有意识。

从诗性自然主义的观点来看，当我们谈论意识的时候，我们并不是说发现了宇宙中存在的某种基本材料。这不同于搜索会导致某种已知疾病的病毒，这种情况下我们完全知道寻找的是什么种类的东西，只是希望用仪器成功探测它，以便于描述它到底是什么。“意识”和“理解”这些概念类似于“熵”和“热”，我们发明了这些概念，为的是给我们自己创造出更多对世界有用而高效的描述。我们判断对意识本质的构想时，基准应该是它能否给出一种有用的谈论世界的方式——既与数据精确吻合，又能带来对实际过程的领悟。

某种形式的多重实现必定在某个层次上存在。就像忒修斯之船那样，任何人体内的绝大部分原子以及相当部分的细胞每年都会被等价的副本所取代。当然不是每一个原子都这样，比如说牙齿珐琅质中的原子就被认为基本上是永久不变的。但定义“你”是谁的，是你那些原子的组成形式以及做出的集体行动，而不是作为单个粒子具体的同一性。意识也应该有相同的性质，这似乎相当合理。

如果我们正在创建意识的定义，那么“系统随时间变化的行为”这一点必定扮演了关键的角色。如果意识有什么要素是绝对必要的话，那应该就是拥有思想的能力。这毫无疑问会牵涉到随时间的演变。意识的存在同样意味着在某种意义上理解外部世界，以及与其进行适当的互动。一个系统如果只是待在那里，在每个时刻都维持相同的构型的话，不管它有多复杂或者代表了什么东西，都不能被认为有意识。

你大脑运作过程的一份打印件谈不上意识。

想象一下，你正在尝试构建有关人类行为的有效理论，但其中并未援引他们的内在心理状态。也就是说，你扮演的角色是老派的行为主义者：一个人接受输入做出适当的行为，其中没有任何与内心生活有关的那种不可观测的废话。

如果你希望构建一个优秀的理论，你最终会重新发明内在心理状态这个概念。部分原因很简单：来自感官的输入可能会听到某个人在问："你今天心情怎么样？"而引发的反应可能会是"老实说，现在我有点郁闷"。解释这种行为最简单的方法就是想象存在某种被称为"郁闷"的心理状态，然后我们的实验对象当时正处于这种状态。

但还有另一个原因。即使在个体的行为方式没有明显涉及内部心理状态的时候，真实的人类行为也极端复杂。这并不像是桌球台上两个将要碰撞的球那样，只要相对较少的信息（碰撞角、旋转、速度等）就能让你可靠地预测接下来会发生什么事情。两个不同的人，或者甚至是处于稍微不同场景中的同一个人，对于相同的输入都可能作出非常不同的反应。解释这一点最好的办法就是求助于内部变量——这个人脑袋里正在发生某种事情，而如果想要正确预测他们会有什么行动的话，最好还是将这些事情纳入考虑。（当你熟悉的人举止诡异的时候，要记住，不一定是你的问题。）

换句话说，如果我们还不知道意识，我们会需要发明这个概念。人们同时体验到内在状态和外在刺激的这个事实绝对处于他们人格和行为的中心位置。内在体验和外在行为不可割裂。

丹尼尔·丹尼特的所谓*意向性立场*（intentional stance）说的基本上就是这一点。在很多情况下，讨论的时候假装某些事物拥有态度或者意图会很有用。于是我们就用这种方式来讨论，这也非常合理——我们向各种事物赋予意向性[1]，因为它是能很好解释这些事物行为的理论的一部分。我们做过的所有讨论都包含这种“假装”，因为物质世界的不同部分之间不存在形而上学意义上的“意向性”联系，只有不同物质团块之间的关系。就像我们在第35章讨论“目的”的涌现那样，我们可以将意向、态度和意识状态看成这样的概念，它们在描述同一个物理现实的高层次涌现理论中扮演了必不可少的角色。

图灵尝试用他的模仿游戏捕捉的是这样的一个概念：在思考过程中真正重要的是系统会对刺激做出何种反应，比如说这种刺激可以是通过终端窗口输入来向系统呈现的问题。对一个人类的一生进行的完整视频和音频记录并不会“有意识”，即使它捕捉到了这个人到目前为止所做的一切，原因在于这些记录并不能外推未来的行为。我们不能向它问问题，也不能与它互动。

许多尝试通过阉割版图灵测试的程序，它们都是稍加改动过的聊天机器人，都是些简单的系统，能面对一系列可能的问题立马用预先编写好的句子回应。要愚弄它们很容易，不仅仅因为它们缺少任何正常人都拥有的那种关于外部世界的详细背景知识，还因为它们即使对

---

1. 译者注：意向性是一个哲学术语，斯坦福哲学百科全书给出的定义是“心智指向、代表和表现各种物体、性质和状态的能力”。

于刚刚发生的对话也没有任何记忆，更不用说把这样的记忆整合到接下来的讨论这种能力了。要做到这一点，它们应该拥有不同的内部心理状态，以整体的方式依赖于它们此前的全部历史，还有唤起假想未来情景的能力，整个过程中还要区分过去和未来，区分它们自身和周遭环境，还有区分现实和想象。就像图灵所说的那样，如果一个程序优秀得能令人信服地维持达到人类水平的交流互动，它一定是真正地在思考。

辛西娅·布雷齐尔（Cynthia Breazeal）是麻省理工学院的机器人学家，她领导的研究组构建过几个有关"社交机器人学"的实验。他们最迷人的结果之一是一个名为莱昂纳多（Leonardo）的机器木偶，造出它身体的是斯坦·温斯顿工作室（Stan Winston Studio），这个特效团队曾经参与了诸如《终结者》（*The Terminator*）和《侏罗纪公园》（*Jurassic Park*）的好莱坞大片的制作。莱昂纳多装备有超过六十个微型马达，让它能拥有一系列丰富的动作和面部表情，与史蒂文·斯皮尔伯格（Steven Spielberg）担任执行制作人的电影《小精灵》（*Gremlins*）中的小精灵相似得不是一星半点。

我们发现，拥有面部表情的这项能力在与人类交谈之中极其有用。处于身体之中的大脑运作得更好。

莱昂纳多在布雷齐尔的实验室中与研究人员互动，在读取他们表情的同时也展示出自己的表情。它的程序中包含了心智理论（theory of mind）——它不仅留意自己的知识（来自它的摄像机眼睛拍摄到的在它面前发生的事情），还留意其他人的知识（来自对这些人行动的观察）。莱昂纳多的行动并不是全部都预先编写好的；它会通过与人类的互动来学习新的行为，也会模仿那些它观察到其他人做的手势和回答。即使对它的程序一无所知，任何看到莱昂纳多行动的人都能仅仅通过观察它的神色，轻易说出它到底是高兴、悲伤、害怕还是迷惑不安。

有个关于莱昂纳多的实验很能说明问题，这是个关于虚假信念的任务：检查测试对象是否理解另一个人可能持有某种实际上不正确的信念（人类似乎在大约四岁时发展出这项能力；更小的小朋友会被所有人都拥有相同信念的错觉所蒙蔽）。莱昂纳多看着一个人将动画《芝麻街》里的角色“大鸟”的玩偶放在了它面前的两个箱子之一。然后这个人离开了房间，而另一个人走进房间，把“大鸟”玩偶从原来的箱子换到了另一个箱子里。现在第二个人离开了，第一个人又回来了。莱昂纳多足够聪明，知道“大鸟”在另一个箱子里，也知道第一个人“相信”它在原来的箱子里。

然后实验者问道：“莱昂纳多，你能不能找到我认为‘大鸟’所在的地方？”这个问题关乎元认知，也就是对于思考的思考。莱昂纳多正确地指向了原来的箱子，这符合它对实验者的信念建立的模型。但在指向原来的箱子同时，莱昂纳多也偷偷扫了一眼另一个箱子，那就是“大鸟”现在实际的藏身之处。这并不是编写好的行为，而是这个机器人在与人类互动时学到的东西。

无论你是爬上陆地的鱼，是在实验室中与实验者打交道的机器人，还是一个与其他人互动的人类，关于周遭世界的模型非常有用，其中包括别的生物以及它们的模型。对自身以及其他个体的觉知，还有在数个层次上沟通和互动的能力，对于在复杂世界中挣扎求存的我们来说，这些都是很有用的能力。

第 40 章
困难问题

地球上的生命经历了一系列激动人心的相变。自我复制的有机体、细胞核、多细胞生命、登上陆地、语言的起源——所有这些都代表了某种重要的新力量，改变了生命的能力。意识的出现按理说就是最引人入胜的相变，它开启了物质自我组织和行动的全新途径。原子不仅能自我组织为复杂又能自我维持的形式，而且这些形式获得了自我觉知的能力，还能思考自身在宇宙中的地位。

除非有别的更深刻的东西正在发生。正如哲学家托马斯·内格尔（Thomas Nagel）所说："意识的存在似乎意味着……自然的秩序远远没有物理和化学能解释一切的情况下那么索然无味。"（正是内格尔真正强调了，一个完整的理论应该能够解释去感受某种东西"会是怎么样"。他的一个有名的例子就是我们不可能知道作为一只蝙蝠会有什么样的感受，但他的论点要更一般化。）在这种视点下，对于仅仅利用核心理论中量子场的物理行为去解释意识体验这一点，我们不应该抱有太大希望，因为意识超越了物理世界。

不难明白为什么有人会这么觉得。他们是这样思考的：好吧，我可以接受宇宙存在并且遵循自然法则，不需要任何外部事物的帮助。

对于生命是一个相互勾连的化学反应组成的复杂网络，以及它自发形成并经过了数十亿年通过自然选择进行的演化，相信这些我也没什么问题。但*我*必定不止于一堆堆在引力和电磁相互作用影响下互相碰撞的粒子。我有*感知*，我有*感受*——作为我这个人就是有这些东西，为个人独有而且充满了感受，这样丰富的内心生活不可能用无法思考的物质运动来解释，无论堆砌的原子有多少。这个问题被称为*身心问题*（mind-body problem）：我们怎么可能仅仅利用物理概念去解释心理现实？

就像生命和宇宙的起源那样，我们不能宣称已经对意识的本性拥有了完整的理解。我们如何思考和感受，不消说还有如何思考自己是谁，对于这些的研究相对而言还在蹒跚起步。正如神经科学家和哲学家帕特里夏·丘奇兰德（Patricia Churchland）所说的那样："我们相当于处在牛顿甚至开普勒之前的时代，刚刚发现木星周围有卫星。"

但我们所知有关意识的一切都不应该让我们怀疑对于世界的平凡而自然主义式的构想，它毕竟在其他情境中都超乎想象地成功。目前来说，身心问题中应该没什么能说服我们物理定律需要更新、修正或者增补。

—

跟"生命"相似，意识更多的是一类相关的特质和现象的集合，而非统一的构想。我们能意识到自身，意识到自身与外界不同。我们可以审视各种可能的未来。我们能体验到感觉。我们可以抽象而符号化地思考。我们能感受到情绪。我们可以重拾记忆，讲述故事，有时候还说谎。这些方方面面的运转方式同时组成了意识，其中一些比别的更容易用纯粹的物理术语来解释。

考虑一下红色。这是一个有用的概念，它明显能被普遍而客观地识别出来，至少对于那些有视力而又没有因为色盲而看不到红色的人来说是这样。诸如“红灯停止”这样的行动指示能被清楚地理解。但有这样一个著名的问题潜藏其中：当你和我看到某种红色物体的时候，我们看到的是同样的红色吗？这就是有关*现象意识*（phenomenal consciousness）的问题——对红色的体验是种什么感受？

*感质*这个词（英语是qualia，它的单数形式是quale，来自拉丁语）有时候被用于指代我们对某种事物感受到的那种主观体验。“红色”是种颜色，来自物理上客观的光波波长或者不同波长的适当组合；但“感受到红色的体验”是一种感质，我们希望能在意识的完整理解中解释这些感质。

众所周知，澳大利亚哲学家戴维·查默斯（David Chalmers）曾经强调他所说的有关意识的*简单问题*（Easy Problems）和*困难问题*（Hard Problem）之间的区别。有各种各样的简单问题——解释醒觉和睡眠之间的区别；解释我们如何感受、储存和整合信息；解释我们如何回想过去预测未来。困难问题就是解释感质，也就是体验的主观特性。它可以被认为是意识中那些以不可简化的方式作为第一人称存在的方方面面，也就是我们私底下的感受，而不是被外界观察到的行动和反应。简单问题关乎运作过程，困难问题关乎体验感受。

正是困难问题给关于世界的纯粹物理理解提出了一个明显的难题。

简单问题不简单，但它们完全处于传统科学研究的运筹帷幄之中。我们看着一条鱼的时候，打到视网膜上的光子是怎么最终令我们大脑浮现出“鱼”这个概念的，我们对此还没有一个完整的理解，但达到它的方法似乎从神经科学的角度来说还算直截了当。与之截然不同的是，困难问题就像是浑水里的鱼。我们爱怎么样探测大脑都可以，但是我们怎么可能期望这会帮助我们理解那些全然主观的内在体验？怎么可能说一堆遵循核心理论的量子场竟然会有“内在体验”？

很多研究意识的专家都在考虑这两个问题，用彼得·汉金斯（Peter Hankins）的话来说，就是“简单问题（很难解决），还有困难问题（不可能解决）”。但有些人认为困难问题不仅可以说是相当简单；它根本就不是个问题，只是一种概念上的混淆。这两个阵营之间的讨论有时候相当令人沮丧；有人告诉你，你认为最重要最核心的那个问题实际上不是个问题，没有什么比这个更令人灰心丧气的了。

作为诗性自然主义者，这正是接下来我们要做的事情。意识的种种属性，包括我们的感质和内在主观体验，只是关于被我们称为“人类”的那一堆堆原子，它们实际行为的一些有用的说明方式。意识不是一种幻觉，但它并没有指向任何背离我们目前所知物理法则的迹象。

有几个思想实验尝试阐述困难问题有多困难。其中一个比较著名的是“色彩科学家玛丽”，这是所谓*知识论证*的一个五彩斑斓（毕竟讨论的是颜色）的实际示例。它是由澳大利亚哲学家弗兰克·杰克逊（Frank Jackson）在20世纪80年代引入的，目标是证明在世界上必定存在一些物质事实以外的东西。它跟瑟尔的中文屋都在同一张著名思

想实验的列表上，其中每一项都是哲学家为了阐明意识的某些特征而将人们锁在奇怪的房间里的实验。

玛丽是一位才华横溢的科学家，但她的成长环境有某些怪异之处。她生活在一个房间里，从来没有离开过，而这个房间里没有颜色。房间里任何东西都是黑色、白色或者某种程度的灰色。她自己的皮肤被涂成白色，而她所有衣服都是黑色的。诡异的是，在这种环境下长大的她成了色彩科学的专家。她能接触到一切她需要的仪器，还有关于色彩的所有科学文献，其中所有带颜色的图示都被转化成了灰度图像。

玛丽最终知道了有关颜色以物理角度来说所能知道的一切。她知道有关光线的物理，还有有关眼睛如何将信号传输到大脑的神经科学理论。她通读了艺术史、色彩理论，以及种出带有完美红色的番茄所需的农学专业知识。她就是从来没有看到过红色。

杰克逊问的是，如果玛丽决定离开房间去实际观察颜色，第一次会发生什么？特别是，她会学到什么新东西吗？杰克逊做出了肯定的断言：

> 当玛丽从黑白房间中释放时，或者拿到一台彩色显示器时，会发生什么事情？她会不会学到什么东西？似乎她显然在世界和对世界的视觉体验上获得新的知识，但这就不可避免地说明她此前的知识是不完全的。然而她已经拥有所有有关物理的信息，故此，除此之外必定还有别的东

西，而物理主义是不正确的。

玛丽可以知道有关颜色的所有物理事实，但还有些东西她是不知道的：对红色的体验“是什么感觉”。因此，世界上除了纯粹物质的事物以外，还存在着更多其他种类的事物。这个论证不仅仅在说我们仍然不知道如何用物理来解释玛丽的新体验，而是宣称不可能存在这样的解释。

就像中文屋那样，玛丽的困境依赖于一个听起来相对无辜，但实际上大大不合情理的实验设置。“所有关于颜色的物理事实”包含的东西可是多得可怕。以下就是一个有关颜色的物理事实：我上个星期切洋葱切到手指的时候，流出的血是红色的。玛丽知不知道我上个星期切洋葱切到了手指？她知不知道可观测宇宙中每个光子的位置、动量和频率？如果是过去和未来的宇宙呢？就像“全知全能全善的存在”那样，“所有关于颜色的物理事实”会在我们的心智中浮现出某种模糊的印象，但这个表述是否对应着某个定义良好的概念，这就非常不好说了。

在引用玛丽作为证据证明宇宙中存在某些特点并非纯粹依赖物质时，有关物理事实的模糊之处还不是最大的问题。真正的问题是有关“知识”和“体验”定义的棘手之处。

我们从诗性自然主义的角度来考虑玛丽的困境。我们的世界存在某种基础性的描述，要用某个不断演化的量子波函数来阐述，或者可能是某些更深刻的东西。我们用到的其他概念，比如说“房间”或者

“红色”，都是某些语汇的一部分，在相应的适用范围中，它们提供了关于底层现实某些方面的实用近似模型。所以我们发明了比方说“人”这个概念，它以某种特殊的方式映射到了底层现实上——这种方式可能在原则上很难精确地定义，但实际上很容易辨认出来。

这些“人”拥有不同的属性，比如说“年龄”和“身高”。“知识”也是这样的属性之一。如果对于某项事物，某个人可以（多多少少）正确回答出关于它的问题，或者恰当地作出与其相关的行动，那么这个人就拥有对这项事物的知识。如果一位可靠的人告诉我们“琳达知道怎么换车胎”，我们就会对下面的陈述赋予高置信度：有个标签是“琳达”的人，她能回答某些问题，做出某些行动，其中包括帮我们搞定漏气的轮胎。某个人怀有某种知识，这对应着这个人大脑中某些突触网络的存在。

现在，有人告诉我们，有个叫“玛丽”的人，她拥有某些特定的知识——所有关于颜色的物理事实。当她踏出房间，第一次体验颜色时，她有没有“得到新的知识”呢？

这要看你是什么意思。如果玛丽知道所有关于颜色的物理事实，在她大脑的层面上这代表着她拥有适当的突触连接，能正确回答我们询问的那些有关颜色的物理事实的问题。如果她真正看到了红色，这对应着她视觉皮层中某些神经元的激活，这接下来会创造出其他突触连接，比如“看见红色的记忆”。由思想实验的假设可得，实际上这在玛丽身上从来没有发生过——相应的那堆神经元从未被激活过。

当她走出房间时，那些神经元终于被激活了，这时玛丽“学到新东西”了吗？在某种意义上，回答是肯定的——她现在拥有了此前没有的记忆。知识与我们回答问题和行动的能力有关，而玛丽现在能做一些之前做不到的东西了，比如靠视觉分辨红色的东西。

这能不能论证宇宙中除了物质层面还有别的东西？当然不能。我们只是引入了一种人为的对比，去区分突触连接的两种不同组合：“在黑白中阅读文献以及进行科学实验所诱发的连接”，以及“通过观察红色光子来刺激视觉皮层所诱发的连接”。对于我们与宇宙相关的知识，这是一种可能的划分方式，但并非必然。这种差别存在于知识进入大脑的路径，而与知识本身的类型无关。这种论证不应该让我们开始往有关自然世界的成功模型中添加全新的概念范畴。

玛丽也许在此之前就能体验到红色。她可以搞一个探针插到头骨里，然后探针把相应的电化学信号直接发送到她的视觉皮层中，精确诱发那种我们觉得是“看到了红色”的体验（毕竟我们假设了玛丽是个才华横溢的科学家）。我们可以选择不允许她这样做，作为“学到了所有关于红色的物理事实”前提的一部分——但这是我们做出的一个完全任意的限制，并非有关现实结构的深刻洞察。

玛丽的情况联系着一个老生常谈的话题：“我的红色跟你的红色是不是一样？”不是说波长，而是说对红色的体验在你我身上是否一致？在某种严格的意义上，答案是否定的：我对颜色的体验是谈论我大脑中穿梭的某些电化学信号的一种方式，而你的体验则是谈论你大脑中穿梭的某些电化学信号的一种方式。所以它们必定不完全一样，这个解释非常沉闷，就是“我的铅笔跟你的铅笔不一样，即使它们看起来完全一样，因为这支铅笔是我的”。但我对红色的体验大概跟你的相当相似，原因就是我们的大脑也相当相似。这能带来有趣的思考，但并非混淆一切的漩涡中心，不足以让我们抛弃作为一切事物底层描述的核心理论。

弗兰克·杰克逊本人后来回绝了知识论证原先的结论。跟大部分哲学家一样，他现在接受了意识来自纯粹的物理过程这一点："尽管我曾经持有与大多数人相反的意见，我已经投降了。"他这样写道。杰克逊相信，“色彩科学家玛丽”帮助我们确定了让我们认为意识体验不能纯粹处于物质层面的相应直觉，但这并不足以成为能够导出这个结论的一个有说服力的论证。展示我们的直觉如何让我们误入歧途，这是个有趣的任务——毕竟科学一直在提醒我们这种事情经常发生。

第 41 章
僵尸和叙事

创造了“意识的困难问题”这个术语的戴维・查默斯，他可以说是“物质现实需要增加某种额外的因素才能解释意识”这种可能性在现代的领军倡导者之一——特别是对困难问题中点出的那一类内在心理体验的解释。他最喜欢的工具之一又是一个思想实验，叫*哲学僵尸*。

跟那些到处找脑子吃和制造电影品牌的不死族僵尸不一样，哲学僵尸外表和行为跟普通人类完全一样。的确，它们在物理结构上与不是哲学僵尸的人完全相同。差异在于它们没有任何内在心理体验。对于成为一只蝙蝠或者另外一个人会有什么样的感受，我们可以发问，也可以疑惑不解。但从定义出发，成为一只僵尸并没有“会有什么感受”这种事情。僵尸是没有体验的。

哲学僵尸存在的可能性依赖于这样的想法，就是一个人可以是自然主义者但不是物理主义者——我们可以接受只有自然世界的存在，但相信它在物理性质以外还有别的东西。根据这个观点，不存在任何诸如非物质灵魂这样超脱物理的事物类别。但我们熟悉的实体物质可以拥有其他种类的属性，可以存在有关心理属性的单独类别。这个观点被称为*属性二元论*，它不同于我们熟悉的老派笛卡儿式*实体二元论*，也就是认为同时存在物质和非物质实体的观点。

属性二元论的想法就是，可以存在一堆原子组成的集合，你即使告诉我有关这些原子的物理属性说得出的一切内容，但却还没有完全告诉我有关它们的一切。这个系统可以拥有各种不同的心理状态。如果这些原子组成了一块岩石，那些心理状态可能很原始，无法被观察到，本质上无关紧要。但如果它们组成一个人的话，就会有一系列丰富的心理状态诞生。在这个观点中，要理解意识，我们需要认真考虑这些心理状态。

如果这些心理属性跟类似质量和电荷那样的物理属性以相同的方式受粒子行为影响，那么它们就只是又一种物理属性。你可以随便提出会影响电子和光子行为的新属性，但这样做并非单纯向核心理论添砖加瓦，实际上你说的是核心理论错了。如果心理属性也影响量子场演化，那么至少在原则上应该有利用实验测量这个效应的方法——更不要提这样的改动会导致的那些有关能量守恒等定律的技术困难了。要这样全盘推倒一个取得巨大成果的已知物理结构，我们向它赋予非常低的置信度也很合理。

另一种办法就是想象这些心理属性就像在搭物理系统的便车。核心理论可以完整描述组成我们的量子场的物理行为，但并不是对于我们本身的完整描述。这一描述同样需要确切指出我们的心理属性。

哲学僵尸可以是组合方式与通常的人完全相同的一堆堆原子，它们遵循相同的物理法则，因此有完全相同的行为，但它们缺乏能解释内在体验的心理属性。只用聊天的方式去区分的话，你的所有朋友和所爱之人都是潜伏的僵尸，而他们也不确定你是不是僵尸。可能他们也在怀疑。

关于哲学僵尸的一大问题说起来很简单：它们有没有可能存在？如果可能存在，这就是推翻意识能用纯粹物理来解释这一点的决定性证据。如果你拥有两组完全相同的原子，两者都以人类的形式存在，但其中一个有意识，而另一个没有，这样的话意识就不可能是纯粹物质的。必定还发生了别的事情，不一定是离体的灵魂，但至少是物理构型之外的一个心理层面。

当我们讨论哲学僵尸是否可能存在时，我们说的不一定是*物理上*的可能性。我们不需要想象在这个真实世界中可能找到一只如假包换的僵尸，它由组成你我的那几种粒子组成（当然是如果你不是僵尸的话，我从现在开始就这样假设了）。我们只是在想象一个可能世界，其中有着不同的基础本体论，尽管那里存在的粒子和力可能跟我们的看起来非常相似。它缺少的是心理属性。

查默斯论证道，只要哲学僵尸是能够想象或者逻辑上可行的，那么我们就知道意识并非纯粹的物理现象，无论在我们的世界中它们能否存在，因为这时我们就知道意识并不能归于物质的运转：物质的同一行为无论有没有意识体验都能发生。

当然，查默斯之后就说哲学僵尸是可以想象出来的。他可以毫无障碍地想象他们的存在，可能你也这么觉得。我们能不能就这样下结论，说世界上有东西超出了物质宇宙？

——

要决定某件事物是否“可以想象”，这件事没有一眼看去的那么简单。我们头脑中能浮现一幅景象，其中有某个人外表和举止都与真正人类无异，但内心已经死了，没有任何内在体验。但在没有想象出它们与正常人之间物理表现的任何差异的情况下，我们是否真的能做到这一点呢？

想象一下，有一个哲学僵尸磕到了脚趾。它会因为疼痛而大叫，因为人类也会这样做，而僵尸的行为跟人类一样（否则我们就可以通过观察外在行为而辨别僵尸了）。当你磕到脚趾时，某种电化学信号在你的连接组中回荡，而在僵尸的连接组中也有完全相同的信号在回荡。如果你问它为什么大叫，它会说：“因为我磕到脚趾了，觉得很痛。”当人类说出这样的话时，我们会假设它说的是真话。但僵尸一定在说谎，因为僵尸没有诸如“正在感受到疼痛”的心理状态。为什么僵尸总是说谎呢？

既然如此，你*确定*你不是哲学僵尸吗？你觉得你不是，因为你能获得你自己的心理体验。你可以在日记里表达这些体验，或者在咖啡店里唱几首相关的歌。但僵尸版的你同样会这样做。你的僵尸替身会无比诚恳地发誓它跟你一样拥有内在体验。你不觉得你自己是僵尸，但僵尸也会这样说。

——

问题在于，“内在心理状态”这个概念在我们与世界互动时并非仅仅在搭顺风车。在解释人们的行为时，它扮演了重要的角色。在不严谨的对话中，我们当然相信心理状态会影响物理上的行动。我很高兴，所以我在笑。心理属性既与物理属性分离，又对它没有任何影响，这种想法并没有粗看起来那么容易以无矛盾的方式建立起来。

对于诗性自然主义来说，哲学僵尸就是无法构想的，因为“意识”是某些物理系统的特定说明方式。“体验到红色中的红”这个句子属于高层次词汇的一部分，我们用它来说明底层物理系统的涌现行为，但它们并不是与物理系统本身分离的事物。这不代表它们不是真实的；我对红色的体验跟你一样真真切切。它的真实性，与流体、椅子、大学和法律的真实性相同——意思就是，在特定的适用范围里，在关于自然世界某些部分的大获成功的描述中，它们扮演了必不可少的角色。

某个概念在逻辑上的可行性依赖于到底哪个本体论才是正确的，这一点似乎很奇怪，但在知道意识是什么东西之前，我们也不能确定到底“没有意识的类人生命”是不是一个合理的概念。

在1774年，英国神职人员约瑟夫·普里斯特利（Joseph Priestley）分离出了氧这种元素。如果你问他能不能想象没有氧元素的水，他大概会觉得没有问题，因为他不知道水是由一个氧原子和两个氢原子组成的（人们在1800年才第一次将水分解为氢和氧）。但我们现在知道得更多了，终于意识到“没有氧的水”是无法想象的。在某些拥有不同物理法则的可能世界中，也许有别的什么物质，它本身不是H_2O，但拥有水的所有唯象属性——在室温下是液态，对可见光透明等。但它不是我们所知所爱的水。同样，如果你认为意识体验是某种与物质的物理行为大相径庭的东西，那么设想僵尸的存在对你来说毫无困难；但如果意识只是我们用来描述某些物理行为的概念，僵尸就变得无法设想了。

——

我们的精神体验或者感质并非真的是某种独立的事物，而只不过是我们关于普通物质的某些叙事之中有用的部分，这个想法许多人都觉得难以接受。

对于相信心理属性构成独立现实的属性二元论者（代号是M）以及相信它们只是物理状态的某些说明方式的诗性自然主义者（代号是P），即使双方都怀有最大的善意，他们之间的对话可能也崎岖不断。对话也许就像下面这样：

M：我接受你说的，当我感受到某种特定的感觉时，我的大脑里不可避免地会有某种特定的事件发生，就是某种“意识的神经关联”。我否定的是我的主观体验纯粹是我的大脑里发生的这样的事件。必定还发生了别的事情。我也感觉到了获得这项体验会有什么感受。

P：我说的是，“我感觉到了……”这样的陈述是某种涌现而来的、有关你的大脑中出现的信号的说明方式。有一种说明方式提到了神经元和突触等语汇，而另一种则提到了人和人的体验。在这些方式之间存在相互映射：当神经元在做某种事情的时候，这个人就会有某种感受。事情就是这样。

M：问题是事情显然不单单是这样！因为如果就是这样，我就不会有任何意识体验。原子不存在体验。你可以对发生的事情给出一个实用的解释，它也的确能正确地解释我具体的行为，但这样的解释总是遗漏了有关主观的部分。

P：为什么？我没有"遗漏"主观的部分，我只是提出我们谈论的所有这些内在体验，都以有用的方式概括了某种复杂的原子集合的集体行为。单独的原子不存在体验，但它们的宏观聚结就很有可能存在体验了，而这不需要依赖额外的因素。

M：不，它们不可能有体验。不管你堆积了多少没有感受的原子，它们也不会突然拥有体验。

P：但是它们的确可以。

M：不可能！

P：有可能！

接下去的对话你也可以想象到了。

尽管如此，让我们再带着诚意努力一下，尝试向思想开放的属性二元论者解释诗性自然主义者对感质的想法。当我们说"我体验到了红色"的时候，我们的意思是什么呢？我们的想法大概是这样：

> 宇宙中有某一部分，它是一组以某种方式互动和演化的原子，我选择将其称为“我”。我认为“我自身”有多种属性，有一些是直接的物理属性，另一些则关于内在和精神。在我大脑中的神经元和突触之间，有某些过程能在其中涌动，它们发生时我就会说“我体验到了红色”。这句话很有用，因为它以可预料的方式联系着宇宙的其他方面。比如说，一个知道我正在感受这种体验的人可以可靠地推断出有红光波长的光子进入了我的眼睛，也许还有别的物体在发射或者反射这些光子。他们可以问我更深入的问题，比如说“你看到的红色是什么色调？”，也能预想会得到某个范围内的合理答案。它也可能与其他内在精神状态有关联，比如说“看到红色总是让我觉得惆怅”。出于这些联系的一致性和可靠性，我判断在我谈论以人类尺度对这个宇宙的描述时，“看到红色”这个概念扮演了有用的角色。所以说“看到红色的体验”是实际存在的事物。

真是绕口的长篇大论，没有人会觉得它像莎士比亚的十四行诗。但细看之下，还是有一种诗性在里头。

——

关于意识，还有两种观点与诗性自然主义相当接近，但在重要之处有着差异。

其中一种观点是说，所有这些所谓的感质和内在体验根本不存在——它们只是幻象。也许你觉得你有内在体验，但这只是我们对世界出于直觉的看法中过时的一部分，或者说前科学时代的遗物。我们现在知道得更多了，应该换用一套更先进更合适的概念。

另外一种看法属于某种强硬的还原主义，它坚称主观体验*就是*大脑中发生的物理过程。它们存在，但是可以与特定的神经关联等同起来。这个思路上有个著名的例子，来自哲学家希拉里・普特南（Hilary Putnam），他认真考虑了“疼痛”可以等同于“C神经纤维的激活”这种可能性（C神经纤维是神经系统携带痛觉信号的一部分）—— 目的是为了否定这个想法，而不是捍卫它。

诗性自然主义者可以毫无障碍地说意识体验是存在的。它们并不是现实最基本构造的一部分，但却是涌现而来的某个有效理论中至关重要的部分。对于人们以及他们的行为，我们手头上最好的说明方式以重要的形式涉及了他们的内在心理状态。因此，以诗性自然主义的标准来看，这些状态就是真实存在的事物。

我们拥有的关于世界的不同说明方式，它们之间互相关联，其中的语汇有包含主观体验的人类层面，有包含神经纤维激活的细胞生物学层面，还有包含费米子和玻色子的粒子物理学层面。它们的联系在于，在更普遍的理论（粒子和细胞）中的某些不同状态对应着粗粒化理论（人类和体验）中的唯一状态。反过来通常没有唯一性；有许多原子的排列方式都可以对应着“经受疼痛的我”。

在“不同理论的概念之间存在着映射”以及“粗粒化理论中的概念可以等同于更普遍的理论中的某些状态，比如疼痛可以等同于C神经纤维的激活”，这两者之间潜藏着一个微妙而重要的区别。这项区别非常重要，因为赞同后者这种更强硬的表达方式会给我们带来麻烦。比如说，帕特南就会这样问："你是不是说如果没有C神经纤维，就不会有痛觉？那么人造的生命、外星人，甚至地球上的各种动物，根据定义都不会感知到疼痛？"

我们不想这样说，也不需要这样说。有某些原子的构型对应着"一个感受到疼痛的人类"，但也有可能存在别的原子构型对应着"感受到疼痛的伍基人"（Wookiee，《星球大战》中的外星人物种），或者是这个概念的任何相关实例（原则上没有什么会阻止计算机感受到疼痛）。诗性自然主义者之所以有"诗性"，就是因为我们能讲述关于世界的多种不同叙事，其中有很多都捕捉到了现实的某些方面，它们在适当的情境中都有各自的用处。

我们没有理由假装主观体验不存在，或者反过来说它们"就是"大脑里发生的某些事情。在关于我们大脑中发生事件的某种说明方式中，它们属于必不可少的概念，这才是关键。

第 42 章
光子有意识吗？

如果意识是一种超脱了物理属性的事物，那就会产生一个难题：在生命出现前的这数十亿年，它在干什么？

诗性自然主义者不觉得这个问题很难。意识的出现是一种相变，就像水的沸腾。足够热的水会以气体的形式存在，这个事实并不代表即使在液态下，水也一直拥有某种类似气体的属性；当条件改变时，系统自然会获得新的性质。

但如果你相信心理属性是一种额外因素，高于底层的物质载体，那么这个问题，也就是这些心理属性在宇宙绝大部分的历史中都在干什么，就是一个尖锐的问题。最直接的回答是，即使在大脑甚至生物出现之前，这些心理属性也一直在那里。即使是相互碰撞的单个原子和基本粒子，无论是在早期宇宙中还是现在位于太阳中心或者处于星系际空间的寂寥严寒中，它们都拥有自己的心理属性。在这种意义上，它们拥有一点点意识。

意识遍及宇宙，同时作为每一件物体的一部分，这个想法又叫*泛心灵论*（panpsychism）。这个想法由来已久，能追溯到远在古希腊的泰勒斯和柏拉图，在某些佛教传统中也能发现。戴维·查默斯等哲学家以及朱利奥·托诺尼（Giulio Tononi）和克里斯托夫·科赫（Christof Koch）等神经科学家也认真考虑了它的现代形式。查默斯令人钦佩地接下了这个艰巨的任务，承认这样的观点蕴含了如下的后果：

> 即使是一个光子，也有某种程度的意识。这个意思不是光子有智慧或者能思考，也不是说光子会因为思考着“啊，我一直都以光速四处运动，都不能停下来细嗅蔷薇”而被焦虑压垮。不，不是这样的。我的意思是也许光子也有一点点粗糙的主观感受，某种原始状态的意识前身。

意识，至少是某种意识的前身，有可能类似“自旋”和“电荷”那样，是刻画宇宙中每一丝每一缕物质的基本属性之一。

——

这个想法意味着什么，它到底有多符合我们已知的有关光子的物理，这些都是值得认真思考的问题。

与复杂而难以解释的大脑不同，光子之类的基本粒子无比简单，因此它们也相对容易研究和理解。物理学家会说不同种类的粒子拥有不同的“自由度”——本质就是这种粒子有多少种不同的类别。比如说电子有两个自由度。虽然它有电荷和自旋，但它的电荷只有一个可能值（−1），而自旋有两种可能：顺时针和逆时针。一乘以二等于二，总计自由度是二。相比之下，上夸克有六个自由度；跟电子一样，它拥有固定的电荷以及两种可能的自旋，但它还有三种可能的“颜色”，而一乘以二乘以三就是六。光子拥有固定的零电荷，但它们的确也有两种可能的自旋状态，所以它们跟电子一样有两个自由度。

我们可以用最直接的方法来理解所谓心理属性的存在，这相当于向每个基本粒子引入新的自由度。在顺时针或者逆时针的自旋以外，光子还能处于（比如说）两种心理状态之下，比如说叫作“高兴”和“悲伤”，尽管这两个标签出于写意多于真实。

这个过于不折不扣的泛心灵论版本不可能是正确的。我们对核心理论的了解中最基本的知识之一就是每个粒子拥有多少自由度。回想一下第23章的费曼图，它描述了粒子是如何通过互换别的粒子来互相散射的。每个费曼图都对应着一个能具体计算的数字，也就是对于最终结果，比如说两个电子通过交换光子发生的散射，这个费曼图对应的特定过程的总贡献。这些数值已经在非常高的精度上被实验证实，而核心理论出色地通过了这些测试。

在对这些过程的计算中，每种粒子的自由度数目是一项关键的因素。如果光子有某种我们此前不知道的隐藏自由度，它们会改变我们对那些与光子有关的散射实验做出的预测，于是我们的预测应该会被数据否定。这并没有发生。所以我们可以确凿地说，光子并没有分成“高兴”和“悲伤”两类，或者拥有任何能作为物理自由度的心理属性。

泛心灵论的倡导者可能不会走得那么远，不会想象心理属性与真正物理上的自由度扮演相似的角色，所以之前的论证无法说服他们，否则这些新性质就和普通的物理性质一样了。

这使我们落到了类似有关僵尸的讨论时身处的处境：我们提出了新的心理属性，然后坚称它们没有可观测的物理效应。如果我们将“带有意识前身的光子”替换成没有这种心理属性的“僵尸光子”，世界会变成什么样子？就物质的物理行为而言，其中还包括你与爱情伴侣聊天、笔谈或者沉默的沟通中诉说的一切，在那个只有僵尸光子的世界发生的一切都完全等同于那个光子拥有心理属性的世界中发生的一切。

合格的贝叶斯主义者可以因此做出结论，肯定我们实际生活的世界就是只有僵尸光子的世界。向单个粒子赋予有关意识的特性，这并没有带来什么得益。这样做并不是一种有用的谈论世界的方式；它不能换来任何新见解或者预测能力。它所做的，就是在一个已经获得完美成功的描述上强加一层形而上学的混乱。

意识似乎本质上就是某种集体产生的现象，某种谈论特殊复杂系统的方式，这些系统能够通过内在的状态表现它们自己以及世界的情况。它在我们现在的宇宙以发展完善的形式存在，不代表从一开始就存在它的某种痕迹。有些事物就是随着宇宙的演化以及熵和复杂度的增长而出现的，包括星系、行星、生物，还有意识。

——

无论单个粒子是否拥有某种形式的作为意识前身的觉知，将意识之谜联系到另一个谜团的尝试也有相当的历史，这个谜团就是量子力学。这些努力部分可以归结于查默斯戏称的“最小神秘法则”：意识很难理解，量子力学也很难理解，所以它们可能有着某种联系。

毫无疑问，我们有不少与量子力学相关的真正谜团，特别是当观察者测量一个量子系统时到底会发生什么事情。在埃弗里特的多世界诠释中，答案很简单：没发生什么特别的事情。一切都依照一组确定性的方程继续顺畅演化，但宏观观察者与周围的广阔环境之间的相互作用让我们可以说这个系统从“处于量子叠加态的宇宙”演化到了“两个不同的宇宙”。观察者碰巧具有意识，这一点的重要性是零；线虫、摄像机甚至石头都可以轻易进行这些测量。

可惜的是，并非所有人都接受这种解释带来的便利。教科书里的量子力学会说，在观察过程中，波函数会在某个时刻“坍缩”。在坍缩之前，粒子可以处于两个不同状态的叠加中，比如说顺时针和逆时针自旋的叠加；在坍缩之后，只有一种可能性会留下来。所以到底是什么导致了坍缩这个事件？推测它与有意识的观察者有某种关系，这并不是彻头彻尾疯狂的想法，而许多有名望的物理学家在过去很长一段时间都是这样思考的。

“意识在对于量子力学的理解中占有一席之地”这种可能性现在已经失去了几乎所有当时曾经获得的支持。今天我们对量子力学的理解要比当年那些先驱者清晰得多。我们拥有非常明确而定量的理论，能合理准确地解释在测量过程中发生了什么，而不需要依赖于意识。我们不知道这些理论之中是否有一个是正确的，所以谜团仍在——但即使还不知道最后的答案，我们有这些相当不错的选择，仅仅这一点就让那些非传统的选择变得似乎不再吸引人。

有些人似乎过度偏好那些非传统的可能性，会紧紧抓住相关的流行术语，用以达到自己的目的。在热门话题中，“量子意识”这个标签下的大部分内容都是这个情况。量子力学说，叠加态会在测量过程中演化为确定的结果，至少对于某个观察者来说是这样。不难将这个陈述歪曲成另一个，宣称带有意识的观察从字面意义上让现实得以存在。

这就是终极的反哥白尼运动，在我们关于宇宙的图景中将人类作为重要核心而重建的一种方法。当然，你可能在宇宙的浩瀚中感觉到自己的渺小，你也可能在想到组成你的原子遵循着冷冰冰的物理法则时感觉自己不再像是个人，但是无须担心：你在每个瞬间都通过观察来自己创造整个世界。这个解释的倡导者有时候会加进某些关于“纠缠”的东西——这甚至没有什么神秘之处，它只是量子力学一个有趣的特点——从而让你觉得你与宇宙中的一切都有着联系。作为最后的华丽结尾，他们可能会提出，量子力学已经完全抛弃了物质世界，留下的只有唯心主义，其中万事万物都是心灵的投影。

我们所知有关物理的任何东西都不能推出以上说的任何一点的正确性。量子力学可能神秘莫测，但在所有目前提出的理论构建中，它仍然是一个普通的物理理论，掌管一切的是以方程形式表达的客观法则。特别是，即使在那些系统被观察时波函数的确会坍缩的诠释中，进行观测的人也丝毫不能影响实际的测量结果。它只会遵循一条法则，也就是量子概率的玻尔法则，它表明每种结果的概率由波函数值的平方给出[1]。没有怪事发生，也与个人无关，同样不存在涉及人类的本质。这里只有物理。

——

1. 译者注：原文如此。更准确地说，是作为复数的波函数值的模的平方。

这种声名狼藉的“量子意识”说法，不同于另一个仍属揣测但起码在物理上有意义的想法，也就是量子过程在大脑的实际运转中也许扮演了重要的角色。从某个层面上来说，这显然是对的。大脑由粒子构成，粒子又是量子场的振动，它们遵守量子力学的法则。但绝大部分神经科学都建基于一个假设之上，就是经典物理这一近似理论很好地描述了大脑中的重要过程。我们不需要波函数或者量子纠缠就能将火箭发射到月球上，那么猜想我们不需要这些东西也能理解大脑，这也合情合理。

大脑是一个温暖而湿润的环境，并不是冰冷而精确的实验设施。你头壳里的每个粒子都一直在被其他粒子推挤着，导致一系列不断进行的“坍缩”过程（对于像我那样无所畏惧的多世界诠释支持者来说，也可以说是波函数的分支）。粒子没有多少时间做出停留在叠加态中或者与其他粒子纠缠之类的行为。在大脑中维持量子相干性看起来就像在飓风来袭的户外搭一个纸牌屋。

尽管如此，生物学最近的发现指出，生物似乎的确利用了某些量子效应去做经典物理做不到的事情。特别是光合作用，它牵涉到通过处于量子叠加态的粒子进行的能量转移（在人类发现量子力学之前，达尔文式演化早就碰上了它）。所以我们不能在纯粹思考的基准上随便舍弃量子力学在大脑中扮演重要角色的这个可能性——我们必须进行通常那种经验主义式的贝叶斯程序，提出假设，然后用数据测试它们。

物理学家马修·费希尔（Matthew Fisher）确定了大脑中一组非常

具体的量子对象，它们也许能相互纠缠，而且在相对长的时间里保持这种状态，那就是在ATP分子的基团以及别的地方里出现的某些磷原子的原子核。在费希尔的模型中，牵涉这些原子的化学反应发生的频率依赖于它们的原子核是否与附近的其他磷原子处于量子纠缠中。结果就是量子力学在大脑发生的过程中也许有着真实的作用，甚至可能允许大脑作为一台“量子计算机”运转。事实也可能相反——毕竟这些想法都是刚刚提出的猜测。但它们提醒了我们，在谈论像大脑那样微妙而复杂的系统时，千万不要妄下定论。

虽然很多人都在思考大脑中的量子效应，但是他们想象的并不是解释大脑如何进行计算这种乏味的东西。他们希望引用新物理去帮助解释意识。

这个方向上最有名的倡导者是罗杰·彭罗斯（Roger Penrose），他是英国的物理学家和数学家，因为对关于爱因斯坦广义相对论的现代理解做出的贡献而闻名。彭罗斯属于那种能滔滔不绝地说出聪明想法的科学家，对他来说这就跟我们大部分人从衬衫上拂去面包屑一样容易，而他坚信人类大脑能完成计算机不可能完成的工作。但计算机可以根据已知的物理定律模拟出任何可能发生的事情。所以我们需要某些真正新颖的物理现象参与大脑的运转——特别是某些与波函数坍缩有关的特殊事物。

彭罗斯的论证复杂精深，但最终对于绝大部分物理、神经科学或者意识的研究人员来说没什么说服力。他的起点是哥德尔不完备性定理，这是奥地利逻辑学家库尔特·哥德尔（Kurt Gödel）的一个著名结果。冒着严重过度简化的风险的话，我们可以说不完备性定理的要点就是，在任何具有一致性的*形式系统*中——也就是一系列公理以及从公理中推理出结论的一套规则——必定存在正确但无法在系统内证明的陈述[1]。（哥德尔用的基本技巧就是他发明的一种表达方法，可以在任何足够强大的形式系统中表达“这个陈述不能被证明”这个陈述。要么你能证明它，于是它就不是正确的，证明了你的系统存在矛盾；要么你不能证明它，于是它就是正确的。）以适当的形式规则运行的计算机于是不可能证明这样的陈述。

但彭罗斯说，人类数学家可以轻易意识到这类陈述的真实性。于是，在人类数学家大脑中发生的事情必定超越了形式化的数学系统。已知的物理定律不能赋予我们这样的能力。

正如我们在第24章讨论过的那样，我们大胆宣称了日常生活背后的物理定律已被完全知晓，如果这个断言中有漏洞的话，首要候选者就是我们对量子测量在思考方式上的改变。彭罗斯对这些可能的改变有着明确的想法——牵涉到量子引力，还有大脑中被称为微管的丝状结构——但他的结论是我们大脑中这些结构的波函数会以正确的方式坍缩，赋予人类理解和认知的能力，而这是计算机永远无法企及的。

人们可以提出许多反对意见，而多年来，提出意见反对彭罗斯的这项活动给人们带来了不少乐趣。其中最优秀的反对意见集中在从

---

1. 译者注：除此之外，不完备性定理成立还需要形式系统能表达自然数。对于某些无法表达自然数的形式系统，比如说实闭域理论，其中的真命题可以在系统内部被证明。

“人类认知的工作方式不像是形式数学系统”到“人类大脑不遵循已知的物理定律”这个飞跃之间。我们所说的“思考”其实是谈论非常高层次上的涌现行为的一种方式。它能够从完全刻板而逻辑化的底层过程中涌现而来，但自身却不太展现出这样的特性。的确，人类不善于进行严格的逻辑推理（甚至很难将很大的数字精确相乘），甚至到了臭名昭著的地步。我们的思维到处有漏洞，会发生失误，也会进行猜测。我们可以得到某个特定的形式系统得不到的结论，这个事实并不特别惊人。

哥德尔不完备性定理说的*并不是*存在不能证明的真命题，而是说在任何*无矛盾*的形式系统中都会存在这样的命题。我们怎么知道某个特定的公理集合是否定义了一个无矛盾的系统？或者换句话说，我们怎么能确定我们正确地“感知”到了哥德尔那些自指命题的正确性？

正如斯科特·阿伦森指出的那样，更准确的说法应该是我们*相信*某些系统没有矛盾，尽管哥德尔证明了我们永远无法证明这一点。如果我们允许计算机假定系统是无矛盾的，那么它就能轻松证明类似“这个陈述不能被证明”的陈述。（证明：如果它能被证明的话，系统就出现了矛盾！）他引用了阿兰·图灵的话：“如果我们希望一台机器拥有智能，那么它必定不能同时绝对可靠。有些定理几乎就是这样说的。”人类当然满足并非绝对可靠的这项判断准则。

如果换上我们的贝叶斯式思考的话，人类这样高度复杂的心智似乎能够轻易感觉到一些真理，它们即使用完全严谨的计算机程序也不能证明。这个事实似乎并非足够强有力，能以此为依据改变我们对量子力学最深入的理解。特别是因为这种改动的用处与量子力学本身的神秘之处毫无直接关联——它仅仅是向人类大脑赋予理解和认知这种魔幻能力的一种方法。而在最后的最后，大脑能够觉察到一些不可证明陈述的真实性，这项能力对于我们理解困难问题，也就是内在心理体验的问题，也是毫无用处。如果你觉得困难问题很困难，量子力学大概帮不了你；如果你觉得它也没那么难，你大概也不会觉得需要通过改变物理法则去帮助我们理解大脑。

第 43 章
理论的依据

我们属于自然世界的一部分，这个想法可能令人感觉到深切的损失，以为我们行动的理由和原因与我们的想象不相符。有人诉说着这样的忧虑：我们不是拥有意向和目标的人类，而只是一堆粒子，随着时间缓缓前行而盲目相互碰撞。让我们在一起的不是爱，而只是物理法则。哲学家杰里·福多尔（Jerry Fodor）清晰地表达了这种担忧的一个版本：

> 如果不能在字面意义上说，我想要某物是导致我伸手去拿的原因，我痒是导致我挠痒的原因，还有我相信是导致我这样说的原因……如果这些在字面意义上都不正确的话，那么事实上我对任何事物的任何信念都是虚假的，这就是世界末日。

不要担心！这不是世界末日。

我们身处的这个现实拥有许多不同但都大获成功的说明方式。我们拥有花样繁多得过分的一系列理论、模型、语汇、叙事等，你喜欢怎么称呼它们都可以。当我们谈及一个人类时，我们可以将他描述成一个拥有渴求、倾向和内在精神状态的人；我们也可以将他描述成生物细胞的组合，它们通过电化学信号相互作用；我们还可以将他描述为一堆基本粒子，它们遵守核心理论的法则。问题在于，我们如何协调这些不同的叙事呢？特别是，到底每个理论以什么为依据？我们有粒子物理学的描述，其中“因果关系”不见踪影，这是否意味着我们不允许说痒是挠痒的原因？

诗性自然主义者的回答是，我们拥有的所有这些叙事，作为对现实的描述，成立与否都只取决于自身。要评价关于世界的某个模型，我们要问的问题包括“它是否内在一致”、“它是否拥有良好的定义”，还有“它是否符合数据”。当我们有几个不同的理论，它们在某个情境下有所重叠的时候，它们最好互相兼容，否则它们不能同时符合那里的数据。不同的理论涉及的概念种类可能截然不同，其中一个可能包含遵循微分方程的粒子和力，而另一个则包含作出选择的人类客体。这没有问题，只要这些理论在适用范围重叠的部分能作出相互符合的预测。一个理论的成功并不意味着另一个理论就是错误的，只有在理论被发现有内部矛盾，或者它不能很好地描述观察到的现象时，我们才能断定这个理论是错误的。

以神经信号或者粒子相互作用的语言发展出一套关于人类思想和行为的理论，这在任何意义上都不代表你想要某件东西不是你伸手去拿的原因。通往渴望和意向性这类语汇“正确性”的道路上并没有障碍，前提是它们的预测与其他成功语汇的预测相符。

有可能福尔多说的“字面意义上正确”的意思更类似于“在自然

的每个可能描述中都是必不可少的因素”，或者是“作为我们对自然最优秀最广泛适用的描述”。换句话说，在基础概念中不包含“渴望”和“相信”，但却取得成功的语汇不可能存在。在这种情况下，的确那些话在字面意义上都不正确——人类的物理和生物描述本身就完全令人满意，而它们不需要用到渴望和信念之类的概念。

但“字面意义上正确”这个概念没有必要这么狭隘。热力学和空气的流体描述也不会在我们发现原子和分子之后就变得不再正确。这两种说明方式都是正确的。同样道理，人类的思想和意向也没有因为我们遵循物理法则而消失。

——

这个问题看上去比实际上更复杂，这是因为这个世界拥有多种不同但互相兼容的叙事，于是不难理解人们有这样的倾向，会将一个叙事中的概念与来自其他叙事的概念混杂在一起，跨越了分隔不同说明方式的界线。

这个世界的其中一种说明方式涉及核心理论中的量子场和相互作用，另一种则涉及细胞之间传播的电化学信号，还有一种涉及的是拥有渴望和心理状态的人类客体。与其承认所有这些不同的方式，我们却掉进了同时使用不同语汇的这个陷阱。当听说每个心理状态都对应着大脑的不同物理状态时，人们就想表达不满：“你是不是真的觉得我正在挠痒只是因为发生了某些突触信号的传递，而不是因为我感觉到痒？”这个不满并不恰当。要描述正在发生的事件，你的说法可以涉及中枢神经系统中的电化学信号，*或者*涉及你的心理状态以及这些状态导致你作出的行为，只是不能犯下用一种语汇开头但却尝试用另一种语汇总结的错误。

反对笛卡儿式二元论（或者能够影响物理属性的心理属性的存在性）最常见的论证之一就是*物理性质的因果封闭性*。我们所知的物理定律——在我们关心的范围内就是核心理论——它们都是完整和自我一致的。你给我某个系统的量子态，那么就有清晰的方程会告诉我它接下来会发生什么（我们在附录中写下了这样的一个方程）。不存在模糊之处，也没有隐秘的混乱因素，更没有机会以不同的方式阐述那些发生的事件。如果你给我对应于“一个感到痒的人”的精确而完整的量子态，而我又拥有拉普拉斯妖的计算能力，那么我能以非同寻常的精度预测出这个量子态会演化到另一个状态，对应的是“一个正在自己挠痒的人”。这里不需要也无法加入任何额外的信息。

在第13章，我们讨论了“强涌现”这个想法，说的是由许多部分组成的系统，它的行为不一定能规约到所有那些部分的全体行为。另一个相关的想法叫*向上归因*：实际上整体的状态就是各个部分各自行为的原因，而这种原因不能解释为来自这些组成部分本身。

诗性自然主义者倾向于将向上归因看成一种深深的误导。话说回来，他们也认为向下归因同样是误导。“因果”本身就是一个衍生概念，而不是基本概念，我们最好认为这个概念只会在依赖它的单个理论内部起作用。认为一个理论中的行为*导致*了另一个截然不同的理论中的行为，这种想法就是迈向混乱泥淖的第一步，掉进去就很难脱身了。

粒度较粗的宏观理论中的行为当然有可能由适用范围更广的理论

中的特性所导出，而我们当然希望这些行为在不同描述重叠的区域会与适用范围更广的理论达成一致。只要我们足够小心，我们甚至可以说底层理论中的特性能够帮助解释涌现理论中的特性。但如果我们想说一个理论中的现象是另一个不同理论中的现象所导致的，那就有问题了。我知道我不能用精神力跨越空间去扭曲勺子，因为核心理论中的场和相互作用无法提供那种能力。但我们可以用只关乎宏观的语言去描述这项特性：人类没有意念致动的能力。微观的解释也许能帮助理解，但在我谈论人类尺度上的行为时，它并非必要的组成部分。

反过来说，人类尺度的属性会影响粒子的微观行为，这种向上归因也是一种误导。雪花的形成就是一个标准的例子。雪花由水分子构成，水分子与其他分子相互作用，形成某种晶体结构。可能形成的结构有很多种，取决于作为雪花生长起点的晶种的初始构型。于是有人就声称，雪花的宏观形状会“向下”产生作用，决定了单个水分子的确切位置。

将不同的语汇如此粗暴地混在一起实在不好。水分子与其他水分子还有空气中的其他分子相互作用，原子物理的法则确定了它们相互作用的精确方式。这些规则清晰明确：你告诉我任何单独的水分子正在与哪些分子相互作用，而这些规则就会精确地说明下一步会发生什么。有关的分子可能是更大晶体结构的一部分，但在研究我们考虑的那个水分子的行为时，这项知识没有丝毫影响。水分子身处的环境与行为密切相关，但用环境自身的分子结构去描述整个环境并没有任何问题。单独的分子不知道自己属于雪花的一部分，也对此毫不关心。

类似向上归因的事情在原则上有可能，即使在真实的宇宙中没有相应的证据。我们可以想象这样的一个可能世界，其中电子和原子在粒子数非常小的情况下遵循核心理论的规则，但在粒子数巨大的情况下（比如说在人类身体中）就会遵循另一套规则。即使如此，这种情况的正确理解方式也不应该是“大结构影响着小粒子”，而是“我们认为粒子会遵守的规则是错误的”。换句话说，我们可能会发现核心理论的适用范围比想象中的要小。没有任何证据表明这个方向上的任何想法是正确的，而这也会违反我们有关有效量子场论的一切知识——但许多事情都有可能发生。

我们谈及人类以及他们之间互动的方式最后不会像有关基本粒子的理论那么干脆而精确。因为某个叙事中的术语在另一个叙事中有用，所以借用它们，这可能没什么害处，也许还很有用——“疾病由微观的细菌引起”就是一个明显的例子。在不同的语汇中建立联系，例如玻尔兹曼提出气体的熵与组成气体的分子构成的无法分辨的排列总数相关，这些联系可能极端珍贵，也带来了重要的洞察。但如果某个理论有可取之处，它必须能够以合理的方式说明那些声称仅凭这个理论本身就能描述的现象，而不需要依赖关注层次不同的理论带来的因果关系。

心理状态是针对特定物理状态的说明方式。说心理状态导致了物理效应，就像说某个宏观物理状态是某个宏观物理事件的原因一样合情合理。将你挠痒的行为归结于你感觉到痒，这没什么不对的；实际上对于任何事件，我们都可以讲述多于一种合理的叙事。

第 44 章
选择的自由

一旦理解了心理状态为什么可以产生物理效应，我们就不禁要问："谁掌管着这些心理状态？"我这个涌现而来的人格是不是真的在作出选择？或者说我只是一个木偶，当组成我的原子依据物理法则推来挤去时，我也就此被推来拉去？说到底，我有自由意志吗？

在某种意义上你的确有自由意志，而在另一种意义上你没有。哪种意义是"正确"的，欢迎你自己来决定（如果你觉得你有做决定的能力的话）。

通常反驳自由意志存在的论证相当直接：我们由原子构成，这些原子遵循一些模式，它们被称为物理法则。这些法则可以完整描述一个系统的演化，除了原子层面上的描述以外不受任何影响。如果信息随时间守恒，宇宙的整个未来都已注定，即使我们现在还不知道。量子力学用概率而非确信的语言预测了我们的未来，但这些概率本身完全被宇宙现在的状态所确定。量子版的拉普拉斯妖可以有信心说出所有未来进程出现的概率，而无论人类有多强大的意愿都无法改变它们。没有能容纳人类选择的空间，所以自由意志并不存在。我们只是遵守自然法则的物质实体。

并不难看出这个论证在哪里违反了我们的规则。当然，如果我们选择将人类描述成一堆原子或者一个波函数，自由意志这个概念并不存在。但这并不能说明，当我们选择将人类描述成一个人时，这个概念扮演的角色是否依然有用。即使是最死硬的反自由意志派人士，也经常提到他们和其他人在日常活动中作出的选择，即使他们之后会不以为然地补上一句："当然除了一点，就是选择这个概念实际并不存在。"

选择的概念的确存在，没有它的话的确很难对人类进行描述。设想你是一名高中生，你想上大学，而有几所大学都录取了你。你查看了它们的网站，去过各个校园，在每个地方都跟学生和教职员讨论过。然后你接受了其中一所大学的录取通知，而拒绝了其他大学。描述刚刚发生的事情最好的方式是什么，能说明我们这个人类尺度的世界最有用的语汇又是什么？它不可避免会涉及类似"你作出了一个选择"这样的陈述，以及这个选择的原因。如果你是一个头脑简单的机器人或者是随机数发生器的话，也许有更好的说法。但当我们讨论人类时，无论我们对物理法则有多深入的理解，拒绝使用任何有关选择的词汇也很刻意造作而且效率低下。在哲学文献中，这个立场又被称为相容论（compatibilism），指的是确定性的（或者至少是客观的）底层科学描述与有关选择和意愿的宏观语汇相容。相容论的源头可以追溯到17世纪的约翰·洛克（John Locke），是职业哲学家中最流行的有关自由意志的思考方式。

从这个观点来看，自由意志怀疑论者犯下的错误是不小心在互不兼容的语汇之间进行了切换。你早上刚洗完澡踏出浴室走到衣柜前，想着今天到底穿黑色还是蓝色的衬衫比较好。这是个你必须作出的选择；你不能就这样说“反正我的选择就是我身体里原子确定会做出的行为”。这些原子做的就是他们要做出的行为，但你不知道那会是什么，而且这跟你应该做出什么选择这个问题毫无瓜葛。一旦以你和你的选择这种话语表达了这个问题，你就不能同时开始谈论组成你的原子和物理法则。每种语汇都完全正当合理，但混在一起就是胡说八道。

——

你可能愿意接受海洋和温度的真实性，即使它们在核心理论的基本要素中无处可寻，但你可能不愿意对自由意志应用相同的逻辑。毕竟作出选择的能力并非只是某种由许多微观部件组成的宏观集合，它是完全不同的另一种事物。如果在我们对自然适用范围最广的描述中没有它的存在，为什么在人类尺度上的语汇中装作它存在会有好处？

答案要归结于时间箭头。在第8章我们谈到了为什么我们能认识到过去的记忆，但却不能认识到未来。这是因为宇宙有一个特殊的边界条件，也就是过去假设，根据这个假设，大爆炸后不久宇宙的熵很低。这是有关过去的一点影响很大的信息，它让我们能以某种方式确定过去，然而同样的方式不能确定未来。时间的这个不对称性只源于宇宙在宏观尺度上物质分布的方式，核心理论本身不存在类似的因素。

“利用我们当前身处状态的某些特点”这一点在我们有关过去或者未来事件的知识中扮演了关键的角色。当我们当前状态的某个特点蕴含了（给定过去假设，其余不变）有关过去的某些事情，这就是记忆；当我们当前状态的某个特点蕴含了有关未来的某些事情，这就是某些未来效应的原因。一个人大脑状态的细微差别会与不同的身体行动挂钩，这些行动与宇宙过去状态的相关性一般可以忽略不计，但它们可能关乎有着明显区别的不同未来演化路径。这就是我们关于世界在人类尺度上最优秀的理解会如此区别对待过去和未来的原因。我们记得过去，而我们的选择影响未来。

拉普拉斯妖不能区分这种不平等，它能完全明晰地看到世界的整个历史。但我们都不是拉普拉斯妖。我们没有人知道宇宙确切的状态，即使知道，也没有人拥有足够的计算能力去预测未来。我们的知识不完美，这个无法避免的现实正是我们谈论未来时觉得有关选择和因果的语言很有用的原因。

自由意志的一个流行定义是"以不同的方式行动的能力"。在一个由客观法则主宰的世界中，我们可以说这种能力不存在。给定组成我和周围环境的基本粒子的量子态，未来就被物理法则所决定。但在现实世界，没有人告诉我们具体的量子态。我们拥有的信息不完全；我们知道我们身体大概的构造，对自己的心理状态也有些想法。只拥有这些不完全的信息的话——这就是我们实际上拥有的信息——完全可以理解为什么我们能以不同的方式行动。

自由意志的怀疑者会反对这一点，声称我们刚刚支持的立场完全不是真正的自由意志。我们做的就是重新定义这个概念，让它意指完全不同的另一个东西，很可能是因为我们太懦弱了，不能面对冷冰冰的宇宙这个凄凉的现实。

我对天地不仁的凄凉现实没什么意见，但重要的是在一切相关的层面上探索最准确最有用的谈论世界的方式。

我们承认，某些“自由意志”的定义方式远超诗性自然主义者乐意赞同的范围。有一个概念被称为自由意志论的自由（libertarian freedom），它跟有关自由市场的自由意志主义这种政治观点完全没有关系，而是一种立场，认为人类作为中介向宇宙引入了非确定性的因素，认为人们并未受不近人情的物理法则所管辖，认为人们拥有一种塑造自身未来的特殊能力。它否认存在任何像拉普拉斯妖那样的东西，能够在未来发生之前就洞悉一切。

我们没有理由将自由意志论的自由接纳为现实世界的一部分。它没有直接证据，也违背了我们对自然法则所知的一切。要让自由意志论的自由得以存在，人类就必须能仅仅通过思考去克服物理法则。

诗性自然主义者会说我们有两种描述世界的方法，它们听起来截然不同，其一是物理层面的叙事，其二是人类层面的叙事，它们用到的概念没有重叠，但关于世界上发生的事情，它们的预测终究是相容的。自由意志论者认为，对于人类的正确说明方式最终得出的预测会与已知的物理法则*不相容*。我们每天的生活过程中都要作出种种选择，仅仅是为了平静接受这个事实的话，其实没有必要如此粗暴地对待我们有关现实的理解。

在20世纪80年代的一个著名实验中，生理学家本杰明·利贝（Benjamin Libet）在被试者打算移动他们的手时测量了他们的大脑活动。志愿者当时也看着一个时钟，可以精确回答他们到底是什么时候作出决定的。利贝的结果似乎表明，在被试者的意识觉察到他们的决定之前，在大脑活动中就已经有脉冲泄漏了天机。说得夸张一些，大脑的某些部分似乎在人们觉察到之前就已经做好了选择。

利贝的实验和各种跟进的实验引起了争议。有人宣称这是否定自由意志存在的证据，因为显然在决策时，我们的意识被落在了后面。其他人提出了技术性的质疑，他们怀疑利贝测量到的信号是不是真正表示了决策已经完成，也怀疑被试报告的作出决定的时间是否可靠。

如果你已经接受世界的本质是物理这个观点，那么利贝以及后来的实验对你有关自由意志的立场不应该有多大影响。无论如何你不会相信自由意志论中的自由意志，而这些实验与我们对待相容论的立场毫无关系。我们的大脑是个混乱的地方，有很多微小的子系统在意识表面之下暗流涌动，只会偶尔浮上水面获得意识的注意。毫无疑问，我们有时会无意识地作出决定，不管是上班时开车打方向盘还是睡觉时翻来覆去。同样毫无疑问的是，存在其他决定，诸如决定写不写书或者是不是在写的书里讨论向上归因，它们本质上是有意识的决定。我们的大脑到底以什么特定的方法完成工作，这里有许多具体而引人入胜的问题值得探讨，但这些问题都不会改变一个基本事实，就是我们都是基本粒子的集合，它们根据核心理论的法则相互作用。同时，我们也完全可以将自己描述为正在作出选择的人类。

——

如果你接受自然法则的普遍适用性，因此否定自由意志论式的自由，那么可能你会觉得相容论者和不相容论者之间的争论有点令人厌烦。我们基本上对现状有着相同的意见 —— 粒子遵循物理法则，加上有关人们作出选择的宏观描述——而我们是不是要给它贴上"自由意志"的标签，这似乎不是最重要的问题。

当我们直面有关责任归属的概念时，这个问题就超出了单纯学术讨论的范畴。我们的大部分法律系统，还有我们趟过社会环境这潭浑水的许多方法，它们都取决于每个人对自身的行为负有大部分责任的这个想法。对自由意志的否认到了极端的话，"责任"这个概念就跟个人选择一样存在问题。如果人们没有选择他们自己的行动，我们又怎么能称赞或者责怪他们呢？而如果我们不能这样做，惩罚或者奖励的作用又是什么呢？

诗性自然主义者和其他相容论者不需要面对这些问题，因为他们接受人类拥有意愿的这个现实，所以他们能轻易判断责任归属。然而有些情况却没有那么明确。

我们认为作出选择的能力是一种现实，因为这样思考能给出我们所知的有关世界在人类层面上的最优秀描述。然而，在某些情况下，这种能力似乎并不存在，至少是大大减弱了。有一个著名的例子涉及得克萨斯州的一位匿名病人，他做了一场手术，目的是减轻他的癫痫，但后来又患上了脑部肿瘤。肿瘤出现之后，这位病人开始出现克吕弗-布西综合征（Klüver-Bucy syndrome）的症状，这种疾病会在恒河猴中出现，但在人类中非常罕见。其中症状有暴食（食欲过剩和过度进食）和性欲过剩，包括强迫性的自慰成瘾。

这位病人最后开始下载儿童色情作品，这导致了他被捕。在审判时，神经外科医师奥林·杰温斯基（Orrin Devinsky）出庭作证，说明这位病人当时并不能真正控制他的行为，他没有自由意志。在杰温斯基眼中，病人下载色情作品的冲动可以完全归咎于他之前手术的影响，手术让他完全丧失了作出相关选择的意愿。法庭没有同意，认为病人有罪，尽管他得到了较轻的量刑。认为他有罪的论证之一就是他在工作时能够不去看色情作品，所以他当然可以对自身的行为做出一定程度的控制。

这里关键不在于这位特殊的病人到底在什么程度上丧失了对自身选择的控制，而是这样的控制丧失可能发生的这个事实。这到底会给我们有关个人责任的概念带来什么变化，这是个亟待解决的现实问题，而不是学术上的抽象问题。

如果我们对于自由意志的信念前提是“作出选择的客体”的想法必须属于我们有关人类行为最优秀的理论，那么一个更优秀更有预测能力的理解方式的存在就有可能削弱这种信念。随着神经科学能越来越好地预测我们将要做什么，而不需要提及我们个人的意愿，这时将人们当成自由行动的客体也就越来越不合适了。宿命论会成为我们现实世界的一部分。

然而这似乎不太可能。绝大部分人的确能够维持某个程度上的选择意愿和自主性，更不要说他们认知过程的复杂性会让他们未来的行动实际上无法预测。当然也有灰色地带——甚至在考虑脑部肿瘤和明显的脑部损伤之前，我们就能看到药物成瘾这个明显的例子，其中选择意愿可能会被削弱。这个课题还远远没有打下牢固的基础，而相关的重要科学工作也仍未确立。但有一点似乎很明确，就是我们应该将有关个人责任的想法建立在我们能够达到的有关大脑运作的最深入理解之上，而如果数据要求我们更新想法，我们应该愿意去这样做。

6
关怀

第 45 章 三十亿次心跳

卡尔·萨根（Carl Sagan）曾经引导许许多多的人接触到宇宙的奇观，他在1996年逝世。在2003年的一场活动中，他的妻子安妮·德鲁延（Ann Druyan）接到了有关他的问题。她的回答值得花上篇幅来引用：

> 我丈夫去世的时候，因为他非常有名，也以不信宗教而著称，所以有很多人会走过来——现在还有时候会碰到——然后问我卡尔最后有没有回心转意，皈依到某种存在死后生活的信仰之中。他们也经常问我是不是觉得还会再次见到他。
>
> 卡尔以永不屈服的勇气面对自己的死亡，从来没有在幻想中寻求安慰。悲剧在于我们知道以后彼此再也见不到了。我从来不觉得能和卡尔再次团聚。但美妙的事情是，当我们在一起的时候，在差不多二十年里，我们在生活中强烈地意识到生命是多么短暂而宝贵。我们从来没有忽视死亡的意义，没有假装它不是最后的别离。

> 我们活着、我们在一起的每个瞬间都是奇迹——这个奇迹的意思不是说无法解释或者超自然。我们知道自己得益于偶然……这份纯粹的偶然可以这么慷慨，这么温柔……让我们能找到彼此，就像卡尔在《宇宙》中写的那样，你也知道，即使空间这么广阔而时间又这么深邃……我们能在二十年间相濡以沫。这就是支撑我的东西，它非常有意义。
>
> 他怎么对待我，我怎么对待他，我们怎么关怀对方以及家庭，在他还活着的时候，这些要比我终有一天会再见到他的想法重要得多。我不觉得我会再见到卡尔。但我见过他，我们相互遇见，在宇宙中找到了对方，这太美妙了。

没有多少问题的重要性会超过死后我们会否继续存在的这个问题。我相信自然主义，不是因为我更希望它正确，而是因为我认为它最好地解释了我们看到的世界。自然主义导出的结论在许多方面都能鼓舞人心解放思想，但死后生活不存在并不在其中。继续以某种方式活着也许不错，当然要假设我个人继续下去的生活会相对安乐，而不是被暴躁的恶魔所折磨。要说无限长的时间可能有点难，但我能轻易想象怎么让几十万年内的生活都充满趣味。很可惜，证据并没有指向这个方向。

在自然年限之后仍然继续我们的生活，这种渴望是更深的人性冲动的一部分，我们希望甚至预期我们的生命有着某种意义，最后又必定有什么目的。“存在理由”的这个概念在人类尺度的世界上经常很有用，但当我们开始谈论宇宙的起源或者自然的物理法则时，它们就不一定适用了。它是否适用于我们的生活？我们在这里存在又有没有意义，为什么事情会这样发生？

直面我们生命有限这一点需要勇气，而承认我们存在意义的界限则需要更多的勇气。德鲁延的回想中，最动人的部分不是她承认不会再见到卡尔，而是她肯定他们一开始能找到彼此完全出于偶然。

我们有限的生命提醒了我们，人类也是自然的一部分，并没有独立于自然以外。物理学家杰弗里·韦斯特（Geoffrey West）在各种各样的复杂系统中研究过一系列引人瞩目的*标度律*（scaling law）。这些标度律描述了系统中某个特性在其他特性变化时的响应模式。比如说，在哺乳动物中，物种的预期寿命与物种个体平均质量的四分之一次方成正比。这意味着比另一种哺乳动物重16倍的物种，寿命会是前者的2倍。但同时哺乳动物物种之中心跳的间隔也与质量的四分之一次方成正比。结果就是两种效应互相抵消，而所有哺乳动物典型生命周期中的心跳次数差不多相等——大概15亿次心跳。

典型的人类心脏每分钟跳动60～100次。在现代社会，我们能享受先进的医疗和良好的营养，而人类的平均寿命大概是韦斯特的标度律预测的两倍。就算是30亿次心跳吧。

30亿这个数不算大。你要用这些心跳做什么呢？

——

在有关量子场的核心理论，也就是我们日常生活背后的物理学中，没有“意义”“道德”和“目的”这类概念的栖身之地。“浴缸”“小说”和“篮球规则”也是如此。这不会让这些概念变得不再真实——它们在世界的高层次涌现理论中都各自扮演了关键的角色。意义、道德和目的也是如此。它们并没有嵌入在宇宙结构之中，而是通过涌现成为人类尺度环境的不同说明方式。

但它们有点不同，对意义的寻求并不是另一种科学。在科学中，我们希望尽可能有效而准确地描述这个世界。对美好生活的探求却不像是这样，它关乎对世界的衡量，评判各种事物的实际情况和可能性。我们希望能够指着不同的事件可能性，然后评论道“这是一个值得努力的目标”或者“我们应该这样做”。科学毫不关心这样的判断。

这些价值观的源泉并不是外部世界，而是我们内心。我们是世界的一部分，但是我们已经看到，谈论自身最好的办法就是将自身看成有思考、有目的、能作出选择的客体，其中无法避免的一个选择就是我们到底想过上什么样的生活。

我们并不习惯这样思考。我们直觉中的本体论将意义看成与这个世界的实体物质完全不同的事物。它可能来自上帝，或者植根于生命的灵性范畴，又或者是宇宙自身的目的论倾向的一部分，还可以是现实某个难以言状超脱尘世的层面。诗性自然主义否定所有这些可能性，要求我们迈出一大步，让我们在审视意义这个概念时，与面对人类为了描述宇宙所发明的其他概念时一样，也要用上相同的视点。

——

里克·沃伦（Rick Warren）的畅销书《标杆人生》（*The Purpose-Driven Life*）以一条简单的训诫开场："这与你无关。"作为一本让这么多人在其中寻求慰藉和忠告的书，以这种情绪低落的语气开场可能令人诧异。但沃伦的策略正是瞄准了人们面对生活中的挑战不知所措的感觉。他给人们提供了一条直接的出路：生活与你无关，而是关乎上帝。

你不需要接受沃伦的神学观点也可能对这种冲动表示同感。生活有很多种方式可以只关系到我们以外的东西：我们可能不从属于传统上的有组织宗教却倾向于灵性；可能觉得要献身于文化、国家或者家庭；可能相信建基于科学之上的各种客观意义。这些策略可能既富有挑战性又令人心怀安慰，挑战在于要根据这种外部强加的标准来生活可能很难，而安慰在于，至少这样的标准真他娘的存在啊。

诗性自然主义不能给你这样的出口，你依然需要以有创造力而个性化的方式去面对生活。生活*的确*与你有关：给自己创造意义和目的，是你，是我，也是所有人的任务。这样的预期很可怕，更不要说它也会让人筋疲力尽。我们可以决定自己想要的就是将自身奉献给某些更伟大的东西——但这个决定来自我们自己。

自然主义的崛起已经铲除了我们此前关于如何在宇宙中自处的许多思考的出发点。我们是刚刚开始向下望的大野狼，需要一些新的立足之地——或者学会飞翔。

——

面对自己构筑生活的意义这个想法，我们有两种合理的担忧。

第一种担忧就是这是在作弊。认为只要接受了自身是物质世界的一部分，是蒙物理法则才得以存在的基本粒子组成的模式，这样就能找到满足感——这种想法可能只是自欺欺人。当然，你可以*说*你的生活丰富而有益，建立在你对家人和朋友的爱、你对自身行业的奉献，还有你尝试让世界变得更好的努力之上。但*真的*是这样吗？如果我们赋予这些事物的价值并没有客观标准，而在百年之后你也不能见证你做的一切，那么你怎么能说你的生命真的有意义？

这只是牢骚。比如说你爱着某个人，你的爱真挚而澎湃，但你又相信存在某种更高的灵性力量，认为你的爱是它的一种体现，而你同时又是诚实的贝叶斯主义者，愿意在证据的指引下更新你的置信度。随着时间流逝，你积累新信息的量总会足以让你下判断，将你的信念星球从灵性为主转换为自然主义为主。你失去了你之前相信的爱情源泉——那你是否失去了爱本身？你现在是不是必须认为你感受到的爱现在在某种意义上并不合理？

当然不是。你的爱还在，跟之前一样纯洁而真诚。你利用底层的本体词汇描述自身感受的方式改变了，但你仍在爱河之中。即使你知道水是氢和氧的化合物，它也不会就此变得不再湿润。

对于目的、意义和我们有关对与错的理解也是同样的道理。如果你受内心驱动去帮助那些没有你那么幸运的人，到底驱动你的是你认为这是上帝意志的信仰，还是你个人确信这样做是正确的，这都无关紧要。无论是哪种，你价值观的真实性也不会因此贬损分毫。

——

对于从我们自身创造意义的第二种担忧是出发点的缺失。如果上帝和宇宙都不能帮助我们向行动赋予意义，那么整个计划似乎只是令人怀疑的随意任性。

但我们的确有出发点：那就是自身的身份。作为活着思考着的生物，运动和动机塑造了我们。在基本的生物层面上，定义我们的不是组成我们的原子，而是我们在世界上跋涉时描出的动态模式。有关生命最重要的东西，就是它存在于平衡以外，由热力学第二定律驱动。要活着，我们必须一直运动，一直处理信息，一直与环境互动。

在人类的词汇里，生命这种动态的本质表现为*渴望*。我们总是渴求什么东西，即使想要的可能是摆脱渴望的束缚。这不是什么可以持续的目标；要一直活着，我们必须进食，必须饮水，必须呼吸，必须新陈代谢，更广泛地说就是要一直顺应熵上升的浪潮。

在某些圈子中，渴望有着不好的名声，但这名声并不公正。好奇也是渴望的一种，助人为乐和艺术冲动也是。渴望是*关怀*的一个方面：关心自身，关心他人，关心世界发生的事。

人非顽石，不会以平静而漠不关心的姿态接受自己周围发生的一切。不同的人可能会表现出不同程度的关怀，他们关心的方式可能千姿百态，但关怀本身无处不在。人们可能以令人叹服的方式关心周围，关注他人的福祉；人们的关心也可能是自私的，只为了保护自身的利益。但无法避免的是，刻画人们的正是他们关心的事物：他们的热忱、倾向、激情和希望。

当我们生活状态良好，享受着健康和闲适之时，我们会做什么？我们会玩乐。一旦食物和栖息地满足了基本要求，我们立刻就发明了游戏、谜题和竞赛。我们以这种轻松愉快富有乐趣的方式表达了一项更深层的冲动：我们乐于挑战自我，乐于实现成就，乐于在生命中找到能为之自豪的东西。

在演化的眼光中，这相当合理。对自身发生的事情毫不关心的生物，跟那些关心自身、家庭和同族的生物相比，在生存的挣扎中会处于恶劣的不利之中。从一开始，我们的构造中就包含了对世界的关注以及对意义的寻求。

我们的演化遗产并非故事的全部。意识的涌现意味着，我们的关注以及回应那些冲动的行为都可以随着时间转变，而这是学习、与他人互动以及自我反省的结果。我们并不只有本能和未经反思的渴望；它们只是起点，用以建造更重大的意义。

人类并非生来一张白纸，而我们这张纸会随着成长和学习变得更丰富更多元。我们是一个个熔炉，不断熔炼着偏好、需求、情操、抱负、喜好、感情、态度、嗜好、价值和忠诚。我们不是各种渴望的奴隶；我们有能力反思这些渴望并努力改变它们。但渴望的确塑造了我们。从来自自身的这些倾向出发，我们才能构筑生命的目的和意义。

世界以及世界上发生的事有着意义。为什么？因为它对我来说有意义，对你来说也是。

——

作为起点的个人渴望和关怀，它们可能单纯而只关注自身，但以它们为基础，我们能构建出指向外部、遍及更广阔世界的价值观。这是我们的选择，而我们作出的这个选择可以是去拓宽我们的视野，在比自身更宏大的事物中寻找意义。

电影《生活多美好》（*It's a Wonderful Life*）明显有着宗教意蕴[1]——背景是圣诞前夜，将乔治·贝利（George Bailey）从自杀中拯救出来的又是守护天使的干预。但正如作家克里斯·约翰逊（Chris Johnson）所说，让乔治回心转意的不是天使的智慧，而是他看到了他的生命对于在贝德福德福尔斯小镇上其他人的生活有着真真切切的正面影响。那是在地球这里真实存在的事物，是我们切实度过的生活。到头来，这就是意义唯一可能的栖身之处。

构筑意义，从本质上来说，就是一项个人主观而富有创造性的事业，也是令人生畏的责任。卡尔·萨根是这样说的："我们都是星尘，但我们用双手抓住了自己的命运。"

生命的有限让我们的处境更为深刻动人。我们每一个人都会说出最后一句话，读过最后一本书，堕进最后一次的爱河。在每个瞬间，我们到底是谁，又应该怎么行动，这是我们每个人要做的抉择。挑战是真实的，而机遇是巨大的。

---

1. 译者注：《生活多美好》是一部美国经典电影，讲述了一位平凡但善良的小镇青年，他经营的公司被人陷害遭遇危机，他打算在圣诞前夜投河自尽，但天使让他看到了，如果他不存在了，他遭遇过的人和事会有什么样的悲惨结局，于是他重拾生活热情，渡过了难关。

第 46 章
实然和应然

大卫·休谟这位18世纪的苏格兰思想家，也就是我们之前碰到的那位诗性自然主义的先祖，他被广泛认为是启蒙运动中的核心人物。当他只有23岁时，就开始埋头写一本后来影响深远的书，也就是《人性论》（*A Treatise of Human Nature*）。至少历史是这样评价的；在当时，休谟写一本畅销书的远大志向并没有达成，他当时哀叹这本书是“出版社产出的死婴”。

我们应该赞扬休谟对于生动写作的尝试，即使作为读者的大众不一定赞同。在一段著名的文字中，他以嘲弄的语气提到了在哲学家同行中看到的一个古怪的趋势：经常在一直只描述什么*实际上*是正确的情况下，却突然开始慷慨论证什么*应该*是正确的。

> 迄今为止在每个我碰到过的道德体系中，我总是注意到作者在一段时间内以正常的推理方式进行论证，然后确立了上帝的存在，或者做出有关人类事务的观察；但突然我就惊讶地发现，命题之间常见的**是**与**不是**的交尾不再出现，我碰到的命题无一不用**应当**或者**不应当**联结。这个变化难以察觉，但却导致巨大的后果。因为这个**应当**或者**不**

应当表达了某种新的关系或者确认，这必须被注意到并做出解释，而同时应该给出理由，因为这完全难以想象，这种新的关系到底如何从其他完全不同的命题中推演而来。

大卫·休谟像，由阿兰·拉姆齐（Allan Ramsay）绘制

想象命题之间怎么交尾固然令人发笑，还是要承认休谟的话有点繁冗。但他的主要论点很清晰：谈论“应当”完全不同于单纯谈论“实际”。前者是在下判断，说的是应该如何；后者只是在描述，说的是实际发生了什么。如果你要表演这种魔术手法，然后说它是哲学，你至少也考虑一下告诉我们这个手法是怎么做到的。现代的思考将这一点

浓缩进了一个格言:"你不能从实然导出应然。"

这里有一个针对自然主义的明显问题:如果不能从实然导出应然,那么你就麻烦了,因为世界上只存在"实际是什么"。在自然世界外部不存在任何东西,能让我们向其寻求如何好好做人的指引。用某种方法从自然世界本身榨取这种指引,这样的诱惑强大得难以置信。

但这不可能做到。自然世界并不下判断,也不能给我们指引,同样不知道也不关心什么事情应该发生。我们可以自己下判断,我们也是自然世界的一部分,但是不同的人最后会得到不同的判断。就是这样。

——

要明白为什么不可能从实然推导出应然,先想想我们怎么从一些事物推导出别的事物,这很有好处。这样的方法有很多,但我们先关注最简单的一种:*逻辑三段论*,也就是演绎推理的范式。三段论看上去就像这样:

1.苏格拉底是生物。

2.所有生物都遵循物理法则。

3.因此,苏格拉底遵循物理法则。

这只是一个例子,一般形式可以表达为:

1.X是正确的。

2.如果X是正确的，那么Y也是正确的。

3.因此，Y是正确的。

三段论并非唯一的逻辑论证方法——它只是特别简单的一种形式，足以解释我们的看法。

三段论中的前两个陈述是论证的前提，而第三个陈述则是结论。如果结论能用逻辑从前提推出，那么我们就说这个论证是合理的。而如果结论能从前提推出，而前提本身正确的话，我们就说这个论证是可靠的——这个要达到的标准比之前高得多。

考虑这个三段论："菠萝是爬行类。所有爬行类都吃奶酪。因此，菠萝吃奶酪。"每个逻辑学家都会跟你解释这是个完全合理的论证。然而它不怎么可靠。某个论证可以是合理的，甚至可能很有趣，但却没有告诉我们什么有关现实世界的真理。

如果我们要尝试以三段论的形式列出一种从实然到应然的推导，它看上去可能是这样的：

1.我想吃最后一块比萨。

2.如果我不赶快行动，别人就会把最后一块比萨吃了。

3.因此，我应该赶快行动。

一眼看去这似乎是个不错的论证，但它不是逻辑上合理的三段论。两个前提都是有关“实际”的陈述——我对吃到最后一块比萨的渴望，还有如果我不赶快行动就会错失机会的可能性，两者都是有关这个世界的事实断言，不论它们实际上是否正确。而结论却是无法否认的有关“应当”的陈述。但如果你透过这些句子的日常意义观察到它们背后的逻辑，能看出其中缺少了某些东西。前提1和前提2实际上并没有蕴含结论3，它们蕴含的是“因此，如果我不赶快行动，就得不到想要的东西”。

要以合理的方式得出这个结论，我们需要加入另一个前提，类似于：

2a. 我应该以适当的方式行动，目的是实现我想要的事情。

补充之后这个论证就变得合理了，同时也不再是从实然推导出应然的可能候选——有关“应当”的陈述正好作为新的前提而出现。我们所做的一切，就是从应然加上别的一些实然推导出一项应然，这远远没有那么惊人。

这就是尝试由实然推导应然会遇到的问题：它在逻辑上是不可能的。如果有人告诉你，他们从实然推导出了应然，这就像是有人告诉你他们把两个偶数加起来却得到了一个奇数。你不需要验证计算就知道他们出错了。

——

然而，这还在不断发生。一次又一次，无论在休谟这段著名的论述出现之前还是之后，许多人踌躇满志地宣布他们最终解开了密码，证明了如何从实然推导出应然。这都是些聪明而博学的人，说的东西都饶有兴味。但不知道为什么他们都错了。

物理学家理查德·费曼很喜欢讲述一个故事，其中他遇到一位画家并问了他有关绘画的问题。这位画家吹了个牛，说他能将红色和白色的颜料混在一起得到黄色。费曼对颜色有所了解，自然开始怀疑，于是画家拿了一些颜料，然后开始混合。在努力了一阵，只得到粉色颜料之后，画家喃喃自语，说可能应该往混合颜料里加一点黄色来“强调一下”。这时费曼明白了诀窍所在——要得到黄色，只需要往里放点黄色。

几个世纪以来多次出现的从实然到应然的推导，在执行这个逻辑上不可能的任务时，用到的基本步骤其实就是画家的那个策略。某人先展示了一系列无可辩驳的实然陈述，然后在其中偷偷塞进一个能推导出应然的陈述，这个陈述看上去极端合理，没人能够否认。可惜的是，所有有关什么事情应当发生的陈述都能（而且都会）被某个人否定，即使这没有发生，它们也还是有关应然的陈述。

以中文屋著称的约翰·瑟尔提出了一个经典例子。下面就是我们之前审视过的那种演绎论证的瑟尔版本：

1.琼斯说出了这样的话:“我在此保证付给史密斯你5美元。”

2.琼斯保证要付给史密斯5美元。

3.琼斯将自己置于向史密斯支付5美元的义务之中。

4.琼斯身处向史密斯支付5美元的义务之中。

5.琼斯应当向史密斯支付5美元。

你在最后一行看到了“应当”二字奇迹般地出现,即使其他所有行都只关乎实然。这个魔术手法出现在什么地方呢?

不难找到它的位置。就像我们在之前的例子中要设想一个新的前提2a,瑟尔在陈述4和陈述5之间也依赖了一个隐藏的前提:

4a. 在其他条件相同的情况下,一个人应当完成他义务中要做的事情。

瑟尔实际上就在论文正文里承认了他需要类似的前提。但他认为这不算是前提,因为它是一个“同言反复”,也就是由相关术语的定义可以自动得到正确性的陈述。瑟尔宣称,“琼斯作出要做某事的保证”,这句话的意思就是“琼斯应该做某事”(在其他条件等同的情况下)。

这并不正确。这里的模糊之处大概已经很清楚。在前提1到3，“将他自己置于义务之中”这个概念指的是有关世界的某个事实，也就是琼斯说出口的一句话。但在陈述4和5中，瑟尔希望我们将“义务”看成一项道德上的命令，或者说有关什么应当发生的陈述。他用同一个词表达了两种不同的意义，诱导我们去认为有关事件发生的事实陈述能以某种方式导出有关对错的评价性结论。

这个例子值得大肆评判，因为它代表了这么多年来尝试从实然推导出应然的数量惊人的努力。这个论证在实然描述的列表中引入了那么一点点指引：画家为了让颜色更明晰加上了一点点黄色。

——

从实然推导应然的这个内在缺陷曾经被指出过许多次。宣称自己完成了这项壮举的思想家组成了冗长而阵容强大的列表。他们犯的不仅仅是低级失误。在他们思考的背后通常潜藏着某种正当理由，想法大概是：“好吧，有个隐藏的前提会在我有关实然的列表里引入应然，但我们当然同意这个特定的隐藏前提也不坏，不是么？”

但是在青天白日之下这个判定性的隐藏前提似乎并非普遍正确，如果没有这个事实，也许事情也没那么糟糕。恰恰相反，这些隐藏前提通常有着引人注目的争议之处。从实然推导出应然在哲学上应该看成犯罪而不是普通违法，原因在于这些隐藏的前提值得我们细细考究，它们十有八九就是把戏所在之处。

你可能会轻率认为瑟尔的隐藏前提4a似乎也算不上讨厌，但让我们来更仔细地研究一下。当然有某些义务是我们不应该完成的，比如被威逼而许下的义务，或者会严重亵渎其他道德规范的义务。瑟尔会说这些例子不算数，因为有“在其他条件相同的情况下”这句话。所以这句话的意思到底是什么？他是这样告诉我们的：

> “在其他条件相同的情况下”这个表达在当前例子的力量大概是这样。除非我们有别的原因支持这项义务无效（第4步）或者客体不应该遵守诺言（第5步），否则这项义务有效，而他必须信守承诺。

所以你应当完成义务中要做的事情——除非有某些原因你不应当这样做。对于道德论证来说，这似乎不是什么有用的基础。

我们不应该隐藏或者淡化为了让道德论证得以成立所做出的前提。如果公开这些前提，并以我们能做到最仔细的方式质疑和评价它们，我们尝试变得更善良的这项努力就能得到最好的回报。

——

从实然到应然这项战役在现代的一个变种宣称道德可以归结于或者包含在科学实践之中。这个想法大概是这样的：

> 1.条件X会让世界变得更好。
>
> 2.科学可以告诉我们如何达到条件X。
>
> 3.因此，我们应当完成科学告诉我们要做的事情。

在这个情况下，隐藏的前提似乎就是：

2a. 我们应该令世界变得更好。

这看起来似乎又是同言反复，这要看你对“更好”这个词的定义。但无论我们是将隐藏前提放在类似这样的陈述之中，还是将它埋藏在“更好”的定义之中，我们仍然做出了某种肯定的断言，说我们应该做某些事情。这样的断言不能仅仅奠基于事实陈述。又是谁决定了什么东西“更好”？

这个技巧的支持者有时候会这样争辩，说他们做的事情就是作出一些合理的假设，而科学一直都在做合理的假设，所以他们做的事情实际上没什么不同。这忽略了科学本质的一个重要侧面。考虑下面的陈述：

· 宇宙在膨胀。

· 人类和黑猩猩拥有共同的祖先。

· 我们应该努力让人们过上更幸福更长久的生活。

在某些意义下，这些陈述都是正确的。但只有前两个是“科学”的，原因是它们本来都可能是错误的。它们的正确性并非来自定义或者假定。我们可以想象不同的可能世界，其中宇宙在收缩，或者存在类似人类和黑猩猩的物种，但它们并不是从共同祖先演化而来的。我们决定这些陈述是否正确的方式是通过经验推断、溯因推理和贝叶斯推理——我们走出去观察世界，然后适当地更新我们的置信度。

我们不能想象去进行这样的实验，决定我们是不是应该努力让人们过上更幸福更长久的生活。我们要么假设这是对的，要么尝试从相关的一组假定中推断出这一点。这个关键的额外因素将科学的运作方式和我们对正确和错误的思考分隔了开来。科学的确需要假定；某些认识论上的规范，比如说要信任来自基本感官的信息，在职业科学家构建稳定的信念星球这个过程中发挥了重要的作用。但让科学得以运转所需的假设并不能同样应用在道德之上。

——

所有这些都不是在说我们不能用推理和理性的工具解决有关“应当”的问题。有一大类被称为*工具理性*（instrumental rationality）的逻辑思考，它们专注于回答类似“如果想要达成某个特定的目标，我们应该怎么去做”这样的问题。关键在于决定我们想要的目标是什么。

电影《比尔和泰德历险记》（*Bill & Ted's Excellent Adventure*）中，由亚历克斯·温特（Alex Winter）和基努·里维斯（Keanu Reeves）分别饰演的比尔·普雷斯顿（Bill Preston）和泰德·洛根（Ted Logan）给出了一个诱人的建议。他们提出了这个永不过时的道德公理：“对别人要超级好。”

要作为道德理论思考的基础准则，这还不是最糟糕的。有一种诱人的想法，就是既然我们当看到道德上的善就能认出来，而真正重要的是用什么行动去达到善，那么用这个理由就能将有关道德基础的疑虑一扫而空。

但我们有重要的理由要求我们的哲学思考必须稍稍高于比尔和泰德的层次。真实情况是，对于什么是幸福、快乐、公正或者其他对别人超级好的方式，我们最终并没有达成全体一致。在道德和意义的领域中，基础性的分歧不仅仅来自某个人的错误，它们真实存在并且不可避免，而我们需要搞清楚怎么处理这些分歧。

我们可能很想说："每个人都同意杀小狗是不对的。"问题是的确有人杀小狗。所以可能我们的意思是"每个*理智*的人都会同意……"这时我们要定义什么是"理智"，然后就会发现并没有取得什么进展。

道德没有任何终极客观的科学根基，这一点可能令人担忧。这意味着跟我们在道德上有分歧的那些人——不管是希特勒、塔利班，还是那些殴打低年级生的学校恶霸——他们的*错误*跟否认达尔文式演化或者宇宙膨胀的错误在意义上并不一致。我们不能通过做实验、引述数据、构筑三段论或者写一篇带刺的博客来说服他们，让他们理解为什么他们的行动是不义的。如果真是这样，他们何必停止暴行？

但世界就是如此。我们应该认识到，我们对客观道德基础的渴望创造了认知上的偏差，所以应该对这个方向上的任何断言抱有特殊的怀疑来弥补这种偏见。

第 47 章
规则和后果

亚伯拉罕听到上帝命令他将独子以撒带到摩利亚地区并将其燔祭。第二天早上，亚伯拉罕和以撒就带上两位仆人和一头驴，开始了为时三天的艰苦旅程。到达目的地后，亚伯拉罕造了祭坛，在上面堆上了木头。他将儿子绑在上面，抽出了一把沉重的刀。在最后一刻，他畏缩了；他实在无法下决心献祭自己的儿子。然而以撒看到了父亲眼中的绝望。当他们与母亲撒拉重逢时，以撒已经完全丧失了信仰。

这并不是我们熟悉的《创世纪》中讲述的亚伯拉罕和以撒的故事。这是索伦·克尔恺郭尔在他的著作《恐惧与战栗》(*Fear and Trembling*)中讲述的四种不同想象之一。在原来的故事里，上帝在最后一刻出面调停，给了亚伯拉罕一只公羊，用来代替他的儿子做献祭。克尔恺郭尔提出了几个不同的变体，它们有着各自的悲惨之处：亚伯拉罕骗了以撒，让他以为自己是怪物，从而让以撒不至于丧失对上帝的信仰；亚伯拉罕看见了一只公羊，决定违反上帝的旨意，用它来代替儿子献祭；亚伯拉罕祈求上帝原谅他竟然会考虑献祭自己的儿子；还有亚伯拉罕在最后一刻动摇，让以撒失去了信仰。

亚伯拉罕和以撒的故事有很多种解读。传统的解释将它作为有关信仰坚定程度的教诲：上帝希望测试亚伯拉罕的忠诚，于是作出了分量最重的要求。马丁·路德（Martin Luther）认为亚伯拉罕要杀死以撒的意愿是正当的，因为服从上帝的意愿就是人的基本需求。伊曼纽尔·康德认为亚伯拉罕应该意识到在任何情况下都没有正当的理由去献祭自己的儿子——因此这个命令实际上不可能来自上帝。克尔恺郭尔担心诠释的增加会冲淡这些显而易见的绝对价值之间的冲突，他希望强调亚伯拉罕的两难困境不可能有简单的答案，并且突出真正的信仰所作出的要求。

从更广阔的视点来看，这个故事突出了道德追求之间相互竞争的问题：如果某件事（杀死自己的儿子）从本能上来看是个彻底的错误，但它关乎你死心塌地遵守的基本法则（服从上帝的话语），这时应该怎么做？当无法清楚判别对错时，最后的抉择依据的最基本原则又是什么？

在道德论证的现代表现形式中，听从上帝的指令失去了以前拥有的力量，但基本的二元冲突仍然存在。在我们这个世俗化技术化的世界中，传承亚伯拉罕两难处境的是名为*电车难题*（trolley problem）的困境。

电车难题这个思想实验是20世纪60年代由哲学家菲莉帕·富特（Philippa Foot）引入的，目的是突出相互竞争的道德感之间的冲突。有五个人被绑在了电车的轨道上，不幸的是，一辆超速的电车刹车失灵，正在向这些人冲去。如果什么都不做，这些人肯定会死。但你有行动的选项：你站在转辙器旁边，扳动它就能让电车驶入另一条轨道。

但祸不单行的是，另一条轨道也有一个人被绑在上面，如果你扳动转辙器的话他肯定会死（这个假想世界里对电车轨道的安全管理真是格外松懈）。这时你会怎么做？

这跟“因为上帝的指令所以献祭自己的独子”不在一个层次上，但的确是个两难的处境。从一个方面来说，这就是死的是五个人还是一个人的选择。如果别的条件相同，只有一个人死亡似乎更好，至少是没那么坏。从另一个角度来说，要让电车转向，你需要主动作出行动。从直觉上来说，如果电车继续滚滚向前杀死五个人，这并不是我们的错，但如果我们出于自己的意愿扳动了转辙器，我们就要对另一条轨道上那个人的死亡负上责任。

正是在这里，我们看到了比尔和泰德的“对别人超级好”原则并不能作为完整清晰的伦理系统的基础。道德困境真实存在，即使这些困境通常没有电车难题那么直接。我们应该将多少收入用于自己的享乐，而不是捐出去帮助那些没那么幸运的人？关于婚姻、终止妊娠和性别认同，最好的规则又是什么？我们怎么平衡自由和安全的目标？

正如亚伯拉罕经历的那样，拥有类似上帝这样的绝对道德标准也许是个异乎寻常的挑战。但没有上帝的话，也就没有这样的准则，这也是某种形式的挑战。困境还在，而我们需要找出直面它们的方法。自然世界并不能帮助我们，因为我们无法从实然中得到应然；宇宙并不会做出道德判断。

但我们仍然必须生活，必须行动。我们是振动的量子场组成的集合，依据毫无人性也漠不关心的自然法则，摄取环境中的自由能，用以维持组成我们的稳定模式；但我们也是人类，会作出选择，会关心发生在我们自身和其他人身上的事情。关于我们应该怎么生活，最好的思考方法是什么？

——

哲学家发现*伦理学*（ethics）和*元伦理学*（meta-ethics）两者的区分很有用。伦理学说的是什么是正确的，什么又是错误的，我们应该接纳什么样的道德准则去指导我们以及其他人的行为。“杀小狗不好”这样的陈述应该归于伦理学。元伦理学则退了一步，讨论的是当我们说某件事是对是错的时候，*意思*到底是什么，还有为什么我们应该接纳这一套准则而不是别的准则。“我们的伦理系统应该以提高有意识生物的福利作为基础”就是一个元伦理的断言，从中可以推导出“杀小狗不好”的结论。

诗性自然主义在伦理方面没有什么意见，可能只有几句鸡汤。但它在元伦理方面却有些说法：我们的伦理系统是由我们人类构建而成的，而不是在世界中就这样发现的，所以也应该相应地对其进行评价。要完成这样的评价，我们可以思考有关伦理的一些选择。

有两个想法可以作为有用的起点：*后果论*（conseqentialism）和*义务论*（deontology）。这样说要冒一些风险，也许会过度极端简化数千年的争论和沉思，但大概可以说，后果论者相信一项行动的道德内涵由这项行动导致的后果所决定，而义务论者觉得行动本身就包含道德上的对与错，而这并非来自它们带来的后果。“为了最多数人最大的利益”是效用主义的著名信条，这也是一种经典的后果论思考方式。“推己及人”这条黄金定律则是义务论的作为。义务论只关心规则。（义务论的英文deontology来自希腊语的deon，意思是“责任”；本体论的英文ontology来自希腊语的on，意思是“存有”。尽管单词很相似，这两个概念没有联系。）

比尔和泰德是义务论者。如果他们是后果论者的话，他们的格言应该类似于“让世界变成一个超级好的地方”。

问题在于，后果论和义务论两者一眼看去似乎都完全合理。“为了最多数人最大的利益”这个想法听起来很伟大，“推己及人”也是。电车难题的重点在于这些想法之间可能会产生矛盾。认为牺牲一个人拯救五个人很合理的这种想法，核心就是后果论，而我们对于真正扳动转辙器产生的犹豫则来自义务论式的深层冲动——让电车转换轨道杀死一个无辜的人，这看起来就是错的，即使这个行动的确能拯救生命。绝大多数人的标准道德情感同时包含后果论和义务论的冲动。

这些互不相让的道德倾向，它们的运作可以追溯到我们喃喃低语的大脑中的不同部分。我们的心智拥有建基在启发式方法、本能和直觉反应上的系统一，还拥有负责认知和高层次思考的系统二。粗略地说，系统一通常负责我们义务论式的冲动，而系统二的介入出现在我们开始以后果论思考的时候。用心理学家乔舒亚・格林（Joshua Greene）的话来说，我们不仅有“快与慢的思考”，还有“快与慢的道德”。系统二认为我们应该扳下转辙器，而系统一认为这个想法令人胆寒。

哲学家想出了原版电车难题的许多种变体，其中著名的有哲学家朱迪丝·贾维斯·汤姆森（Judith Jarvis Thomson）提出的“人行天桥难题”。比如说你是一位彻底的后果论者，在原版电车难题中肯定会扳下转辙器。但这次转辙器没有了，现在，要阻止电车杀死轨道上那五个不幸的人，唯一的方法就是把一个体型巨大的人从人行天桥上推落到电车轨道上（所有这些思想实验都假定我们能以不可思议的准确度推测未来；这个问题同时假定了你的体重不足以阻止电车的行进，所以不能选择自我牺牲）。

跟之前一样，死的要么是一个人要么是五个人。对于后果论者来说，人行天桥的场景和原版电车难题没有任何差别，但对于义务论者来说却不然。在最初的难题中，我们并没有主动尝试杀死旁边轨道上的那个人，这只是我们尝试拯救五个人时遇到的不幸结果。但在人行天桥上，我们是有目的地去杀死一个人。面对这种预期，我们会产生恐惧的情绪；扳下转辙器是一回事，将某个人推下桥又是另一回事。

格林做过这样的研究，在志愿者进行MRI扫描的同时，让他们深思各种不同的道德困境。与预期一样，对于“私人”情况的思考（比如说将某个人推下桥）会让大脑中与情绪和社交推理相关的区域变得更活跃，而“客观”情况（比如说扳下转辙器）则推动了大脑中与认知和抽象推理相关的部分。当我们被迫处理的场景有所不同，心智中调动起来的模块也不一样。对于道德而言，组成我们大脑的那个混乱的议会中同时包含了义务论和结果论的派系。

让人们坐在巨大的医疗扫描仪里考虑哲学思想实验，这也许不能让我们知道这个人在描述的特定情况下实际上会怎么做。真实世界很混乱——你*确定*把那家伙推下天桥就可以阻止电车吗？——而对于自身在充满压力的情景下会做出什么反应，人们的预测不一定可靠。这没什么问题；我们在这里的目标不是理解人们的行为，而是更好地掌握人们认为自己*应该*怎么做。

我们可以考虑的伦理系统并不止后果论和义务论。另一种流行的方案是*德性伦理*（virtue ethics），它的根源可以追溯到柏拉图和亚里士多德。如果说义务论关乎你的行为，而后果论关乎发生的事情的话，那么德性伦理则关乎你是个怎么样的人。对于德性论者来说，你让电车转换轨道救了多少人并没有那么重要，你的行动本质上的善也不重要，重要的是你的行为是否基于勇气、责任和智慧等美德。比尔和泰德如果是德性论者，他们就会简单地说："做个超级好人。"

美德似乎是值得为之奋斗的好东西。跟后果论和义务论一样，这显然也是非常吸引人的道德立场。可惜的是，所有这些诱人的方案最后在重要的情况下会给出不同的忠告。我们应该怎么决定遵循哪个伦理系统呢？

——

这是个棘手的问题。要知道我们"应该"怎么做决定，这需要某种已有的规范立场，也就是判断不同方案的方法。现在我们来考虑到底怎么样才能够对伦理系统进行选择。

现实有很多种说明方式，每一种都能抓住某些重要的事实。并不是说所有语汇都能抓住真相，有些语汇就是错的。我们的目标是以有用的方式去描述这个世界，这里“有用”的意思总是关乎某个给定的目标。对于科学理论来说，“有用”的意思类似于“能够用最少的输入数据去作出准确的预测”，还有“能带来对系统行为的洞察”。

道德在我们对世界的讨论中增加了评价的要素，比如谁的行为是好是坏，是对是错，是值得赞扬还是应被唾弃。关于有用的准则能帮助我们在各种可能的科学理论之间作出选择，但却不足以构筑道德原则。道德推理的重点不是帮助我们预测或者洞察某个人的行为。

幸而，除了“能帮助我们拟合数据”以外，“有用”二字还有别的意思。我们每个人进入这个元伦理学的游戏时，都带着一组已有的追求。我们有着渴望，有着感受，有着关心的东西。有些东西会自然吸引我们，也有别的东西是我们抗拒的。远远在开始反省自身应有的道德立场之前，我们就已经有了某种道德感的萌芽。

灵长类动物学家弗兰斯·德·瓦尔（Frans de Waal）做过一些研究去探寻灵长类中同理心、公平感和合作性的起源。他与合作者萨拉·布罗斯南（Sarah Brosnan）在一次著名的实验中将两只僧帽猴放在了两个分开的笼子里，两只猴子能看到彼此。当猴子完成了一项简单的任务之后，它们会得到一片黄瓜作为奖赏。这些僧帽猴对这个系统相当满意，一直不停在做任务然后享用属于它们的黄瓜。然后实验者开始用葡萄奖励其中一只猴子，当然葡萄作为食物比黄瓜甜得多，无论在哪个方面都更受青睐。那只没有得到葡萄的猴子，虽然之前完全满足于黄瓜，但在看到旁边的情况之后，就开始拒绝进行给定的任务，因为新情况的不平等而暴跳如雷。布罗斯南的研究组最近利用黑猩猩做的实验表明，即使是那些得到葡萄的黑猩猩也不高兴——它们的平等观念遭到了践踏。我们一些最高等的道德承诺有着非常古老的演化根源。

思考道德哲学的一种方法就是单纯把它当作理解这些道德承诺的方法：确定我们忠实于自我标榜的道德，确定我们对自己行动的辩护拥有内在一致性，还有确定我们在适当的时候也考虑了其他人的价值观。与其在科学的意义上拟合数据，我们可以通过各种伦理理论顺应自身已有感觉的程度来进行选择。对于诗性自然主义者来说，如果某个伦理框架能以合乎逻辑的方式反映我们的道德承诺并将其系统化，那么这个伦理框架就是“有用”的。

这个视角有个不错的特点，就是它坚定地立于实践：这就是人们在尝试仔细思考道德时实际上做的事情。我们对于对与错的区分有一种感觉，然后我们尝试系统化这种感觉。我们跟别人讨论，了解他们的感受，然后在构建立足社会处事的规则时将这些感受作为参考。

但这也可能很可怕。你竟然告诉我，如何分辨对错只跟我们个人的感受和偏好有关，而不是建基于比我们的观点更有分量的事物之上，而且这还没有来自外界的支持？而且世界上竟然没有客观正确的道德事实？

的确如此，但承认道德来自人为构建而不是在街上捡到的，这并不代表着道德不存在。天还没有塌下来。

——

道德准则是由人类发明的，基于他们的主观判断和信念，而非基于外部事物，这种观点被称为*道德建构主义*（可以随意将我在这个语境中说的“人类”替换成“有意识的生物”。我并没有打算歧视动物、外星人或者假想中的人工智能）。建构主义和“相对主义”有一点不同。道德相对主义者认为道德建基于特定文化或者个人的习惯，因此不能从外部作出判断。有时候人们会揶揄相对主义是个过分沉静的立场——它不允许一个系统向另一个系统提出合理的批评。

与之相反，道德建构主义者承认道德来自个体和社会，但也接受另一点，就是那些个体和社会会把得到的一套信念当作是“正确的”，而且会依据这套信念去评价他人。道德建构主义者在告诉别人他们做了错事时，并不会有什么顾虑。此外，道德由人工构建而来的这个事实并不意味着它们是完全任意的。伦理系统是人类发明的，但我们所有人都可以针对如何改进这些系统做出有建设性的发言，就像我们处理其他人类发明的事物那样。

哲学家莎伦·斯特里特（Sharon Street）对康德建构主义（以伊曼纽尔·康德命名）和休谟建构主义（以大卫·休谟命名）进行了区分。这两位拥有巨大影响力的思想家，他们通常会以非常不同的角度看待各种问题，这也许部分源于他们的性格。康德自己遵守的个人日程非常严格，以至于柯尼斯堡的市民会用他每天的散步来校正钟表，而康德也从属于哲学中一个源远流长的传统，这个传统尝试将一切精确化、严格化和确定化。他不能忍受他的伦理哲学中有丝毫模糊之处。康德是最卓越的义务论者，他将有关道德的观点建构在*定言令式*（categorical imparative）之上：你的行为方式应该能保证你的行动可以作为普适的法则。在某个地方，康德甚至似乎暗示，面对一个站在你门前的杀人犯，即使为了保护可能受害的人，向这名杀人犯说谎也是不正确的，因为说谎不应该是普适的法则。对于康德是否真的认为什么时候说谎都是错误的，学者们还有争论，但我们当然能从他的想法中得到诚实遵守严格的义务论这种印象。

与此同时，休谟更适应一个充满怀疑论、经验主义和不确定性的世界。他否定绝对道德原则的存在，与其遵守客观的律令，他自豪地宣称："理性是激情的奴隶，这是应当的。"也就是说，理性能帮助我们得到想要的东西，但我们实际上的确想要的东西是由我们的激情所定义的。休谟怀疑那种使事物看起来比实际情况更清晰更准确的自然哲学倾向。

康德建构主义者会接受道德由人类建构这一点，但也相信每个拥有理性的人都会建构出相同的道德框架，只要他们考虑得足够清楚的话。休谟建构主义者则更进一步：道德建构而来，而不同的人大可以为自己建构出不同的道德框架。

休谟是对的。没有客观指引可以告诉我们怎么分辨对与错：这不可能来自上帝，不可能来自自然，也不可能来自纯粹理性的力量本身。我们在这个世界上孤独而偶然地活着，那些演化和成长环境遗赠给我们的才能、偏好和本能，它们是礼物也是包袱。这就是用以构筑道德的原材料。判断什么是善什么是恶，这是人类行为的典范，而我们需要面对这样的现实。道德只存在于我们的构筑中，而其他人下的道德判断有可能跟我们的不同。

第 48 章
构筑善良

那么现在，我的人类同胞们啊，我们应该构筑什么样的道德呢？

这个问题没有适用于所有人的唯一答案。但我们每一个人都不应该因此而放弃，要尽自己所能去扩展深化我们的道德冲动，并将其清晰阐述为系统化的立场。

也许最为人所知的伦理学理论就是效用主义（utilitarianism）这一属于后果论的理论。它假想人类的存在有某种可以被量化的方面，它被我们称为“效用”，它的增加就是好的，减少就是坏的，而让它最大化则是最大的善。现在问题就变成了我们应该如何去定义效用。一个简单的回答是“幸福”或者“快乐”，但这似乎有点流于表面并且以自我中心。其他选项还包括“身心健康”和“对于喜好的满足”。重要的是，原则上存在某种东西，我们可以将它量化为一个数字（世界上效用的总量），然后我们就能努力奋斗，使这个数字尽可能上升。

这种效用主义会碰到几个熟知的问题。“量化”效用这个想法很吸引人，但当我们尝试在实践中应用它时，这个概念就开始变得捉摸不定。说一个人的身心健康是另一个人的0.64倍，这到底是什么意思？我们应该怎么累计身心健康？一个效用为23的人跟两个效用各为18的人，哪边更好？正如德里克·帕菲特指出，如果你相信一名基本上得到满足的人类，他的存在就能带来正效用的话，那么随之而来的推论就是大量差不多得到满足的人类，他们的效用多于数量相对少但得到极大满足的人类。创造更多的人类就能提升效用，即使这些人没那么幸福，这种想法似乎违反了我们的道德直觉。

效用主义的另一个挑战来自哲学家罗伯特·诺济克（Robert Nozick），名为“效用怪兽”，这是一只假想中的生物，它的感性细腻得难以置信，也有能力感受到巨大的愉悦。单从表面上看，标准的效用主义者大概会让我们觉得最符合道德的行为就是能让效用怪兽幸福的行为，无论这会使我们其他人变得多么悲惨，因为那只怪兽是如此善于幸福。与此相关的是，我们可以相信科技发达到某个程度之后，我们可以将人们放进一台机器里，这会使他们不能动弹，但机器会在他们大脑中产生最大的幸福感，或者喜好被满足的感觉，又或者积极生活的感觉，无论是我们想象中的什么效用度量都能达到。我们是否应该朝着这样的世界努力奋斗，把每个人都塞进这种机器里？

最后，效用主义对效用的计算通常不会将我们自身和相识相爱之人从世界各地甚至历史上其他任何人之中区分开来。对于发达国家中的大部分人，效用主义似乎会坚持认为我们应该将财富的一大部分捐献出来，用于使世界摆脱疾病和贫困。这个目标也许值得赞赏，但也提醒我们效用主义可能是一位无比苛刻的监工。

效用主义不一定能很好地体现我们的道德情感。有某些事情我们通常认为是错误的，即使它们会使世界的总幸福度增加，一个例子就是到处寻找那些孤独而不幸的人，然后暗中谋杀他们。还有别的事情是我们觉得值得赞赏的，虽然它会使幸福度因此稍稍下降。效用主义者认识到了这些例子，并且能调整他们的规则，使这些例子看上去问题没那么大。但问题的根本还在：向每个行动赋予单一的“效用”值，然后努力增加效用，这在实践中很难做到。

义务论的方法也会遇到自身的问题。心理学家曾经提出，一般而言道德思考，特别是义务论的思考，它的主要目的就是给我们通过直觉作出的选择找一个理由，而不是指引我们到达新的道德结论。塔莉娅·惠特利（Thalia Wheatley）和乔纳森·海德曾做过这样一个研究，他们先对被试进行催眠，让他们对于某些没有贬义的词产生强烈的厌恶，这些词可以是“通常”或者“拿走”。然后他们向被试者讲述了一些简单的故事，其中的主人公从任何合理的伦理角度来看都没做什么特别不好的事情。当这些故事中包含那些预先准备好会让被试者做出反应的词语时，他们不仅产生了反感，而且会断定故事中的人物做出的行为在道德上有某种错误。虽然不能清楚表达到底为什么，但被试者确信故事中描述的那些人怀着某种恶意。

如果我们认为自己的道德情感不过是某种至高无上真理的粗略近似，而某种普适的伦理指引又捕捉到了这样的真理的话，这样的伦理指引跟个人的道德情感之间的冲突也就没什么问题了。在这种情况下，只能说我们的道德情感不行了。但如果我们认为道德哲学的课题就是将我们的道德情感系统化理性化，而不是用客观真理去代替它的话，那么这样的处理方法问题就更大了。关于道德的讨论可能并不是那么非黑即白。

义务论和后果论，其实还有德性伦理和其他别的方案，它们都抓住了我们道德冲动中的某些真相。我们希望以好的方式行动；我们希望让世界成为一个更好的地方；我们希望做个好人。但我们也希望理解自身，取得内在的一致性。如果同时接纳所有这些互相竞争的本能冲动，那就很难做到这一点。在实践中，道德哲学通常会选择一种方案，然后将它应用到所有事物上。结果就是我们得到的结论经常与一开始的前提格格不入。

可能最适合大部分人的那种道德准则并不是严格以任何一种方案作为根据，而是零零碎碎取自每个方案。比如说可以有某种"软性后果论"，其中行为的价值取决于后果，但在某种程度上也取决于行为本身。或者想象我们允许自身认为帮助自己认识而且关心的人，这种行为的价值要高于帮助更疏远的人。我们不需要将这些视为"错误"，它们可以是一种实现我们的基础道德倾向的方法，它复杂而又多面，但没有内部的矛盾。

或者，要拥有完美的道德，人们可以将他们的行为建立在寥寥几个绝对的规则之上，无论这些规则是某种特殊的效用主义还是对绝对律令的服从都可以，因为这就是他们觉得最适合自己内在信念的系统。这也没有问题。我们构筑的道德系统要满足的是我们自身的目的。

亚伯拉罕被上帝命令去做残忍的事情。这是对他人性的巨大挑战，但鉴于他的世界观，正确的行为过程很明白：如果你确信上帝告诉你要去做某件事，那你就去做。诗性自然主义拒绝提供确定的客观道德来慰藉我们。电车难题没有“正确”的答案。你应该怎么做，取决于你是个什么样的人。

——

哎，难就难在这里。我们*希望*那些两难困境存在客观的解决办法，就像数学中的定理或者科学中的实验发现那么确实。作为优秀的贝叶斯主义者，我们意识到我们会偏好自己希望为真的断言，所以这种渴望更应该让我们对那些在自然的基础上发现客观道德的尝试保持怀疑态度。但作为人类，对确定性规律的渴望常常让我们对其欣然接受。

人们的担忧在于，如果道德是建构而来的话，每个人都可以根据喜好任意建构，而他们的喜好可能实际上并不那么妙。这种担忧历史悠久，通常指向那些别的宗教的信仰者或者是无信仰者。德尔图良（Tertullian）是一位来自非洲的早期基督教思想家，被后人认为是拉丁教父之首，他曾讲解过为什么像希腊哲学家伊壁鸠鲁（Epicurus）这样的原子论者不可能是个好人。伊壁鸠鲁的问题在于，于他而言，生命止于死亡，所以痛苦只是暂时的，而基督教徒相信有地狱，所以对他们来说痛苦是永恒的。如果没有永恒奖赏的承诺，也没有永恒惩罚的威胁，谁又有理由努力向善呢？

> 你也要考虑到你能施加的惩罚有多么短暂，至多到生命的尽头。伊壁鸠鲁以这个理由淡化了所有的煎熬和苦痛，他坚称如果苦痛很小，那么完全可以置之不理；如果苦痛巨大，它也不会长久维持。而我们从全知的上帝作出的审判下接受奖赏，展望上帝对罪行的永恒惩罚，毫无疑

问，只有我们能真正努力达到无可指责的一生。

这种担忧的现代版本就是，如果我们接受道德是构建而来的，那么每个人在每个地方都会屈服于自己最坏的本能，而我们就不再有坚实的基础去谴责像犹太人大屠杀这样明显的恶行，毕竟有人觉得这是个好想法。没有客观指引的话，我们怎么能说他们不对呢？

建构主义者的回答就是，道德规则是人类发明的这一点不会让这些规则变得有丝毫虚假。篮球的规则也是人类的发明，但一旦发明出来，它们就的确存在。人们甚至会争论到底“正确”的规则应该是什么。当詹姆斯・奈史密斯（James Naismith）发明篮球这个游戏时，球是要扔到装蜜桃的篮子里的，而且每次投球后都要人手把它重新拿下来。人们是后来才发现可以通过将篮子换成栏圈来改进这项游戏。这让篮球“更好”了，意思就是能更好地满足它作为游戏的目的。篮球规则的定义并不是客观存在的，也并非就在宇宙中等着我们去发现；但它们也不是任意确定的。道德也是这样：我们发明了这些规则，但这出于合理的目的。

当我们想象这样的人，他们的目的——他们的最基本的道德感受和承诺——跟我们的有着根本性的差异，这时问题就出现了。如果有人只想玩曲棍球而不是篮球，我们拿他们怎么办？在体育运动中我们可能会找别的人一起玩，但对于道德来说，我们所有人却只能一起生活在这个地球上。

根据康德的精神，我们可能希望内在一致性这个简单的逻辑要求就会让每个理性的人构筑出相同的道德规则，即使他们作为起点的道德感受有着细微的差异。但的确这样的希望看似渺茫。莎伦·斯特里特设想了一位“内在一致的卡里古拉[1]”，他以别人的苦痛为乐。这样的怪物不一定违反逻辑或者自相矛盾，只是他们的根本态度是我们完全无法赞同的。我们不能通过理性让他们放弃这个立场。如果他们凭着冲动做出行动，给他人造成伤害的话，我们的回应应该跟现实世界中一样：要阻止他们这样做。当犯罪者不放弃恶行时，我们就要把他们关进监狱。

在现实中，对于建构主义的担忧算是过分夸张了。在绝大部分情况下，绝大部分人都希望认为自己正在行善而不是作恶。确立道德作为一组客观事实的地位会给实际操作带来什么好处，这一点还很模糊。我们通常会认为一个人或者一个群体相对比较理性，但在道德上跟我们有分歧，而我们可以坐下来跟他们喝杯咖啡，让他们明白自己犯下的错误。而在现实中，这基本上就是建构主义者推荐的策略：坐下来跟那个人好好谈，援引我们共同的道德信念，尝试得出一个对双方来说都合理的解决方法。正因为绝大部分人都拥有许多相同的道德感，所以道德才得以发展；否则，有关的思考基本于事无补。

如果是担心我们无法找到正当理由去介入并阻止不道德行为，这对于建构主义者来说完全不是问题。如果我们通过理性反思决定了某件事是个严重的错误，那么我们没有理由不能努力阻止它的发生，无论我们的决定是基于外部准则还是自己内心的确信。当然，这多多少

1. 译者注：卡里古拉（Caligula）是古罗马帝国第三任皇帝，也是著名的暴君。

少又是现实世界中的情况。

决定如何为善，它跟解数学难题或者发现新化石完全不同，更像是跟一帮朋友出去吃饭。我们考虑一下每个人各自想要什么，跟别人讨论各自的希望以及可以怎么合作，思考一下如何实际操作。这群人里可能同时包含素食主义者和杂食者，但只要做一点真诚的努力，没有理由不能让所有人都满意。

我有一次参加了一个大型跨学科会议的专家讨论组，来参加的人来自商业界、科学界、政治界还有艺术界。这次讨论组的目的是探讨现代世界中的道德。我被邀请参加，不是因为我是道德这个课题某个方面的专家，而是因为那个会议的大多数参加者都倾向于拥有宗教信仰，而大家都知道我不信教，我的工作就是作为无神论者的代表。而当轮到我发言的时候，我接到的提问只有一条："你反对你的无神论最好的理由会是什么？"相比之下，其他发言者得到了机会去阐述有关他们道德立场的正面而有建设性的内容。在社会的每个角落都有一种潜藏的怀疑，认为自然主义者都是些奇珍异兽，但在有关价值观的话题上则不足为信。

现在是21世纪开头，大部分哲学家和科学家都是自然主义者。但在公众之中，至少在美国，对于有关道德和意义的问题，处于显眼位置的仍然是宗教和灵修。我们的价值观还没有赶上我们最优秀的本体论。

价值观现在就应该开始追赶。在决定如何生活的问题上，我们就像是跃上陆地的第一条鱼：面对一个充满挑战和机遇的新世界，但对此仍不太适应。技术赋予了我们莫大的能力去塑造我们的世界，无论这种改变是好是坏，而在任何合理的估计中，我们现在看到的只是这些相关改变的萌芽。从人机交互到探索新行星，我们将要面对的各种道德问题都是我们祖先当时不可能考虑过的。建造自动驾驶汽车的工程师已经开始意识到，他们要编写的软件必须能解决某些情况下的电车难题。

诗性自然主义不会告诉我们怎么做人，但它会警告我们，让我们远离那种认为自己的道德在客观上最优秀的确信，以及它所带来的虚假自满。我们的生活以无法预料的方式不停改变。我们需要拥有一种能力，能够用清澈的视野以及一幅有关世界运转的准确图景来做出判断。我们不需要一个岿然不动的立足点，但我们需要与一个不关心我们在做什么的宇宙和谐共处，并且要为自己仍然关心一切这一点感到骄傲。

第 49 章
聆听世界

“十诫”这个想法有着深厚的吸引力。它结合了铭刻在我们人类本性中的两种冲动：写出包含十项的列表，还有告诫别人应该怎么做。

最著名的这样一个列表可以在希伯来圣经中找到。这是为以色列人民所编纂的指示，由上帝亲手传给当时在西奈山上的摩西。这些诫命可以在两个地方看到，《出埃及记》一次，《申命记》一次。在这两个地方的列表都没有编号，而两次出现的措辞略有不同。结果就是人们对于“十诫”到底是什么并没有达成一致。犹太人、东正教徒、天主教徒和不同的新教派别引用的列表都稍有不同，比如说路德会的列表就不包括关于偶像崇拜的传统禁令，但将关于觊觎邻居房屋的禁令独立为一条诫命，而不是将它和对邻居妻子和仆人的觊觎合在一起。最重要的是诫命有十条。

传统主流宗教以外的思想流派也借用了十诫的想法，提出了它们各自的列表，这也是难免的。我们有无神论十诫、世俗主义十诫，如此等等。“社会主义周日学校”（Socialist Sunday Schools）是一个起源于英国的组织，目的是提供代替基督教主日学校的另一个选择。他们也提出了一个社会主义诫命的列表。（“要记住地球上所有的好事物都是通过劳动制造的。不劳作却享受这些事物的人，无论是谁，都相当于盗窃工人的面包。”）

合格的诗性自然主义者能克服这种到处宣传诫命的诱惑。俗语有云，授人以鱼不如授人以渔。在如何好好过活的问题上，诗性自然主义不能授我们以鱼，连教我们怎么钓鱼也做不到。诗性自然主义做的更像是帮助我们认识到有种东西叫“鱼”，如果我们希望的话，也许还能去调查一下各种不同的抓鱼的方法。我们想要采取什么样的策略，以及如果抓到鱼的话应该怎么办，这些都取决于我们。

于是我们就有了这个合理的想法，放下“诫命”的概念，转而提出十条思考：它列出了一些我们认为正确的事情，当我们塑造并体验自己衡量和关怀人生的方法时，记住这些事情可能会大有裨益。通过仔细聆听宇宙，我们可以从中获得灵感。

---

1. 生命并非永恒

朱利安·巴恩斯（Julian Barnes）在他的小说《10½章世界史》（*A History of the World in 10 ½ Chapters*）想象了天堂的一种可能的模样。一位生前属于劳工阶级的英国人，他死后在一个新环境中醒转过来，那里的一切都那么美妙。他想要什么都能得到，这里有一个暗藏的陷阱，那就是他必须能想象出这个东西才提得出要求。他这样的人提出的要求可以想象到，他与数不清的性感尤物缠绵过，一顿又一顿吃着精美的大餐，见过各种名人和政治家，连打高尔夫球都提升到了这样的水平：一杆进洞的次数比不进的还多。

最终他也开始烦躁厌倦。在问过天堂的一位工作人员之后，他发现有这样的选项，可以停止这种生活直接死去。他问的是，天堂的人是不是真的会选择死亡？

“每个人都这么选了，”工作人员回答，“就是迟早的事。”

人类一直在想象肉体死亡之后仍能继续生活的方法。在仔细检查过之后，没有一个方法真正成立。这些叙事不能解释的一点就是，不断的改变，包括死亡，从来不是什么可以选择避开的处境，它是生命本身的一部分。你不会真的想永远生活下去。永恒比你想象的更长久。

生命会终结，而这正是它特殊之处的一部分。所谓存在，就在这里，就在我们面前，就是我们能看见能碰到能影响的东西。我们的生命不是计划中的彩排，我们也不是在一边测试一边期盼着真正表演的开始。只有这场表演，这就是我们唯一一场演出，它取决于我们。

2. 渴望是生命的组成部分

尝试想象自己努力达到完美的静止状态。闭上眼睛，减慢你身体的节律，让心情平静下来。某些人会比其他人做得更好，但没有任何人能达到真正的静止。你肯定在呼吸，你的心也还在跳，上亿ATP分子在你体内合成，然后用于驱动你体内那些看不到的运作过程。坟墓之外不存在完全静止。（即使在坟墓之内也是如此，但这算是稍微卖弄了一下文笔。）

不妨和电脑比较一下。我们可以建造一台拥有巨大处理能力的机器，把它打开，看看它会自己做些什么：结果就是什么都不做。它就这样待在那里。我们可以给它编程，向它提交任务，然后让它去做点什么。但如果我们不这样做，这台机器不会因为拥有进行计算的能力就拥有了自己的意愿。你可以忽略它，它也不会不耐烦；损坏它，它也不会自卫；蔑视它，它也不会恼火。

生命的特征就是运动和改变，这些特征在人类中以各种渴望的形式体现。我们的演化起源让我们拥有了想要做的事情，从吃顿好饭到帮助他人，还有创造动人的艺术作品。正是这些渴望塑造了我们，让我们关心自身关心他人。但我们不是这些渴望的奴隶；我们能反思有自觉，还能决定我们到底应该关心什么。如果我们选择去做的话，我们也能够将我们的关怀放在让世界变得更好这件事上。

3. 人们关心之事最重要

宇宙是个令人生畏的地方。跟它最小的部件相比，我们相当庞大，在人体中大概有10^{28}个原子。但跟它的总大小相比，我们渺小得可笑，要有超过10^{26}个人手拉手，延伸的距离才能跨越可观测宇宙。在人类这个种族彻底消失之后很长一段时间，宇宙还会在那里，根据背后的自然法则静静向前驶去。

宇宙不关心我们，但我们关心宇宙。正是这一点让我们如此特别，而跟非物质的灵魂或者宏大宇宙规划中的特殊目的没有关系。数十亿年的演化创造了能够思考世界的造物，他们能在心中构筑世界的图景，并对它进行彻底的验证。

我们对世界感兴趣，无论是它的物质表现还是我们的人类同胞以及其他生物。这种包含在我们心中的关怀，就是在任何宇宙意义上“意义”的唯一来源。

无论我们什么时候自问某件事是否有意义，答案必须来自这件事对于某个人或者某些人有没有意义。我们看着这个世界，给它附加上价值，这是一项成就，我们应当为之自豪。

4. 我们总能进步

理解通过犯错的过程不断进步。我们对世界做出猜测，将这些猜测与我们的观察进行比较测试，多数会发现我们错了，然后尝试改进我们的假设。人非圣贤孰能无过，说的就是这个。

如果我们认识并珍视自己很容易犯错误这一点，无论尝试什么事情都努力去做得更好，那么我们就能把犯错误变成一种美德。数学证明在逻辑上是完美的，但科学发现通常是一长串试错的结论。在有关价值观、关怀、爱和善的问题上，完美更是异想天开，因为连能够用于判断我们是否成功的客观标准都没有。

虽然如此，我们仍在进步，无论是对世界的理解还是在世界中生活的方式。在没有客观标准的情况下，还说我们取得了道德上的进步，这似乎很奇怪，但在人类历史中我们的确发现了这一点。进步并非来自想象中所谓道德科学的发现，而是来自对自身更诚实更严谨的考量——我们揭露了自身会尝试合理化自己的行为并且找到理由为自己辩护，而我们也承认这些行为一开始就值得被批评。要做个好人很难，但通过不断审察我们的偏见，并且对新想法虚怀若谷，我们行善的能力也会进步。

5.聆听总有回报

如果我们承认自己总会犯错，那么合理的做法就是向别的人类同胞敞开心扉，聆听他们想说的话。我们都有自己的偏见，所以得到来自外界视角的意见并不是什么坏事。如果目的和道德并非早已存在只待我们发现，在构筑意义的过程中，我们也许能从同胞那里学到什么东西。

这也包括古老的智慧。数千年来，人们曾面对如何做个好人这个问题苦苦挣扎。在绝大部分的历史中，主要是宗教或者灵性传统在做这项工作。仅仅因为我们现在有了更新更准确的本体论，也没有理由抛弃与过去的伟大思想家有联系的一切东西。当然也没有理由遵守那些早已脱离本意的伦理戒律。我们的灵感可以来自古老的教诲，更不用说那些伟大的文学和艺术了，但不要被它们束缚。

意识给了我们自身的内在模型，它也让我们能对其他人建立模型，开启了同情的大门，最终能到达大爱。不仅单单聆听别人，而且想象自己是他们，考虑他们关心的事情，这有力推动了道德上的进步。一旦我们看到意义来自人们心中，对他人的理解就变得前所未有地重要。

6. 没有什么自然的生活方式

演化鬼斧神工，发明的许多机制连人类设计师也难以望其项背。但它不存在设计者，这也有它的缺陷。不存在简单而不可分的人格，大脑中也没有什么小人在根据无可通融的规则操纵着我们。我们就是一堆吵吵闹闹互相竞争的冲动组成的最终产物，其他人也是这样。

如果说我们是自然的一部分，我们可能忍不住觉得“根据自然行事”很不错。这是倒果为因：我们只能根据自然行事，因为我们不可避免地就是自然的一部分。但自然并不会引导我们或者给我们设下规则，甚至不会向我们展示良好行为的范本。自然基本上充满混乱。我们能从中得到启示，偶尔也会令我们震惊，但自然就是这样。

在我们的动物亲戚中寻找人类关怀和道德本性的线索，得到的结果有好有坏。黑猩猩的社会群体由雄性主导，而倭黑猩猩则是雌性主导。大象会哀悼死去的同伴，而我们知道诸如老鼠和蚂蚁的许多物种会去拯救处于困境中的朋友。生物学家罗伯特·萨波尔斯基（Robert Sapolsky）和莉萨·沙尔（Lisa Share）研究了肯尼亚的一群狒狒，它们在附近一间旅客寄宿处的垃圾堆中觅食。这个家族由高等级的雄性主导，雌性和低等级的雄性经常挨饿。然后有一天，这个家族吃了来自垃圾堆受到污染的肉，这导致了绝大多数占支配地位雄性的死亡。后来，这群狒狒的“性格”就完全变了：个体的攻击性下降了，更可能互相梳理毛发，也更倾向平等。在研究进行的过程中，这些行为一直持续着，时间超过十年。

这里的教训不是我们应该向狒狒学习（尽管如果它们也能改善生活方式，可能我们也有希望），而是我们并不是什么简单统一固定不变的生物。我们有偏好也有渴望，部分出自我们天生的性情，但我们也有改变的机会，无论作为个体还是作为社会。

7. 我们需要参差多态

如果我们的生活需要有意义和目的，我们就要去创造它们。同时人各有差异，所以创造出来的东西也不一样。这是一种应该称颂的特点，而不是需要根除的麻烦。

在寻求过上有意义的生活这个问题上产出绝大部分的文字的人都乐于对这种事情进行深入而仔细的思考，也乐于写下他们思考的事情。结果就是我们看到被赞扬的是其中某些美德：想象力、多样性、激情、还有艺术表达。这些都是值得称赞的美德。但令人满意的生活，它的另一种刻画也可以是可靠、服从、名誉和知足。有些人会在全身心投入帮助别人中找到满足感；其他人则会专注于他们自己每天的生活。对于一个人来说正确的生活方式并不一定适合另一个人。

对于那些喜欢告诉别人什么生活方式才正确的人来说，诗性自然主义并不能带来什么安慰。它允许目的和意义上的多元性，允许一个由各种美德和美满人生组成的丰富生态系统的存在。

我们面对的既是机遇也是挑战。生活不存在唯一正确的方式，也没有什么客观而言最优秀的人生在等着人们通过理性或者启示来发现。

我们拥有以各种方式塑造我们生活的机会，这些方式可算真实而美好。

8. 宇宙就在掌中

我们是一堆堆原子和其他粒子，它们互相碰撞，通过自然的力相互作用。我们也是一堆堆生物细胞，不停来回传递电信号和化学信号，同时还代谢来自环境的自由能。同时我们也是能思考能感知会关心各种事情的生物，能够考量自身的行动，决定应该做出什么行为。

正是这最后一点让我们与众不同。我们跟宇宙的其他部分一样，都由相同的原材料构成，但这些材料组成我们的方式正好能让我们用另一种恰当的方式谈论我们自身。我们拥有衡量不同选项并且作出选择的能力，这并不是什么神秘或者超自然的能力，能让我们拥有蔑视物理法则的权利；这只是谈论我们到底是什么样的人的一种方式，它捕捉到了我们称为“人类”的复杂系统的某些能力。而能力越大，责任越大。

思考的能力让我们能对周围的世界施加莫大的影响。我们不可能避免宇宙的热寂，但我们能改变身体，改造行星，终有一天也许能在银河中遍洒生命。做出明智的抉择，将世界塑造成更好的地方，这取决于我们。

9. 我们能超越幸福

我们生活的这个时代，对幸福的探求占据了前所未有的中心位置。

无论是书籍、电视节目还是网站，都在不断提供指引，告诉我们如何最终达到并且维持这种难以捕捉却被众人寻求的生存状态。只要我们幸福，一切都没问题。

想象有一种药物，它能使你拥有完全的幸福，但会使你对于单纯生存以外的任何事物都不再感兴趣。对于外界来说，你会过着完全乏味的单调人生——但你的内心将会充满无上的幸福，度过各种想象中的冒险之旅，还有总能成功的浪漫奇遇。你会吃这种药吗？

想想苏格拉底、耶稣、甘地和曼德拉。或者想想米开朗基罗、贝多芬和弗吉尼亚·伍尔夫[1]。当你要描述这些人的时候，第一个想到的词语是不是“幸福”？他们可能很幸福——而且肯定曾经在某些时刻很幸福——但这并不是刻画他们的特点。

我们强调幸福时犯下的错误，就是忘记了生命是一个过程，是由活动和运动所定义的，却反而去寻找一种完美的生存状态。这种状态不可能存在，因为改变就是生命的本质。那些研究生命意义的学者会区分所谓的*共时意义*（synchronic meaning）和*历时意义*（diachronic meaning）。共时意义依赖于你在时间的某一个瞬间中所处的状态，比如你快乐是因为你沐浴在阳光下。历时意义则依赖于你踏上的旅程，比如你快乐是因为你正在通往大学学位的路上取得进步。如果我们允许自己从学到的有关本体论的知识中汲取灵感的话，得到的提示可能是我们要更多地关注历时意义而不是共时意义。生命的本质是改变，

1.译者注：弗吉尼亚·伍尔夫是19世纪末20世纪初的英国作家，是20世纪现代主义文学和女性主义文学的先锋，15岁因母亲和姐姐相继离世而数次陷入精神崩溃，抑郁症伴随着她的一生，最后投河自尽。

而我们的目标可以是让改变成为对生命意义寻求的一部分。

在最后的最后，或者说在生命的尽头，你是否在绝大部分时间中感到快乐，这其实并不重要。你难道不想宁可拥有一个动人的故事可以诉说？

10. 现实指引我们

在1988年，心理学家谢利·泰勒（Shelley Taylor）和乔纳森·布朗（Jonathan Brown）发明了“正向错觉”这个术语，用于描述人们拥有的那些不正确但能让自己快乐的信念。一般人认为他们优于平均水平；对于未来的事件，我们的想法通常会比过去经验实际指引的要乐观得多。这是我们对于认知偏差的标准补充之一。

这个效应是真实的：毫无疑问，某些错觉会让我们更快乐。我们甚至能够想出各种演化心理学的解释去说明为什么一点点对自我过高的评价可能对生存有利。我们可以想象设计一个项目，通过有针对性的虚假陈述去让人们心情更好。但这就是我们想要的吗？

拥有这样的错觉可能会让我们更快乐，但很少有人会心知肚明地刻意寻求这样的虚假信念。我们认为自己超过了平均水平，不是因为我们对自己说“我要觉得自己比实际上更好，因为这会让我心情更好”，而是因为我们真的这样认为。

我们的结论是，对各种事物的正确理解——诚实面对自身和他人，直面世界并实际用自己的眼睛观察——这并非自然而然，而是需要不少的努力。当我们希望某件事正确的时候，当有一个信念让我们快乐时——我们就是应该在这种时候去质疑。错觉可能令人愉悦，但真理的回报则丰厚得多。

我们渴望到达比幸福更高的地方。我们已经学到了许多有关宇宙的范畴以及运作的知识，还有如何共同生活以及如何在生命中寻找意义和目的。这正是因为我们终究不愿意将令人舒心的幻觉当成最后的答案。

第 50 章
存在主义疗法

在我的成长过程中，我家是教堂的常客。这种每周一次的训练得以施行，可能来自我祖母的影响。她的父母在英国出生，而她对圣公会无比忠实。我们曾在新泽西州托伦顿的三一教堂参加过礼拜；虽然不是每个人都认为它是教堂建筑的突出模范，但它的确自傲于高高的哥特式染色玻璃窗，在一个小男孩的眼中，它给人留下了令人敬畏的深刻印象。

当时我喜欢去教堂。我最喜爱的一点可能是之后去吃的薄烤饼，那间本地的店铺有草莓味的糖浆——如果你那时候问我，那就是卓越美食的顶峰。但我也享受那些圣歌，那些令人屏息的木制教堂长椅，即使是早晨穿上盛装的仪式我也喜欢。与其他东西相比，我最爱的还是那些教义和神秘。我参加主日学校，阅读圣经，尝试搞明白它的内容。圣经最有趣的部分是《启示录》，它预言了未来发生之事。当我在别的地方读到现代的读者倾向于认为《启示录》令人难堪甚至尴尬的时候，我变得迷惑不解。对于孩子来说，那就是圣经里最酷炫的东西。那里有天使，有野兽，有封印，有号角；有什么不令人着迷？

当我十岁那年祖母去世之后，我们就不再去教堂了。我当时还是那种随意的信徒，就像你在许多美国家庭里看到的那样。我转向自然主义的过程并不戏剧化也没有震撼我的人生，它就是慢慢在我身上植了根。这是一个平稳的相变，并非突然发生。

然而有两件事特别突出。第一件事发生在我还小的时候。我们当时在教堂，有几个志愿者正在聊天，谈的是最近礼拜仪式流程的改变。他们对新的安排很满意，因为之前的仪式里人们起立和下跪的时间太长，坐下来休息的时间不够。我觉得这种说法异端得令人愤慨。我们怎么可能就这样随意决定礼拜仪式里应该有什么内容？那不是由上帝决定的么？你现在的意思是告诉我人可以一时兴起就改变这些东西？我当时还是教徒，但怀疑已被种下。

最后我成为了一所天主教大学的天文系本科生，那所大学在维拉诺瓦，就在费城附近。当时我已经对宇宙的运作有过充分的思考，对于任何人来说，我都符合自然主义者的定义，尽管我当时还没有“出柜”，无论是面对自己还是其他人。维拉诺瓦大学有一大堆必修课，其中包括哲学和神学课程各三个学期。前者迷住了我，后者也令我度过了不错的时光——我的教授们都机敏得难以置信——我也很喜欢讨论这些想法，无论我个人是否相信。

第二件事是我听到了一首歌，名字叫《唯一正途》（*The Only Way*），出自埃默森、莱克与帕尔默乐团（Emerson, Lake & Palmer）的专辑《*Tarkus*》（当时维拉诺瓦大学天文系是前卫摇滚粉丝的温床）。除了基思・埃默森弹得一手好管风琴以外，这首歌里还有一些我未曾听过的东西：一条明明白白咄咄逼人的无神论信息。“不需要圣言/你现在听到了/不要去害怕/是人创造了人。”这作为诗歌来说并不算好，又明显不足以作为讲道理的哲学论证。但这首有点傻的歌让我第一次想到，不相信宗教也没问题——我不需要为此感到羞愧，也不需要隐藏。对于身处天主教大学的羞涩孩子来说，这一点意义重大。

有些无神论者是被专制的家庭教育推向弃绝宗教信仰的。我不是这样；我的经历不能更宽松了，至少是当他们调整了礼拜仪式，让我们不用跪下来这么久之后。我们那里的圣公会对于去教堂的人来说温和得不能再温和了，而维拉诺瓦大学在神学课以外对学生也没有宗教上的要求。

我一直对世界怀有好奇心，科学也令我着迷。我们谈过“敬畏和惊奇”，但这是两个不同的词。我敬畏宇宙：它覆盖的范畴，它的复杂程度，它的深度，它那一丝不苟的精度。但我最主要的感受还是惊奇。敬畏带有崇敬的含义：“这令我充满敬畏，我觉得自己不值一文。”惊奇带有好奇的含义：“这令我充满惊奇，我要去把它弄明白。”我总是认为惊奇大于敬畏。

我们这个世界中很多事情对我们来说都很神秘，这些神秘之中有某些东西在诱惑激励着我们。仅仅将神秘的事物当作神秘来接受，而在宇宙本质上无法理解的这种确信之中寻找慰藉，这就犯下了错误，就像买了一大堆侦探小说，但是每本只看开头一半那样。神秘真正吸引人的地方，不是它们体现了某种真正不可知晓的事物，而是它们预示了一场激动人心的解谜之旅。

就像伊丽莎白公主那样，我一直都认为关键的一点在于世界的不同侧面能够互相调和并言之有理。我们经历过有关宇宙的一切都暗示着，它是*可以理解的*：如果我们足够努力就能理解它。关于现实如何运作，我们还有很多事情不知道，但同时我们也已经搞清楚了很多东西。那里仍然充满了神秘，但没有理由担心（或者希望）这些谜题无法解开。

类似的思考最终让我放弃了对上帝的信仰，成为一名快活的自然主义者。但我希望我永远不会犯这样的错误，将那些在现实最基础的本性这个问题上跟我有分歧的人都看成敌人。最重要的区别并不是有神论者和自然主义者的区别，而是这两种人的区别：那些对宇宙非常在意，以至于愿意做出诚实的努力去理解它的人；还有那些将宇宙放进预先定好的框架中，或者认为它理所当然是这样的人。宇宙比你我都广阔得多，为了理解它而开始的探求将拥有各种各样重要信仰的人团结在了一起。是我们在与宇宙的神秘较劲；如果你关心对宇宙的理解，我们就是战友。

我们可以想象这样一个讲述了世界本性的故事。宇宙是个奇迹，它是由上帝创造的，作为表现慈爱的独一行动。宇宙的壮美跨越了百亿年以及数不清的恒星，最后在地球上人类的出现时达到高潮——有意识有觉知的造物，作为灵魂和肉体的联合，能够赞赏并回报上帝的慈爱。我们有限的生命只是更长久存在的一部分，我们死后仍能参与其中。

这个故事很吸引人。你可以明白为什么有人会相信它并且努力去调和它与那些科学教导我们的有关现实本性的事实。

这里有另一个故事。宇宙不是奇迹。它就这样存在，没有指引也不受约束，展现出拥有不偏不倚规则性的自然规律。上百亿年来，它自然演化，从低熵的状态向复杂度增加的方向演化，而最终会坠落为毫无特点的均衡态。我们人类就是奇迹，但不是那种打破物理法则的奇迹，而是说在完全符合那些自然法则的情况下，如此复杂、有意识、有创造性、带来关怀的生物竟然可以出现，这是如此奇妙而令人惊叹的奇迹。我们的生命有限而无常，并且珍贵得无法衡量。我们的出现给世界带来了意义和重要性。

这也真是个相当不错的故事。它以自己的方式对我们提出了严格要求，也不一定能赋予我们想要的一切，但它与科学教导我们的有关自然的一切若合符节。它给我们留下的是责任和机会，让我们将人生塑造成想要的模样。

——

诗性自然主义提供了一个富饶且回报甚丰的理解世界的方式，但这种哲学需要一点毅力，需要愿意抛弃行不通的想法。当我沉浸在第一次公开承认自己是无神论者带来的热情之中时，我偏向接受科学最终可以解决我们的所有问题这种观点，其中还包括关于我们为什么在这里以及我们应该有什么样的举止。我思考得越多，就对这样的可能性变得越没有信心。科学描述了世界，但我们要利用这些知识来做什么，这完全是另一回事。

直面现实可能会让我们觉得自己需要某种存在主义疗法。我们飘浮在毫无目的的宇宙中，面对不可避免的死亡，思考着这些东西意味着什么。但只有在我们做出随波逐流的选择时，我们才会变成那样。人类正在毕业成人，离开了童年成长中的舒适规范，被迫照料自己。这令人生畏也使人疲惫，但得来的胜利也要更甜美。

阿尔贝·加缪（Albert Camus）是法国的存在主义小说家和哲学家，他在散文《西西弗斯的神话》（*The Myth of Sisyphus*）中概述了他对待生活的某些方法。散文题目指的是一则古希腊传说，其中西西弗斯被宙斯诅咒，要永世将一块巨石推上山，然后石头就会掉下来，然后他就必须重新开始将它推上山。这明显隐喻了没有目的的宇宙中出现的生命。但加缪颠覆了这个神话显然的教训，将西西弗斯塑造成一位创造了自身目的的英雄：

> 我将西西弗斯留在了山脚！人总会重拾自己的重担。但西西弗斯的教诲是更高的忠诚，否定了神祇而举起了巨石。他的结论也是一切都很好。此后，这个没有主宰的宇宙对他而言并非了无生气也不是徒劳无功。那块石头的每一个原子，那座夜色笼罩的山上的每一片矿石，自身都组成了一个世界。到达高处的挣扎本身足以填满一个人的心灵。人们必须想象西西弗斯是快乐的。

我不确定西西弗斯是否真的快乐，但我觉得他在他的任务中找到了意义，可能还为推动巨石上无人能出其右而自豪。生活给了我们什么，我们就用什么凑合。

在散文的前面一部分，加缪将宇宙说成是“不可理解的”。实际正好相反——宇宙能如此顺利被理解的这个事实，可能是它最非凡的特点。这就是现实的侧面之一，能让我们西西弗斯式的努力最终得到丰厚回报。

——

在撰写这本书的最后这一章时，我回想起了已逝的祖母、去教堂以及吃薄烤饼的事情，就感觉饿了。我需要补充身体内自由能的储备。我没有现成的薄烤饼，当然更没有草莓糖浆，所以我站起来根据我祖母最喜欢的早餐食谱“鸟巢”做了一份。可能没有比这更简单的菜了：用烈酒杯（我祖父母房子里到处都有这个）在一片面包中间挖出圆形的洞，把面包放进煎锅里，再打进一个鸡蛋，蛋黄恰好藏在洞里。加上盐、胡椒和黄油，大功告成。

好吃。我喜欢精致的大餐，虽然这顿不是，但也恰到好处。一段甜蜜的记忆，能满足基本需求的简单味道和香味，还有自己做饭的简单乐趣。这就是*生活*——一小段关于世界看得见摸得着的真实体验在闪闪发光。

我想念祖母，但我不需要想象她还活在什么地方。她继续生活在我们的记忆里，但最后即使这些记忆也会消逝。改变和消逝是生命的一部分——不仅仅是我们不情不愿地接受的一部分，而正是生命的本质，它让我们能满怀希望地期盼未来。我关心自己对过去的记忆，关心对未来的希望，关心更广阔世界的情况，也关心我正在过的生活，其中有我深爱的妻子，我对她的爱超越了夜空中的所有星系，还有一份持久不变的乐趣，就是解明自然的本性。

生活千姿百态，有些人面临着其他人永远不会知道的困难。但我们分享同一个宇宙，同一组自然法则，还有同一个任务，就是在我们存在于世界上的短暂时间中，为自己和周围的人创造意义和重要性。

三十亿次心跳，时针正在转动。

附录 构成你我的方程

我们每天体验到的世界，它的基础是核心理论：这是一个量子场论，描述了某一组实体粒子（费米子）和媒介粒子（玻色子）的动力学和相互作用，其中同时包含了粒子物理学的标准模型和爱因斯坦的广义相对论（弱引力场的情况）。在这个附录中，我们将非常简略地探究核心理论中的这些场和相互作用的一些具体细节，尽管要阅读本书的其他部分并不需要这些细节。我们的讨论会像电报那么简略，其中充满了术语和难解的想法。你可以将这个附录看作可以随意跳过的片尾致谢字幕，或者是努力读到这里的奖励内容。

我们这场讨论的高潮只有一个公式，就是核心理论的费曼路径积分。它包含了有关这个模型的量子动力学所能知道的一切：从场的某个构型出发，它在之后的某个时刻最终到达另外一个构型的概率是多少？如果知道这一点，你想计算核心理论行为的任何东西都可以。这个公式很值得印在T恤上。

存在两种量子场：费米子和玻色子。费米子是实体粒子，它们占据了空间，这能帮助解释为什么你脚下的地面或者你坐着的椅子是坚实的。玻色子则是传递力的粒子，它们能够相互堆叠，形成诸如引力

场和电磁场之类宏观的力场。下面完整列出了核心理论中涉及的粒子：

费米子

1.电子、μ子、τ子（电荷为-1）
2.电子中微子、μ子中微子、τ子中微子（电中性）
3.上夸克、粲夸克、顶夸克（电荷为+2/3）
4.下夸克、奇异夸克、底夸克（电荷为-1/3）

玻色子

1.引力子（引力，时空曲率）
2.光子（电磁相互作用）
3.八种胶子（强核力）
4.W和Z玻色子（弱核力）
5.希格斯玻色子

在量子场论中，不需要多少信息就可以确定某个特定的场的性质，也相当于确定这个场的相关粒子的性质。每个粒子都有自己的质量，还有"自旋"。除了基本粒子（它们其实是量子场的震荡）实际上没有任何大小这一点以外，我们几乎可以把这些粒子看作小小的陀螺；它们的自旋是一项内禀的性质，而不是主体绕着某根轴的旋转。与同一个特定的场关联的所有粒子都拥有完全相同的自旋，比如说所有电子都有"-1/2的自旋"，而所有引力子都有"-2的自旋"。

粒子之间相互作用的方式取决于它们的荷。如果前面没有修饰的话，“荷”这个词就是“电荷”的缩略，但其他力——也就是引力和两种核力——也有关联的荷。粒子的荷告诉我们它会如何与传递相关力的场进行相互作用。所以拥有-1电荷的电子会与光子直接作用，因为光子传递了电磁力；拥有0电荷的中微子则完全不会直接与光子相互作用（它们能间接相互作用，因为中微子可以与电子相互作用，电子又可以与光子相互作用）。光子本身是中性的，所以它们之间不会直接相互作用。

引力的“荷”就是粒子的能量，当粒子静止时，它等于质量乘以光速的平方。每个粒子都有引力荷；爱因斯坦教导我们，引力是普遍存在的。我们所知的所有费米子都有弱力荷，所以它们会与W和Z玻色子相互作用。我们所知的费米子有一半会与传递强核力的胶子相互作用，我们把这些费米子称为*夸克*；另一半不会产生这种相互作用，我们将其称为*轻子*。上型夸克都携带+2/3的电荷，而下型夸克都携带-1/3的电荷。强核力是如此的强，导致夸克和胶子都被禁闭在了诸如质子和中子等粒子中，我们永远不能直接观察到它们。带有电荷的轻子就是电子和它更重的表亲μ子和τ子，还有与它们相关的三种中微子，它们的名字简直富有想象力，就是电子中微子、μ子中微子和τ子中微子。

然后还有希格斯场和它对应的粒子，也就是希格斯玻色子。这个概念是在20世纪60年代提出的，而最后在2012年，我们终于在位于日内瓦的大型强子对撞机中发现了希格斯玻色子。尽管它是玻色子，我们通常不会提到与希格斯场相关的“力”——我们可以这样做，但希格斯玻色子的质量非常大，以至于对应的力无比微弱而且作用距离很短。希格斯玻色子如此特别的原因，是它的场即使在真空中也有非零值。组成你的所有粒子都一直畅泳在希格斯场的海洋中，而这影响了它们的性质。最重要的是，希格斯场向夸克、带电荷的轻子还有W和Z玻色子赋予了质量。它的发现给核心理论画上了点睛一笔。

——

我知道你在想什么。“好吧，所有这些场多姿多彩令人陶醉。但我们真正想要的是*公式*。”

量子力学　时空　引力

$$W = \int_{k<\Lambda} [Dg][DA][D\psi][D\Phi] \exp\left\{ i \int d^4x \sqrt{-g} \left[\frac{m_p^2}{2} R - \frac{1}{4} F^a_{\mu\nu} F^{a\mu\nu} + i\bar{\psi}^i \gamma^\mu D_\mu \psi^i + \left(\bar{\psi}^i_L V_{ij} \Phi \psi^j_R + \text{h.c.} \right) - |D_\mu \Phi|^2 - V(\Phi) \right] \right\}$$

其他力　物质　希格斯场

核心理论的本质——也就是掌管日常生活的物理法则——的公式表述。这个公式就是从一个特定的场构型转移到另一个场构型的量子幅，表达为对连接两者的所有可能路径的求和

要符合我们之前关于量子力学运作方式的讨论，我实际上应该给你写的是核心理论的薛定谔方程，它能告诉你某个给定的量子系统的波函数会如何从一个瞬间的状态演化到下一个瞬间。但有很多种方法可以概括这样的信息，而这里展示的是一种特别紧凑而优美的表达方式（尽管一眼看去的外表不像是这样）。

这就是所谓*量子力学的路径积分表述*，理查德·费曼是研究它的先驱。波函数描述了你正在考虑的系统所有可能构型的一个叠加态。

对于核心理论来说，它的构型就是所有场在空间中所有点上的具体值。费曼形式的量子演化（跟薛定谔形式的等价，只是写法不同）能告诉你，假设系统在先前的某个时刻处于包含在之前的波函数中的某个构型的话，最后这个系统落到现在的波函数包含的某个特定构型的概率是多少。或者你也可以从之后的波函数出发然后反推；费曼的公式和薛定谔公式一样，在拉普拉斯的意义上都是完全可逆的。只有当我们开始进行观察时，量子力学才会违反可逆性。

这就是W这个量的实质，它就是我们所说的从一个场构型转移到另一个场构型的“振幅”。它由费曼路径积分给出，也就是对场在两者之间演化的所有路径的求和。如果上过微积分的课，你也许记得积分就是将无限个无限小的东西加起来的一种方法，比如说我们在计算曲线下的面积时会将无限小的区域加起来。在这里，我们加起来的是场在开端和结尾之间可能做的任何事情带来的贡献，我们就简单地将其称为场构型可以取的“路径”。

那么，我们要积分的，或者说要加起来的，到底是什么？对于系统可以选取的每条可能路径，我们可以计算一个叫*作用量*的数值，传统上用S来表示。如果这个系统在四处随意跳来跳去，它的作用量会很大；如果它移动得更平滑，作用量就会相对较小。路径作用量的这个概念即使在经典力学中也扮演了重要的角色；在我们可以想象系统能走的所有可能路径之中，系统真正选取的路径（也就是说遵循经典运动方程的路径）拥有*最小*的作用量。每个经典理论都能用这种方式定义：先说出系统的作用量是什么，然后寻找能最小化作用量的运动方式。

在量子力学中，作用量又再出现，但这次有点变化。费曼提出了一种方法，其中我们想象量子系统会沿着所有路径演化，而不仅仅是经典理论允许的那一条。我们对每条路径赋予某个特定的相位因子 $\exp\{iS\}$。这个记号告诉我们要先取欧拉常数 $e = 2.7181\cdots$，然后求它的 iS 次幂，其中 i 是 -1 的平方根这个虚数，而 S 是路径的作用量。

相位因子 $\exp\{iS\}$ 是一个复数，有实数部分和虚数部分，每部分可正可负。对所有路径的所有贡献求和，通常会牵涉一堆正数和一堆负数，而所有东西都会几乎相互抵消，只剩下一个很小的结果。唯一的例外是有一组相近的路径拥有非常相似的作用量，那么它们的相位因子也会很相似，将它们加起来会累积而不是抵消。这样的事情恰好会在作用量接近最小值的时候发生，对应的就是经典理论允许的路径。所以看上去几乎是经典的演化会得到最大的量子概率。这就是为什么我们可以用经典力学为日常生活的世界建立很好的模型；正是经典行为向量子态的转变概率做出了最大的贡献。

——

我们可以把方程每部分拆开来看。

先看看标着“量子力学”那部分的方程。就是在这个地方，振幅被写成了关于一组场后面再加上“exp i……”的积分（符号是 ∫ ）。记号 $[Dg][DA][D\psi][D\Phi]$ 指出了其中包含的场。字母 D 的意思就是“我们要在积分中累加的无穷小量”，而其他符号则代表了场本身。引力场是 g，其他的玻色子力场（电磁相互作用，强核力和弱核力）被归类到符号 A 之中，所有费米子一起被归类到了符号 ψ（希腊字母，可以写成 Psi），而希格斯玻色子则是 Φ（希腊字母，可以写成 Phi）。记号“exp”

的意思是“e的……次方”；i是−1的平方根，而i后面的所有东西就是核心理论中的作用量S。所以量子力学进入这个表达式的方式就是：“对所有场可以选取的所有路径下e的i乘以作用量次方进行积分”。

有趣的事情都发生在作用量本身。许多职业粒子物理学家花上了人生中相当一部分的时间去写出不同场的组合下可能出现的不同作用量。但每个人都会从来自核心理论的这个作用量开始。

作用量是一个对于整个空间，以及从初始构型到终末构型这个时间段内的积分。这就是记号$\int d^4x$的作用；x代表了时空所有维度上的坐标，而4是为了提醒我们时空是四维的。在“时空”标签之下还潜伏着一个额外的因子，也就是某种叫作$-g$的东西的平方根。正如你能从字母g中猜测到的那样，这与引力有关，特别是与时空弯曲的这个事实相关；这一部分说明了一个事实，就是（我们积分的）时空的容积会被时空弯曲的方式影响。

方括号“[　]”内的项就是所有不同的场对作用量的贡献，包含了它们的内禀性质和相互作用方式。它们能分成“引力”、“其他力”、“物质”和“希格斯场”这些类别。

“引力”这一项相当简单，它反映了爱因斯坦广义相对论的那种脱俗的优雅。数量R被称为*曲率标量*，它刻画了任何一点上有多少某种特定的时空弯曲。它还要乘以一个常数$m_p^2/2$，这里m_p是普朗克质量。这其实就是牛顿的引力常数G的一种奇怪的表达方法，这个常数刻画了引力的强度：$m_p^2=1/(8\pi G)$。我这里用的是“自然单位制”，其中光速和量子力学中的普朗克常数都被固定为单位1。曲率标量R可以从引力场计算得出，而广义相对论的作用量很简单，就是正比于R在时空区域上的积分。最小化这个积分的值，就能给出爱因斯坦的引力场方程。

下一步就是标上了“其他力”的这一项，其中数量F出现了两次，还带着一些上标和下标。数量F又叫*场强张量*，在我们的记号中，它包括了来自电磁相互作用、强核力和弱核力的贡献。本质上来说，场强张量告诉我们这些场在时空中是如何扭曲和震荡的，就像曲率标量告诉了我们时空本身的几何如何扭曲和震荡。对于电磁相互作用来说，场强张量同时整合了电场和磁场。

在这里以及方程的其他地方，那些上标和下标标记的是不同的分量，比如说我们谈论的是哪个场（光子、胶子、还是W和Z玻色子），但还包括场的具体部分，比如说“电场指向x轴的部分”。当你看到两个量时，比如说这一项里的两个F，如果它们上面有相同的指标，这就是“对于所有可能性求和”的代号。这是一种非常紧凑的记号，让我们能在寥寥几个符号中隐藏巨大的复杂度；这就是为什么这一项就能包括来自所有不同力场的贡献。

当我们查看方程中被标上“物质”的部分时，事情就有点棘手了。物质场都是费米子，字母ψ代表了所有这些物质场。跟玻色子一样，这一个符号就一下子包括了所有费米子。第一项中ψ出现了两次，希腊字母γ（gamma）一次，还有另一个D。这个γ代表了英国物理学家保罗·狄拉克（Paul Dirac）引入的狄拉克矩阵，它们在费米子的行

为中扮演了重要的角色，还诠释了费米子一般都有对应的反粒子这个事实。在这里的D代表了场的导数或者说变化率。所以这一项对费米子做的事情跟之前那些项对传递力的玻色子做的事情一样：它告诉我们这些场在时空中如何变化。但在导数中还隐藏着别的东西（这又是紧凑记号的魔法）：费米子和携带力的玻色子之间的耦合，或者说相互作用，这种耦合依赖于费米子的荷。举个例子，电子和光子相互作用的方式就是作用量中的这一项刻画的。

接下来的一项牵涉另一种耦合，就是费米子和希格斯场 Φ 之间的耦合。跟核心理论作用量的其他部分不同，希格斯场和费米子之间的相互作用可以说有点巴洛克风格，没什么吸引力。但它就在这里：两个 ψ 和一个 Φ，告诉我们这一项概括了费米子和希格斯场是如何相互作用的。有两件事让它如此复杂，第一件事就是符号V_{ij}，它又被称为混合矩阵，记录了费米子可以互相“混合”的事实——例如，当顶夸克衰变时，它实际上会衰变成下夸克、奇异夸克和底夸克的某种特定混合。

另一个令事情更为复杂的地方就是，你能看到一个费米子场有着下标L，而另一个的下标则是R。它们代表了“左手性”和“右手性”的场。想象一下，将你的左手拇指朝向某个带有自旋的粒子的运动方向，别的手指就定义了自旋的一种可能朝向。如果粒子的自旋就是这个方向，它就是左手性的，如果自旋方向相反就是右手性。这些下标出现在核心理论的这一项，代表着这个理论会区别对待左手性和右手性，至少在亚原子的层面上是这样。这个特征引人注目，但也是必须存在的，因为自然以不同的方式对待左手性和右手性的粒子。这种现象又叫宇称不守恒，第一次被发现时震惊了粒子物理学家，但现在我们单纯把它看作不同种类的场相互作用时会发生的那种事情。

这一项的结尾“h.c.”代表了厄米共轭[1]。这是一种花哨的写法，说明了前面一项是复数，但作用量需要是实数，所以我们要减掉虚数部分，只留下一个纯粹的实数量。

最后，我们还有作用量中关于希格斯场 Φ 的部分。它相当简单，第一部分是“动能”项，代表了场变化的程度，第二项是“势能”项，代表了即使在场不改变的情况下，场本身固定了多少能量。正是第二项让希格斯场与众不同。跟其他场一样，希格斯场也希望静静地安坐在能够拥有的最低能量上；跟其他已知的场不同的是，处于能量最低的状态时，希格斯场自身并不会消失，而是拥有非零的值。正是这一点让希格斯场即使在“真空”中也能够存在，让它能影响所有在其中运动的其他粒子。

就是这样，这就是核心理论的精简表达。只有一个方程，但能告诉我们一整套场从某个起始构型（波函数内叠加态中的一部分）转移到某个终末构型的量子幅。

我们知道核心理论，也就是说这个方程，并不是故事的结尾。宇宙中还有暗物质，它并不能很好地符合任何已知的场。中微子拥有质量，虽然我们写下的方程能适应这一点，但我们还没有在实验中证实

1. 译者注：数学家把同一个概念称为埃尔米特共轭或者共轭转置。

我们写下的那些项的确是中微子拥有质量的原因。另外，几乎所有物理学家都相信有更多的粒子和场仍待发现，它们拥有更高的质量和能量——但它们必须要么与我们的相互作用非常弱（类似暗物质），要么衰变得非常快。

核心理论甚至不是关于所有我们已知存在的场的一个完整理论。比如说还有量子引力的问题。如果引力场很弱的话，我们写下的方程没有问题，但当引力变强的时候，比如说在大爆炸附近或者在黑洞之中，它就不再生效。

这没问题。的确，这个理论的限制根植在它的形式化表达之中。在我们的方程中，有一个记号我们还没有提到过：就在第一个积分符号，说明我们要对所有不同的场构形关于时间求和那里，有一个下标是$k<\Lambda$，其中k是场的某个特定震动模态的*波数*（wave number），而Λ又叫*紫外截断*。回想一下我们在第24章讨论过的，肯尼斯·威尔逊提倡的观点：我们可以将每个场想象成振动模态的组合，每个模态包含了具有特定波长的振动。波数就是标记这些模态的方法，大的k值对应短的波长，也就是说更高的能量。所以这个记号将我们在路径积分中包含的场构型限制在了那些“振动能量不太大”的可能性之中。这意味着低能弱场的情况——但仍然足以描述你每天看见的世界中所有粒子和场这样那样的运动。

换句话说，核心理论是一个有效场论。它有着非常具体、明确定义的适用范围——也就是能量远远低于紫外截断Λ的粒子之间的相互作用——而我们并不会假装它在这个范围以外仍然准确。它可以描述太阳对地球施加的引力，但不能描述大爆炸时发生的事情。

——

这里讲了很多东西，通常在研究生的物理课程才会讲授这些内容。对那些并非已经相当熟悉这些概念的人来说，指望这一段浓缩后的介绍能带来很多新的理解也不太合理。

但看到我们日常生活背后的核心理论，它是如此极端精简、严格并拥有明确的定义，这一点非常有用。核心理论中没有模糊之处，也没有空间足以引入我们现在仍然没有察觉的重要新层面。

随着科学继续得到更多关于宇宙的知识，我们会一直向核心理论添砖加瓦，甚至还可能找到它背后的一个更包罗万象的理论，其中完全不涉及量子场论。但这些都不会改变核心理论在它宣称的使用范围内准确地描述了自然这个事实。我们成功构筑了这样的一个理论，这个事实就是人类智慧史上最伟大的胜利之一。

参考来源

本节为正文中关于不同话题的引用和资料提供了参考来源。当我觉得所指并不明显时，某个参考来源前面会用几个词指明对应话题。这个列表按章节排序，但并不是所有章节都有参考资料。

第 3 章：

动量的历史：Freely, J. (2010). Aladdin′s Lamp: How Greek Science Came to Europe through the Islamic World. Vintage Books.

-

第 5 章：

公平世界谬误：Lerner, M. J., and C. H. Simmons. (1966). "Observer's Reaction to the 'Innocent Victim': Compassion or Rejection?" Journal of Personality and Social Psychology 4 (2): 203.

-

第 8 章：

罗素的引用：Russell, B. (1913). "On the Notion of Cause." Proceedings of the Aristotelian Society 13: 1—26.

-

第 14 章：

多萝西·马丁：Tavris, C., and E. Aronson. (2006). Mistakes Were Made (But Not by Me): Why We Justify Foolish Beliefs, Bad Decisions, and Hurtful Acts. Houghton Mifflin Harcourt.

-

第 15 章：

天主教会教理问答："Catechism of the Catholic Church—The Transmission of Divine Revelation." Accessed December 10, 2015. http://www.vatican.va/archive/ccc_css/archive/catechism/p1s1c2a2.htm.

-

第 16 章：

美国国家科学院关于方法论自然主义的讨论：National Academy of Sciences. (1998). Teaching about Evolution and the Nature of Science. National Academy Press.

-

Huxley, A. (1957). The Doors of Perception. Chatto & Windus.

-

CarhartHarris and Nutt: Halberstadt, A., and M. Geyer. (2012). "Do Psychedelics Expand the Mind by Reducing Brain Activity?" Scientific American. Accessed December 10, 2015. http://w ww.scientificamerican.com/article/dopsychedelics-expand-mind-reducing-brain-activity/.

-

第 17 章：

全国天主教生物伦理中心："Resources." FAQ. Accessed December 10, 2015. http://w ww.ncbcenter.org/page.aspx?pid=1287.

-

第 18 章： Nietzsche, F. (1882). The Gay Science. Walter Kaufmann, trans. with commentary. (Vintage Books, March 1974). 中译名为《快乐的科学》

-

第 19 章： Newcomb, S. (1888). Sidereal Messenger 7, 65.

-

Michelson, A. A. (1894). Speech delivered at the dedication of the Ryerson Physics Lab, University of Chicago. Quoted in Annual Register 1896, 159.

-

Born, M. (1928). Remarks to visitors to Göttigen University. 引用来自 S. W. Hawking. (1988). A Brief History of Time. Bantam Books. 中译名为《时间简史》

-

Hawking, S. W. (1980). "Is the End in Sight for Theoretical Physics? An Inaugural Lecture." Cambridge University Press.

-

Hume, D. (1748). An Enquiry Concerning Human Understanding. Reprinted by Oxford University Press, 1999. 中译名为《人类理解研究》。

-

第 21 章： Petersen, A. (1963). "The Philosophy of Niels Bohr." Bulletin of the Atomic Scientists 19, no. 7 (September 1963).

-

第 22 章： Wilczek, F. (2015). A Beautiful Question: Finding Nature's Deep Design. Penguin Press.

-

第 23 章： 全新的力的界限 : Long, J. C., et al. (2003). "Upper Limits to Submillimeter Range Forces from Extra SpaceTime Dimensions." Nature 421: 922.

-

第 25 章： Leibniz, G. (1697). "On the Ultimate Origination of Things." Reprinted in Philosophical Essays (1989). R. Ariew, trans. D. Garber, ed. Hackett Classics.

-

Parfit, D. (1998). "Why Anything? Why This?" London Review of Books 20, 24.

-

第 26 章： 伊丽莎白公主与笛卡儿的邮件通讯： Nye, A. (1999). The Princess and the Philosopher. Rowman & Littlefield.

-

第 27 章： 测试离体体验的研究： Lichfield, G. "The Science of NearDeath Experiences." The Atlantic. March 10, 2015. Accessed December 16, 2015. http://www.theatlantic.com/magazine/archive/2015/04/thescience – of-neardeathexperiences/386231/.

-

第 28 章：

Aaronson, S., et al. (2014). " Quantifying the Rise and Fall of Complexity in Closed Systems: The Coffee Automaton. "

-

第 29 章：

NASA 对生命的定义：Joyce, G. F. (1995). The RNA World: Life Before DNA and Protein. Cambridge University Press.

-

Schrödinger, E. (1944). What Is Life? Cambridge University Press. 中译名为《生命是什么？》

-

第 30 章：

Hoffman, P. (2012). Life ' s Ratchet: How Molecular Machines Extract Order from Chaos. Basic Books.

-

第 31 章：

Schelling, T. C. (1969). " Models of Segregation. " American Economic Review 59 (2): 488.

-

Friston, K. (2013). " Life As We Know It. " Journal of the Royal Society Interface 10: 20130475.

-

第 32 章：

Watson, J. D., and H.F.C. Crick. (1953). " A Structure for Deoxyribose Nucleic Acid. " Nature 171: 737.

-

Bartel, D. P., and J. W. Szostak. (1993). " Isolation of New Ribozymes from a Large Pool of Random Sequences. " Science 261 (5127): 1411.

-

Lincoln, T. A., and G. F. Joyce. " SelfSustained Replication of an RNA Enzyme. " Science 323 (5918): 1229.

-

Hoyle, F. (1981). " Hoyle on Evolution. " Nature 294 (5837): 105.

-

第 33 章：

伦斯基的实验：Barrick, J. E., et al. (2009). " Genome Evolution and Adaptation in a Long-Term Experiment with Escherichia Coli. " Nature 461 (7268): 1243.

-

第 34 章：

演化可以视为搜索策略：Chastain, E., et al. (2014). " Algorithms, Games, and Evolution. " Proceedings of the National Academy of Sciences 111 (29): 10620.

-

机器人罗比：Mitchell, M. (2009). Complexity: A Guided Tour. Oxford University Press. 中译名为《复杂》

-

可以约化的复杂老鼠夹：McDonald, J. A. (n.d.). " A Reducibly Complex Mousetrap. " Accessed December 10, 2015. http://udel.edu/~mcdonald/mousetrap.html.

Fidelibus, A. “ Mousetrap Evolution through Natural Selection. ” Accessed December 10, 2015. http://w ww.fidelibus.com/mousetrap/.

-

Dagg, J. L. (2011). “ Exploring Mouse Trap History. ” Evolution: Education and Outreach 4: 397.

-

第 35 章：

美国全国生物教师协会的声明以及史密斯和普兰丁格的信：“ Science and Religion, Methodology and Humanism | NCSE. ” Accessed December 10, 2015. http://ncse.com/religion/science-religion-methodology-humanism.

-

Plantinga, A. (2011). Where the Conflict Really Lies: Science, Religion, and Naturalism. Oxford University Press.

-

第 36 章：

Adams, F. C. (2008). “ Stars in Other Universes: Stellar Structure with Different Fundamental Constants. ” Journal of Cosmology and Astroparticle Physics 8: 010.

-

第 37 章：

MacIver, M. A. (2009). “ Neuropathology: From Morphological Computation to Planning. ” In The Cambridge Handbook of Situated Cognition. P. Robbins and M. Aydede, eds. Cambridge University Press.

-

Becker, E. (1975). The Denial of Death. The Free Press. 中译名为《死亡否认》

-

Kahneman, D. (2011). Thinking, Fast and Slow. Farrar, Straus and Giroux. 中译名为《思考，快与慢》

-

Eagleman, D. (2011). Incognito: The Secret Lives of the Brain. Pantheon. 中译名为《隐藏的自我：大脑的秘密生活》

-

秀丽隐杆线虫：Wikipedia. Accessed December 10, 2015. https://commons.wikimedia.org/wiki/File:Adult_Caenorhabditis_elegans.jpg.

-

布里奇曼的引用：“ On the Evolution of Consciousness and Language: Target Article on Consciousness. ” Psycoloquy 3(15). Accessed December 10, 2015. http://www.cogsci.ecs.soton.ac.uk/cgi/psyc/newpsy?3.15.

-

想象与记忆：Schacter, D. L., D. R. Addis, and R. L. Buckner. (2007). “ Remembering the Past to Imagine the Future: The Prospective Brain. ” Nature Reviews Neuroscience 8: 657.

-

Tulving, E. (2005). “ Episodic Memory and Autonoesis: Uniquely Human? ” In The Missing Link in Cognition: Origins of Self-Reflective Consciousness. H. S. Terrace and J. Metcalfe, eds. Oxford University Press.

-

第 38 章：

老鼠的记忆：de Lavilléon, G., et al. (2015). “Explicit Memory Creation during Sleep Demonstrates a Causal Role of Place Cells in Navigation.” Nature Neuroscience 18: 493.

-

麻醉后的病人：Casali, A. G., et al. (2013). “A Theoretically Based Index of Consciousness Independent of Sensory Processing and Behavior.” Science Translational Medicine 198RA105.

-

丹特·基亚尔沃的引用：Ouellette, J. (2014). “A Fundamental Theory to Model the Mind.” Quanta Magazine. Accessed December 10, 2015. https://www.quantamagazine.org/20140403 – a-fundamentaltheory – to – model-the-mind/.

-

fMRI 影像重构：Nishimoto, S., et al. (2011). “Reconstructing Visual Experiences from Brain Activity Evoked by Natural Movies.” Current Biology 21: 1641.

-

替身妄想：Passer, K. M., and J. K. Warnock. (1991). “Pimozide in the Treatment of Capgras’ Syndrome. A Case Report.” Psychosomatics 32 (4): 446—48.

-

第 39 章：

Heinlein, R. A. (1966). The Moon Is a Harsh Mistress. G. P. Putnam’s Sons. 中译名为《严厉的月亮》

-

Turing, A. (1950). “Computing Machinery and Intelligence.” Mind LIX (236): 433—60.

-

Searle, J. (1980). “Minds, Brains, and Programs.” Behavioral and Brain Sciences 3 (3): 417—57.

-

Cole. D. (2004). “The Chinese Room Argument.” Stanford Encyclopedia of Philosophy. Stanford University. Accessed December 10, 2015. http://plato.stanford.edu/entries/chinese-room/.

-

取出一个神经元：Chalmers, D. (n.d.). “A Computational Foundation for the Study of Cognition.” Accessed December 10, 2015. http://consc.net/papers/computation.html.
Dennett, D. C. (1987). The Intentional Stance. MIT Press. 中译名为《意向立场》

-

老鼠：“Rats Dream Path to a Brighter Future.” ScienceDaily. Accessed December 10, 2015. http://www.sciencedaily.com/releases/2015/06/150626083433.htm.

-

布雷齐尔实验室的莱昂纳多：“Leonardo—Social Cognition.” Personal Robots Group. Accessed December 10, 2015. http://robotic.media.mit.edu/p ortfolio/leonardo-social-cognition/.

-

第 40 章：

Nagel, T. (2012). Mind and Cosmos: Why the Materialist Neo-Darwinian Conception of Nature Is Almost Certainly False. Oxford University Press. 中译名为《心灵和宇宙》

-

Churchland, P. Quoted in Ouellette, J. (2014). Me, Myself, and Why: Searching for the Science of Self. Penguin Books, 256. 中译名为《我，我自己，为什么》

Hankins, P. (2015). The Shadow of Consciousness.

-

Jackson, F. (1982). “Epiphenomenal Qualia.” Philosophical Quarterly 32: 127—36.

-

Jackson, F. (2003). “Mind and Illusion.” In Minds and Persons, Anthony O’Hear, ed. Cambridge University Press, 25171.

-

第 41 章： Chalmers, D. (1996). The Conscious Mind. Oxford University Press. 中译名为《有意识的心灵》

-

Putnam, H. (1975). Mind, Language, and Reality: Philosophical Papers (Vol. 2). Chapter 42. “Are Photons Conscious?” Cambridge University Press.

-

Chalmers, D. “How Do You Explain Consciousness?” Filmed March 2014. TED Talk 18:37. Posted July 2014. https://www.ted.com/talks/david_chalmers_how_do_you_explain_consciousness.

-

Fisher, M.P.A. (2015). “Quantum Cognition: The Possibility of Processing with Nuclear Spins in the Brain.” Annals of Physics 362: 593602.

-

Penrose, R. (1989). The Emperor’s New Mind: Concerning Computers, Minds, and the Laws of Physics. Oxford University Press. 中译名为《皇帝新脑》

-

Aaronson, S. (2013). Quantum Computing Since Democritus. Cambridge University Press.

-

第 43 章： Fodor, J. (1990). “Making Mind Matter More.” In A Theory of Content and Other Essays. Bradford Book/MIT Press.

-

第 44 章： Libet, B. (1985). “Unconscious Cerebral Initiative and the Role of Conscious Will in Voluntary Action.” The Behavioral and Brain Sciences 8: 529.

-

肿瘤病人：“Brain Damage, Pedophilia, and the Law—Neuroskeptic.” Neuroskeptic. November 23, 2009. Accessed December 10, 2015. http://blogs.discovermagazine.com/neuroskeptic/2009/11/23/brain-damage-pedophiliaandthelaw/.

-

第 45 章： Druyan, A. (2003). Skeptical Inquirer 27: 6.

-

West, G. B., W. H. Woodruff, and J. H. Brown. (2002). “Allometric Scaling of Metabolic Rate from Molecules and Mitochondria to Cells and Mammals." Proceedings of the National Academy of Sciences 99 (suppl 1): 2473.

-

第 46 章:

Hume, D. (2012). A Treatise of Human Nature. Courier Corporation. 中译名为《人性论》

-

Feynman, R. P. (1985). Surely You're Joking, Mr. Feynman! Adventures of a Curious Character. W. W. Norton & Company. 中译名为《别闹了，费曼先生！》

-

Searle, J. (1964). "How to Derive 'Ought' from 'Is.'" The Philosophical Review 73: 43.

-

第 47 章:

Kierkegaard, S. (2013). Kierkegaard's Writings, VI: Fear and Trembling/Repetition (Vol. 6). Princeton University Press.

-

Greene, J. D., et al. (2001). "An fMRI Investigation of Emotional Engagement in Moral Judgment." Science 293 (5537): 2105.

-

Brosnan, S. F., and F.B.M. de Waal. (2003). "Monkeys Reject Unequal Pay." Nature 425: 297.

-

Brosnan, S. F., et al. (2010). "Mechanisms Underlying Responses to Inequitable Outcomes in Chimpanzees, Pan troglodytes." Animal Behavior 79: 1229.

-

Street, S. (2010). "What Is Constructivism in Ethics and Metaethics?" Philosophy Compass 5 (5): 363.

-

第 48 章:

Wheatley, T., and J. Haidt. (2005). "Hypnotically Induced Disgust Makes Moral Judgments More Severe." Psychological Science 16: 780.

-

特土良："Ante-Nicene Fathers/Volume III/Apologetic/Apology/Chapter XLV." — Wikisource, the Free Online Library. Accessed December 10, 2015. http://en.wikisource.org/wiki/AnteNicene_Fathers/Volume_III/Apologetic/Apology/Chapter_XLV.

-

第 49 章:

Barnes, J. (2012). A History of the World in 10 1/2 Chapters. Vintage Canada. 中译名为《10½章世界史》

-

Sapolsky, R. M., and L. J. Share. (2004). "A Pacific Culture among Wild Baboons: Its Emergence and Transmission." PLOS Biology 2: 0534.

-

Taylor, S. E., and J. D. Brown. (1988). "Illusion and Well-being: A Social Psychological Perspective on Mental Health." Psychological Bulletin 103 (2): 193.

第 50 章： Camus, A. (1955). The Myth of Sisyphus, and Other Essays. Vintage. 中译名为《西西弗神话》

扩展阅读

第 1 部分　宇宙

Adams, F., and G. Laughlin. (1999). *The Five Ages of the Universe: Inside the Physics ofEternity*. Free Press.
Albert, D. Z. (2003). *Time and Chance*. Harvard University Press.
Carroll, S. (2010). *From Eternity to Here: The Quest for the Ultimate Theory of Time*.Dutton.
Feynman, R. P. (1967). *The Character of Physical Law*. MIT Press.
Greene, B. (2004). *The Fabric of the Cosmos: Space, Time, and the Texture of Reality*. A. A.Knopf.
Guth, A. (1997). *The Inflationary Universe: The Quest for a New Theory of Cosmic Origins*.Addison-Wesley Pub.
Hawking, S. W., and L. Mlodinow. (2010). *The Grand Design*. Bantam.
Pearl, J. (2009). Causality: Models, Reasoning, and Inference. Cambridge University Press.
Penrose, R. (2005). *The Road to Reality: A Complete Guide to the Laws of the Universe*. A.A. Knopf.
Weinberg, S. (2015). *To Explain the World: The Discovery of Modern Science*. Harper-Collins.

第 2 部分　理解

Ariely, D. (2008). *Predictably Irrational: The Hidden Forces That Shape Our Decisions*.HarperCollins.
Dennett, D. C. (2014) *Intuition Pumps and Other Tools for Thinking*. W. W. Norton.
Gillett, C., and B. Lower, eds. (2001). *Physicalism and Its Discontents*. Cambridge University Press.
Kaplan, E. (2014). *Does Santa Exist? A Philosophical Investigation*. Dutton.
Rosenberg, A. (2011). *The Atheist's Guide to Reality: Enjoying Life without Illusions*. W. W.Norton.
Sagan, C. (1995). *The Demon-Haunted World: Science as a Candle in the Dark*. Random House.
Silver, N. (2012). *The Signal and the Noise: Why So Many Predictions Fail—ButSomeDon't*. Penguin Press.
Tavris, C., and E. Aronson. (2006). *Mistakes Were Made (But Not by Me): Why We Justify Foolish Beliefs, Bad Decisions, and Hurtful Acts*. Houghton Mifflin Harcourt.

第 3 部分　本质

Aaronson, S. (2013). *Quantum Computing Since Democritus*. Cambridge University Press.
Carroll, S. (2012). *The Particle at the End of the Universe: How the Hunt for the Higgs Boson Leads Us to the Edge of a New World*. Dutton.
Deutsch, D. (1997). *The Fabric of Reality: The Science of Parallel Universes and Its Implications*.Viking.
Gefter, A. (2014). *Trespassing on Einstein's Lawn: A Father, a Daughter, the Meaning of Nothing, and the Beginning of Everything*. Bantam.
Holt, J. (2012). *Why Does the World Exist? An Existential Detective Story*. Liveright.
Musser, G. (2015). *Spooky Action at a Distance: The Phenomenon That Reimagines Space and Time—and What It Means for Black Holes, the Big Bang, and Theories of Everything. Scientific American* / Farrar, Straus and Giroux.
Randall, L. (2011). *Knocking on Heaven's Door: How Physics and Scientific Thinking Illuminatethe Universe and the Modern World*. Ecco.
Wallace, D. (2014). *The Emergent Multiverse: Quantum Theory according to the Everett Interpretation*. Oxford University Press.
Wilczek, F. (2015). A Beautiful Question: Finding Nature ’ s Deep Design. Penguin Press.

第 4 部分　复杂

Bak, P. (1996). *How Nature Works: The Science of Self-Organized Criticality.* Copernicus.

Cohen, E. (2012). *Cells to Civilizations: The Principles of Change That Shape Life.* Princeton University Press.

Coyne, J. (2009). *Why Evolution Is True.* Viking.

Dawkins, R. (1986). *The Blind Watchmaker: Why the Evidence of Evolution Reveals a Universe without Design.* W. W. Norton.

Dennett, D. C. (1995). *Darwin's Dangerous Idea: Evolution and the Meanings of Life.* Simon & Schuster.

Hidalgo, C. (2015). *Why Information Grows: The Evolution of Order, from Atoms to Economies.* Basic Books.

Hoffman, P. (2012). *Life's Ratchet: How Molecular Machines Extract Order from Chaos.*Basic Books.

Krugman, P. (1996). *The Self-Organizing Economy.* Wiley-Blackwell.

Lane, N. (2015). *The Vital Question: Energy, Evolution, and the Origins of Complex Life.*W. W. Norton.

Mitchell, M. (2009). *Complexity: A Guided Tour.* Oxford University Press.

Pross, A. (2012). *What Is Life? How Chemistry Becomes Biology.* Oxford University Press.

Rutherford, A. (2013). *Creation: How Science Is Reinventing Life Itself.* Current.

Shubin, N. (2008). *Your Inner Fish: A Journey into the 3.5-Billion-Year History of the Human Body.* Pantheon.

第 5 部分　思考

Alter, T., and R. J. Howell. (2009). *A Dialogue on Consciousness.* Oxford University Press.

Chalmers, D. J. (1996). *The Conscious Mind: In Search of a Fundamental Theory.* Oxford University Press.

Churchland, P. S. (2013). *Touching a Nerve*: The Self as Brain. W. W. Norton.

Damasio, A. (2010). *Self Comes to Mind: Constructing the Conscious Brain.* Pantheon.

Dennett, D. C. (1991). *Consciousness Explained.* Little, Brown & Co.

Eagleman, D. (2011). *Incognito: The Secret Lives of the Brain.* Pantheon.

Flanagan, O. (2003). *The Problem of the Soul: Two Visions of Mind and How to ReconcileThem.* Basic Books.

Gazzaniga, M. S. (2011). *Who's In Charge? Free Will and the Science of the Brain.* Ecco.

Hankins, P. (2015). *The Shadow of Consciousness.*

Kahneman, D. (2011). *Thinking, Fast and Slow.* Farrar, Straus and Giroux.

Tononi, G. (2012). *Phi: A Voyage from the Brain to the Soul.* Pantheon.

第 6 部分　关怀

de Waal, F. (2013). *The Bonobo and the Atheist: In Search of Humanism among the Primates.* W. W. Norton.

Epstein, G. M. (2009). *Good without God: What a Billion Nonreligious People Do Believe.* William Morrow.

Flanagan, O. (2007). *The Really Hard Problem: Meaning in a Material World.* MIT Press.

Gottschall, J. (2012). *The Storytelling Animal: How Stories Make Us Human.* Houghton Mifflin Harcourt.

Greene, J. (2013). *Moral Tribes: Emotion, Reason, and the Gap between Us and Them.* Penguin Press.

Johnson, C. (2014). *A Better Life: 100 Atheists Speak Out on Joy & Meaning in a Worldwithout God.* Cosmic Teapot.

Kitcher, P. (2011). *The Ethical Project.* Harvard University Press.

Lehman, J., and Y. Shemmer. (2012). *Constructivism in Practical Philosophy.* Oxford University Press.

May, T. (2015). *A Significant Life: Human Meaning in a Silent Universe.* University of Chicago Press.

Ruti, M. (2014). *The Call of Character: Living a Life Worth Living.* Columbia University Press.

Wilson, E. O. (2014). *The Meaning of Human Existence.* Liveright.

致谢

一个人讨论的图景越宏大，寻求的建议和意见就应该越多，这也很合理。我很幸运，能受益于许多人的智慧和眼光，他们愿意为我慷慨抽出时间，无论是跟我面谈、用电子邮件回答问题，还是阅读手稿章节并给予温和的建议。我非常感谢Scott Aaronson, David Albert, Dean Buonomano, David Chalmers, Clifford Cheung, Patricia Churchland, Tom Clark, Simon DeDeo, John de Lancie, Daniel Dennett, Owen Flanagan, Rebecca Goldstein, Joshua Greene, Veronique Greenwood, Kevin Hand, Eric Kaplan, Philip Kitcher, Eric Johnson, Richard Lenski, Barry Loewer, Malcolm MacIver, Tim and Vishnya Maudlin, Christina Ochoa, Taryn O'Neill, Laurie Paul, Steven Pinker, David Poeppel, Alex Rosenberg, Michael Russell, Mari Ruti, Chip Sebens, Walter Sinnott-Armstrong, John Skrentny, Sharon Street, Maia Szalavitz, Jack Szostak, Carol Tavris, John Timmer, Zach Weinersmith, Ed Yong, 还有Carl Zimmer他们给予的帮助。我欠下了他们不少的情谊。

我同样感谢编辑Stephen Morrow，我很自豪能跟他一同进行了三项写作计划。他和我的经纪人Katinka Matson在这本书成形的过程中发挥了很大的作用。特别要感谢Nick Pritzker和Susan Pritzker在执笔过程中给我的鼓励。我还欠下了学生和同事的人情，在我用原本应该花在合作研究项目上的时间来写这本书时，他们给予了包容和理解。还要感谢John Simon Guggenheim基金会提供的慷慨资助，以及Gordon and Betty Moore基金会和Walter Burke理论物理研究所在加州理工大学提供的协助。

我对Jennifer Ouellette的亏欠，更是言语无法传达于万一。她是任何人能找到的最好的伴侣、写作指导和支援系统。我庆幸能与她分享我的心跳。

索引

A

B

C

D

E

F

G

H

J

K

L

M

N

P

Q

R

S

T

W

X

Y

Z

译后记

两年半前，我刚搬到波尔多。有一天傍晚，我在去吃饭的路上遇到了两位摩门教徒。

两人都很年轻，看起来十七八岁，穿着一身黑色，拿着黑色封面的摩门圣经。我对摩门教也算是略有耳闻，这是基督教派生的分支，本身也是分裂不断。但摩门教沿袭了基督教热爱到处传教的传统，这两位的装束和行为，明显就是来传教的。

我也不是第一次遇到传教的人。在斯特拉斯堡的电车站，我遇到过劝我上教堂听听布道的老妇人；在巴黎华人区的教会旁，我遇到过两位会说中文的主教，在百无聊赖之中我还跟他们讨论了一下天主教教义。这两位摩门教徒的传教行为很典型，而我当时确实很闲，于是跟他们说，我是坚定的无神论者，说服我信上帝是不可能的，但是聊一聊还是可以的。他们也许是抱着侥幸的心理，就跟我聊了起来。

闲聊之中，他们问我，为什么我是无神论者？我说，我到过许多地方，跟许多人聊过，看了很多资料，最终得出了我自己的结论，就是我相信神大概应该不存在。然后我反问他们，为什么他们相信摩门教？他们有点支支吾吾，说他们父母都信这个，他们听了布道，看了圣经，觉得教义很不错，于是就信了。这算是教徒一般会做出的回应。

但我摆出很诧异的表情，质问他们：难道你们没有认真思考过，你相信的教义有可能是错的？

是的，为什么世界上有这么多人，不管是信奉宗教的教徒，还是相信各种奇怪的“天人感应”“惊天秘密”的人，他们似乎都没有仔细思考过，自己相信的东西是否符合常理？

也许有人会说，如果每天早上醒来就开始怀疑这个怀疑那个，还怎么生活？事事用科学分析，不觉得累吗？还有，科学不是也有不能解释的东西么，不是还会自己打倒自己么，怎么知道科学是不是正确的？没有一个精神支柱，人怎么生活？

肖恩·卡罗尔的这本书，包含了所有这些问题的答案。他用浅显的语言，从科学研究的角度，将科学精神娓娓道来，为我们描绘了一幅通过科学看世界的宏大图景。科学的精神，就是怀疑，但并不是漫无目的的怀疑，而是抱持追寻真理的决意，通过正确的方法，尽可能去伪存真逼近真实。要做到这一点，就要直面人性本身的软弱，利用逻辑和理性的利器，抛开自己的好恶，孜孜不倦地以好奇之心探索整个世界。我们可能会犯错误，人都会犯错误，所以我们必须一直抱持怀疑，衡量各种证据的分量，即使是对于自己偏好甚至深信不疑的结论，也万万不可全盘接受。

这不是很累吗？的确很累。人们大可以蒙上偏见和蒙昧的面纱，顺应本性的指引，在无知庇荫下平淡度过一生。但扯下这层面纱，直面世界的瑰丽，学会顺应自然的规律，甚至将规律为我所用，这样的人生也许更多姿多彩。与之相比，探求和怀疑不过是小小的代价，而当我们习惯之后，甚至也会变成一段段甘美的冒险。正因为有了怀疑，人类才有了探索世界的动力，才有了我们今天对世界的理解，还有日新月异的进步。

卡罗尔不仅告诉我们应该如何思考，还从物理、生物、意识、伦理多个层次，描述了他对这个世界的思考。尽管在不同的层次上，我们对世界的描述并不相同，甚至貌似互相冲突：人既是大量无知无识的原子构成的集合体，又是有感情能思考的独立心智。卡罗尔告诉我们，所有这些描述并没有矛盾，只是从不同的角度，以不同的精度描述了我们这个斑斓的宇宙。他将他的视角称为“诗性自然主义”，指出并调和了不同学科之间表面上的矛盾之处。在他眼中，不同学科遵循着相同的方法论，用各自的角度描绘了这个世界，然后融合为一个整体图景，让我们既能鸟瞰又能细察世界的方方面面。

但卡罗尔并不认为科学能解决一切问题。道德、伦理、存在意义，这些都是科学不可触及之处，因为科学描述的是世界的本来面目，而伦理道德等概念都是人类的创造。在时刻抱持怀疑之心的人看来，任何事物或者概念，即使是科学，不能也不应该成为崇拜的图腾。这也合乎存在主义的思考：存在先于本质，每个人存在的意义只能由每个人从自己内心之中探寻。科学不能告诉我们自身的存在有什么意义，只能指引我们排除那些无稽的可能性。最终，我们活着为的是什么，只能由我们自身决定。探寻的旅程也许艰苦，但总好于被他人捏成的偶像所禁锢。

可以说，这本书代言了很多像我这样亲近科学的人，叙述了我们这一群人许多共同的想法。如果要说有什么可以补充的地方，从一个数学研究者的角度出发，我只能想到一点，就是对现代科学的逻辑基础叙述得还不足够，而这本来可以通过数理逻辑以及分析哲学的视角来完成的。当然，不同学科的着眼点不同，也有个人口味的问题。卡罗尔选择的这个视角无可厚非，也成功地达到了他写作的目的。我的意见至多不过锦上添花。

翻译这本书，对我来说是个双重挑战：书本身内容翔实，横跨多个学科，给译者带来了知识和阅历上的考验；而在翻译这本书时，我作为一名人微言轻的博士后，自身的研究工作也很繁忙，有段时间甚至因为教学和研究的缘故需要每周在两个城市之间来回奔波。这本书有好几个章节，就是在来回两地的火车上完成的。但困难终究是被克服了，我拿出了令自己满意的译稿。在这里也要感谢Ent的认真校对，以及编辑的辛勤工作，他们的努力给译文增色不少。当然，本人尚且才疏学浅，在数百页的文稿中，疏失之处在所难免。如有误译漏译等问题，当是我个人的责任，还望方家教正。

方弦

2018年4月7日于格拉茨